The Mathematics of Various Entertaining Subjects

Research in Recreational Math

硬币称重与饼干怪兽

图形、游戏及其他趣味数学

[英] 珍妮弗·拜内克　[英] 贾森·罗森豪斯　汇编

涂泓　译

冯承天　译校

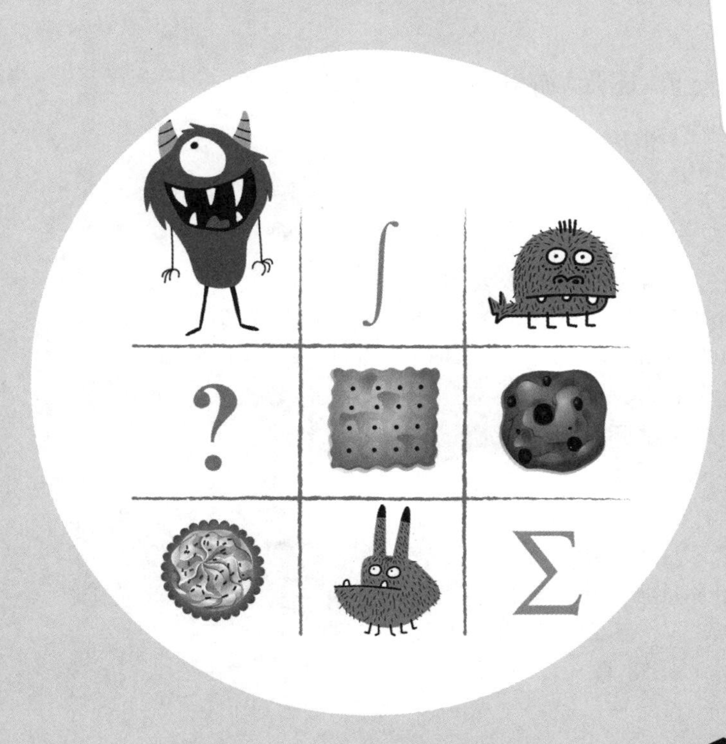

上海科技教育出版社

图书在版编目(CIP)数据

硬币称重与饼干怪兽:图形、游戏及其他趣味数学/(美)珍妮弗·拜内克,(美)贾森·罗森豪斯汇编;涂泓译.—上海:上海科技教育出版社,2023.8

书名原文:The Mathematics of Various Entertaining Subjects: Research in Recreational Math

ISBN 978-7-5428-7900-4

Ⅰ.①硬… Ⅱ.①珍… ②贾… ③涂… Ⅲ.①数学—普及读物 Ⅳ.①01-49

中国国家版本馆 CIP 数据核字(2023)第 025829 号

责任编辑 吴 昀
封面设计 李梦雪

硬币称重与饼干怪兽:图形、游戏及其他趣味数学
[美]珍妮弗·拜内克
[美]贾森·罗森豪斯 汇编
涂 泓 译 冯承天 译校

出版发行 上海科技教育出版社有限公司
(上海市闵行区号景路 159 弄 A 座 8 楼 邮政编码 201101)
网 址 www.sste.com www.ewen.co
经 销 各地新华书店
印 刷 上海颛辉印刷厂有限公司
开 本 720×1000 1/16
印 张 18.25
版 次 2023 年 8 月第 1 版
印 次 2023 年 8 月第 1 次印刷
书 号 ISBN 978-7-5428-7900-4/N·1178
图 字 09-2019-658 号
定 价 78.00 元

序 言

对于数学和逻辑中的一些深刻结果,趣味数学可以为公众提供一种非常令人愉快的介绍。以"命题逻辑"为例,这一领域利用"非"(not)、"与"(and)、"或"(or,这里的"或"应该理解为"至少其中之一")、"如果-那么"(if-then)以及"当且仅当"(if and only if)这些连接词,将简单命题组合成较复杂的命题。我发现,探讨这个问题的一种非常有用的方法是利用人们很容易理解的"谎言"和"真话"的逻辑。因此,让我们借助于一个我称之为"骑士与无赖之岛"的地方,在那里,骑士们总是讲真话,无赖们总是说谎,并且这个岛上的每个本地人要么是骑士,要么是无赖。假设你拜访这个岛,并遇到了两个本地人艾伦(Alan)和鲍勃(Bob)。艾伦对于他自己和鲍勃的描述是:"我们俩都是无赖。"那么艾伦是骑士还是无赖?鲍勃又是什么呢?

这个问题相当简单:任何骑士都不可能谎称他自己和另外某人都是无赖,因此艾伦显然是一个无赖。由于他的陈述是假的,因此两人都是无赖不成立,所以其中至少有一人是骑士,而既然艾伦不是骑士,那鲍勃一定是。

稍难一点的问题是,假设艾伦说的不是"我们俩都是无赖",而是"我们之中至少有一个是无赖"(或者说"要么我是无赖,要么鲍勃是无赖")。现在,艾伦和鲍勃又是什么?你愿意在进一步阅读之前尝试着去解答这个问题吗?

答案是这样的:如果艾伦是一个无赖,那么他们之中就确实至少有一个是无赖,但无赖不会讲真话。因此,艾伦不可能是无赖,他必定是骑士。由此进一步得出的结论是,正如艾伦说的,至少有一个无赖,既然不是艾伦,那就一定是鲍勃。因此,这一题的答案与第一题相反——现在艾伦是骑士,而鲍勃是无赖。

上述两题分别涉及"与"和"或"。现在来看一个有关"如果-那么"的问题。

假设艾伦说:"如果我是骑士,那么鲍勃也是。"现在能确定艾伦和鲍勃的类型吗? 试试这题!

是的,他们俩的类型都可以确定,而且论证之微妙令人欣喜! 假设艾伦是骑士。那么,正如他如实说的,如果艾伦是骑士,那么鲍勃也是,既然艾伦是骑士(根据假设),那么鲍勃也是骑士。这既没有证明艾伦是骑士,也没有证明鲍勃是骑士,而只是证明了:如果艾伦是骑士,那么鲍勃也是。于是我们现在知道,如果艾伦是骑士,那么鲍勃也是,但既然艾伦就是这么说的,因此他说的是实话,于是他就是骑士。此外,以下也是真的:如果他是骑士,那么鲍勃也是(正如他如实说的),因此既然他是骑士,那么鲍勃也是。综上可见,他们俩都是骑士。

最后要考虑的一种情况是,艾伦说:"鲍勃和我属于同一种类型——都是骑士,或者都是无赖。"艾伦的类型可以确定吗? 鲍勃呢?

我们将发现,答案是艾伦的类型无法确定,但是鲍勃的类型可以确定。首先我们注意到,这个岛上的所有本地人都不可能自称无赖,因为任何骑士都不会如此伪称,而任何无赖也不会这样如实自称。因此,如果鲍勃是无赖,那么艾伦就不可能声称自己与鲍勃属于同一种类型,因为这就相当于声称自己是一个无赖!由此可见,鲍勃必定是骑士。至于艾伦,他可能是一个如实声称与鲍勃属于同类的骑士,也可能是一个伪称与鲍勃属于同类的无赖,因此无法确定艾伦的类型。

接下来的一个趣味题与数学逻辑中的一个基本发现有关,稍后我会介绍这个发现。

有一位我们称之为拉里(Larry)的逻辑学家,他的证明都是完全准确的——他能证明的一切都确实是真的。他拜访了骑士与无赖之岛,遇到了一个名叫贾尔(Jal)的本地人,贾尔对他说:"你永远无法证明我是骑士。"贾尔是骑士还是无赖?是的,这确实是可以确定的!想试试吗?

答案可能有点令人吃惊:贾尔一定是骑士,但拉里永远无法证明他是骑士!原因如下:如果贾尔是一个无赖,那么与他的伪称相反,拉里就可以证明贾尔是一位骑士,而这违反了给定的条件——拉里的证明都是准确的。因此,贾尔不可能是无赖,他一定是骑士。正如拉里如实说的,他永远无法证明贾尔是一位骑士。所以,贾尔确实是一位骑士,但拉里永远无法证明他是骑士。

令我想到这个问题的,是伟大的逻辑学家哥德尔(Kurt Gödel)的发现,即对于迄今所知的最强大的数学体系而言,必定存在着一些虽然是正确的，但却无法在该体系中得到证明的句子。对于这些体系中的每一个句子，以及各种各样的相关体系，哥德尔明示了如何构造一个称之为“G”的句子，它在该体系中断言了其自身的不可证明性。也就是说，G 要么为真，但在该体系中不能得到证明；要么为假，但在该体系中可以得到证明。后一选项被一个合理的假设排除，即所考虑的数学系统是正确的，意思是指只有真的句子才可以在这些体系内部得到证明。因此，第一个选项成立：G 为真，但在该体系中不能得到证明。

哥德尔是如何构建一个断言其自身不可证明的句子的？下面这个问题能阐明其本质思想。

考虑一台计算机，它能打印出由以下五个符号组成的表达式：“(”“)”“P”“N”“D”。如果计算机可以打印出一个表达式，这个表达式就被称为“可打印”表达式。如果一个表达式 X 正是由 P、N、D 这三个符号组合而成的(因此没有括号)，我们就将它称为“正则”表达式。对于任何正则表达式 X，X 的“对角化”指的是表达式 X(X)——例如，PNPD 的对角化是 PNPD(PNPD)。句子的意思是指下列任何一种形式的表达式，其中 X 代表任何正则表达式：

1. P (X)
2. N P (X)
3. P D (X)
4. N P D (X)

这些句子的解释如下(符号 P、N、D 分别代表"可打印""非"和"对角化")：

1. $P\ (X)$ 意味着 X 是可打印的,因此当(且仅当)X 是可打印时,它被称为真。

2. 当且仅当 X 不可打印时,$N\ P\ (X)$ 被称为真。

3. 当且仅当 X 的对角化可打印时,$P\ D\ (X)$ 被称为真。(它的读法是"可打印的 X 的对角化",或者更好的说法是"X 的对角化是可打印的"。)

4. 当且仅当 X 的对角化不可打印时,$N\ P\ D\ (X)$ 被称为真。

给定我们的是,计算机是完全准确的,这指的是所有可打印的句子都为真。例如,如果 $P(X)$ 是可打印的,那么 X 也是可打印的,正如 $P(X)$ 如实表示的那样。但假设 X 是可打印的,这是否意味着 $P(X)$ 是可打印的?不一定! 如果 X 是可打印的,那么 $P(X)$ 为真,但是没有给定我们的是:所有真的句子都是可打印的,只得到可打印的句子为真。事实上,有一个真的句子是不可打印的,而问题是要展示出一个这样的句子。想试试吗?

好吧,这里有一个:我们知道对于任何正则表达式 X,当且仅当 X 的对角化不可打印时,句子 $N\ P\ D\ (X)$ 为真。我们将 X 取为表达式 $N\ P\ D$,于是当且仅当 $N\ P\ D$ 的对角化不可打印时,$N\ P\ D\ (N\ P\ D)$ 为真,但是 $N\ P\ D$ 的对角化就是 $N\ P\ D\ (N\ P\ D)$ 这个句子! 因此,$N\ P\ D\ (N\ P\ D)$ 当且仅当它不可打印时为真,这意味着它要么为真但不可打印,要么不为真但可打印。由于给定的条件是只有真的句子才可打印,因此后一个选项被排除，于是 $NPD\ (NPD)$ 为真就必定成立，但是计算机却不能打印它。

$NPD\ (NPD)$ 这个句子显然对应于哥德尔的句子 G，它给出了自身的不可证明性。

这只是趣味数学引导你自然而然地进入数学最深刻主题的一个例子。在本书中，你将欣赏到许多其他用趣味益智题引入的数学主题！

斯穆里安（Raymond Smullyan）

前言与致谢

“对许多人来说,‘概率’只不过是一套规则组成的概念。而且毫无疑问,这是一套非常巧妙而深刻的规则,数学家利用它们设置和解答益智题来自娱自乐。”这是英国数学家和哲学家维恩(John Venn)在1866年出版的《机会的逻辑》(*The Logic of Chance*)一书中所言。的确,尽管概率论如今已成为每一位数学家教育过程中的一门必修课程,但它的起源可以从碰运气游戏和赌徒关注的问题中找到。当帕斯卡(Blaise Pascal)和费马(Pierre de Fermat)开始研究得分问题(Problem of Points)时,他们是否意识到自己正在开创一个重要的数学新分支,这一点值得怀疑。这个问题是17世纪中叶显赫的贵族梅雷骑士(Chevalier de Méré)向他们提出的一个以赌博为主题的智力游戏。

数学史提供了一长串类似的例子。图论在20世纪成为组合数学和计算机科学中的一门核心学科之前,曾是许多益智题和智力游戏的主题。1857年,哈密顿(William Hamilton)在市场上投放“伊科斯游戏”(Icosian game),结果赚到了一笔可观的利润。按照现代的说法,这个游戏要求玩家找到一条通过正十二面体各顶点的哈密顿回路。在国际象棋盘上找到马的巡游之旅的问题,如今被认为是图论中的一个问题,其历史可以追溯到9世纪。我们也不应该忘记,1735年,伟大的欧拉(Leonhard Euler)在思考跨越普鲁士小镇柯尼斯堡的每一座桥的可能性时,用图论解答了这个问题(答案碰巧是否定的)。这对图论的创建起到了推动作用。

拉丁方自古以来就因其美丽和对称而得到研究,如今它们已成为纠错码理论和统计学实验设计中的工具。非欧几何曾经被嘲笑为只有纯粹学术上的意义,但现在它已是物理学和宇宙学中极为重要的工具。初等数论是从大量的游戏和益智题中产生的,现今它在计算机科学、密码学和物理学中都有许多应用。20 世纪 70 年代,康韦(John Conway)在考虑围棋游戏中出现的某些问题时,发明了超现实数(surreal number)。如今,它们在组合博弈论中无处不在,而组合博弈论又在计算机科学中得到了应用。

明白我的意思吗? 1959 年,物理学家维格纳(Eugene Wigner)发表了一篇如今已非常出名的论文,题为《数学在物理科学中过分的有效性》(*The Unreasonable Effectiveness of Mathematics in the Physical Sciences*)。鉴于我们列举的这些例子,或许我们应该换个角度,讨论一下趣味数学过分的有效性。

维恩并不是唯一注意到编制和解答益智题带来乐趣的人。微积分的共同创始人莱布尼茨(Gottfried Leibniz)曾说过:"人类在发明游戏时最具独创性。"法国哲学家、政治家迈斯特(Joseph de Maistre)也表达过类似的想法。他指出:"仅仅是为了解决困难所带来的愉悦而去创造重重困难,这是人类的古怪癖好之一。"人类学家达内西(Marcel Danesi)在他的《困惑的本能》(*The Puzzle Instinct*)一书中写道:

> 远古以来,尽管这些难题看似微不足道,且需要大量的时间和精力去解答,而解答这些问题除了所带来的简单满足感之外,并没有其他明显的回报,为什么人们仍然对这些难题如此着迷? 在人类

> 这个物种中,是否存在着一种求解难题的本能,这种本能是为了达到某种生存功能而通过自然选择的力量得到发展和完善的;还是说,对于益智题的这种出于本能的热爱,是深藏在心灵深处的某种超自然力量的产物,驱使人们以无法用理性解释的方式行事?①

要回答这样一些问题远远超出了本书的撰写目标。我们很高兴地注意到,达内西在讨论这个问题时提到“远古以来”,这并没有夸大其词。存留至今的埃及莱因德纸草书(Rhind papyrus)是最古老数学文献之一,它主要是一部古代智力游戏的汇编。维吉尔(Virgil)在《埃涅阿斯纪》(*Aeneid*)中讨论了等周长问题。8 世纪约克郡的神学家阿尔昆(Alcuin)向世人提出了这道古老的益智题:如何将一匹狼、一只山羊和一颗卷心菜运过一条河。斐波那契(Fibonacci)在 1202 年出版了著作《计算之书》(*Liber Abaci*),当时的数学研究基本处于休眠状态,书中包含了一系列趣味问题,如兔子问题。在这个问题中产生了以他的名字命名的著名数列——斐波那契数列。这张关于益智题的历史列表可以延伸许多许多页。

正是由于人们将这一历史铭记于心,因此 2013 年夏天在纽约举办了首届一年两度的 MOVES 大会。MOVES 是“各种趣味数学主题”(Mathematics Of Various Entertaining Subjects)的首字母缩写,也就是说这是一个专门讨论趣味数学的研讨会。200 多名数学家参加了这次活动,还有一

① M. Danesi. *The Puzzle Instinct. The Meaning of Puzzles in Human Life*, p. ix. Indiana University Press, Bloomington, 2002. ——原注

些高中教师、高中生和大学生。让他们走到一起的是他们有两个共同的信念:对游戏和益智题的研究通常被证明是有用的,以及正如数学家、益智题创造者杜德尼(Henry Dudeney)所说:“一道好的益智题就像美德一样,其本身就是一种奖赏。”

举办这次会议是美国国家数学博物馆(National Museum of Mathematics,缩写为 MoMath)馆长惠特尼(Glen Whitney)和劳伦斯(Cindy Lawrence)的创意。MoMath 是美国唯一致力于数学及其与我们周围世界的诸多联系的博物馆,也是纽约唯一能动手操作的科学中心。博物馆成立的使命是为了改变公众对数学的看法,并展示数学的美、创造性和开放性。2009 年,博物馆首次亮相的活动是“数学中途站”,这是一次以数学为基础的“寓教于乐”的多彩嘉年华主题巡展,此后博物馆便开始承担起为公众服务的使命。

“数学中途站”是博物馆的第一个项目,旨在展示一个专门致力于数学的实践中心的可行性。该展览包括互动的数学学习体验,比如方形轮子的三轮车、基于激光的几何探索和真人大小的几何益智玩具。在为期五年的全国巡展中,它吸引了超过 75 万名参观者。在此影响下,到全国各博物馆和科学中心参观和实地考察的人数有所上升。有家庭、教育工作者和专业评估人员说,他们对数学的兴趣,在最初的体验之后还持续保持着。“去往数学中途站 2”是“数学中途站”的衍生产品,它将 6 个最受欢迎的中途站展品带到了更多场合,包括科学节、学校、社区中心和图书馆,并将 MoMath 的业务扩展到了世界各地。

该博物馆为了实现其使命，还开始为学生、老师和公众提供各种各样的节目和展示。最精彩的内容包括学校团体项目、教师发展研讨会、参加STEM[即科学(Science)、技术(Technology)、工程(Engineering)和数学(Mathematics)的首字母缩写]博览会、赞助数个新的中学数学锦标赛，以及到包括迈阿密、纽约和华盛顿特区在内的各城市的“数学之旅”。博物馆的“邂逅数学”项目是每月举办一次的系列展示活动，旨在向公众传达数学的丰富内涵。该项目以其独特的、引人入胜的数学体验，月复一月地令成百上千的纽约人兴高采烈。“MoMath 大师”是一个面向成年人的数学锦标赛系列，它持续地吸引着参赛者和观赛者，美国的一些有着顶尖数学头脑的人为取得答题冠军这个至高地位，而在此展开激烈的角逐。

经过近四年的外展，惠特尼和劳伦斯与经验丰富的展会设计师尼森(Tim Nissen)共同创办了 MoMath。该博物馆位于曼哈顿熨斗区的中心地带，占地 1.9 万平方英尺①，位于麦迪逊广场公园的北边，拥有 30 多件可动手操作的展品，为各个年龄段的游客提供了数百个创新项目。MoMath 自开业以来的参观人数增长了一倍多，它为孩子们提供了一个入口，使他们进入了一个能对数学感到兴奋的世界。而且成年人和孩子们在其中都可以体验到数学的演化、创新、优美及其常常令人惊讶的特性。MoMath 迅速成为纽约技术精英们的必去地之一，还吸引了来自世界各地的游客。2013 年，MoMath 被《纽约》(*New York*)杂志评为适合儿童的最佳博物馆。

① 1 英尺 = 0.3048 米

开馆以后，博物馆继续履行使命，开展各种各样具有广泛吸引力的项目。“家庭星期五”的重点是全家一起享受数学的乐趣，活力四射的项目领导者通过让家长和孩子一起亲身实践活动来展现数学的魅力。“幂级数”项目将世界上最顶尖的数学家带到 MoMath，分享他们对当前研究和前沿知识的兴奋之情。实地考察、独特的协作形式，数学的锦标赛、暑期项目、学前教育课程和为有天赋的人举办的研讨会，点燃了来自四面八方的学生们的热情。立足于成年人的项目，包括图书讨论、电影之夜、故事会、喜剧之夜和仅限成人参加的夜间活动，超越了立足于家庭的传统形式，为其他类型的人群展示了数学奇观。MoMath 的“合成”画廊提供了数学世界与艺术世界之间的联系，聚焦于这两种独特的人类活动所共有的美、创造力和美感。

在此背景下，MoMath 寻求与更广泛的数学界展开协同合作。在 2013 年数学联合会议召开的一次特别会议上，惠特尼和劳伦斯构想出了 MOVES 大会。由美国国家科学基金会资助的每一个数学研究机构的官员都与 MoMath 的这两位主管会面，讨论如何能使这座博物馆与研究界保持牢固联系。在众多可能的方法中，由 MoMath 举办研究会议的想法很快获得了这个团队的青睐。特别是关于趣味数学的会议很自然地与该博物馆相契合：趣味数学仍然是一个有许多人在研究的活跃领域；目前似乎没有专门讨论趣味数学的定期会议；最重要的是，就像博物馆本身一样，趣味数学充当着一扇大门，让许多人进入了一个超越常规的计算和技巧的数学世界。MoMath 很高兴为 MOVES 提供一个家，这个会议会使职业数学家回想起将他们带入数学领域的乐趣和愉悦,对进入研究界的新人也有帮助。

本书展示了在这个会议上提出的一小部分工作。它们所涉及的范围很广,有些内容是任何对数学感兴趣的外行都能理解的,有些内容的证明会对所有人都具有挑战性,当然那些最专业的读者不在此列。不过,我们相信你会发现,在细节过于技巧性而无法掌握的那些地方,一个数学专业的普通本科生就有足够的背景知识来理解作者的主要观点了。

要想找到一个温和的入口,我们建议从温克勒(Peter Winkler)那篇令人愉快的文章《你应该高兴吗》开始。文中用一条经常被忽视的基本概率原理阐明了一些具有挑战性的智力游戏。列维京(Anany Levitin)提供了大量可以一招解答的益智题,其中有一些是有史以来最具独创性的益智题。博施(Robert Bosch)、沙尔捷(Tim Chartier)和罗恩(Michael Rowan)提供了令人愉快的数学与艺术的结合,因为他们用各种方法设计出看起来像名人形象的迷宫。珍妮弗·拜内克(Jennifer Beineke)和洛厄尔·拜内克(Lowell Beineke)建立了一个属于他们自己的博物馆,这是一个由图论中的有趣结果所组成的博物馆。

也许你是一位经典趣题的爱好者,在这种情况下,你可能会喜欢霍瓦诺娃(Tanya Khovanova)对并行称重益智题中新出现的一些妙策的讨论。你知道我们说的那些问题:在一堆真币中有一枚假币,你必须用一架天平在有限次数内找到这枚假币。阿列克谢耶夫(Max Alekseyev)和伯杰(Toby Berger)发现了探索古老的河内塔益智题的新角度。你知道由电路理论得出的一些结果与此相关吗?如果你更喜欢几何类的东西,那就看看贝耶尔(Julie Beier)和雅克尔(Carolyn Yackel)对翻折四边形的讨论。自1939年发明以来,翻折四边形就一直给数学家们带来愉悦。史密斯(Derek Smith)解答了一系列具有挑战性的问题,这些问题的灵感来自鲁班锁(Burr puzzles),即用一系列各种形状怪异的部件来组装出熟悉的几何体。如果所有这些艰苦的工作令你有心情享受简单纵横字谜所带来的熟悉的乐趣,那么你可以考虑麦克斯威尼(John McSweeney)关于如何通过模拟来估算这类益智题的难度的巧妙讨论。

玩牌是趣味数学家长期的兴趣来源。兰菲尔(Dominic Lanphier)和塔尔曼(Laura Talman)研究了无心扑克。他们所说的无心扑克就是用一副缺失一个传统花色的牌来玩扑克。卡尔金(Neil Calkin)和马尔卡希(Colm Mulcahy)讨论了魔术师使用某些玩牌招数的数学基础。瓦林(Robert Vallin)同样受到纸牌技巧的启发,使用组合学、数论和分析学来研究由一种经典效应产生的各种排列。

随后我们看到的是几篇关于游戏的论文。你觉得井字游戏太简单了吧?试着在仿射平面上玩这个游戏,就像卡罗尔(Maureen Carroll)和多尔蒂(Steven Dougherty)所做的那样。莫尔纳(David Molnar)解释了各种连接游戏。虽然大多数人把数学纸牌游戏SET®看成是一种愉快的消遣方式,但是戈登(Gary Gordon)和麦克马洪(Elizabeth McMahon)却看到了它在纠错码理论中的一种应用。

本书的最后一章讨论了著名的斐波那契数列。布拉斯韦尔(Leigh Marie Braswell)和科瓦诺娃撰写了一篇题为《饼干怪兽问题》的论文。如果你看了这个标题后并未立刻产生兴趣，那么数学也许并不适合你。与此同时，卢卡斯(Stephen Lucas)举出了一个令人信服的例子，证明斐波那契数列不仅是用来数数兔子的。

至少可以说，这本书所组合的选题是不拘一格的！

最后还要感谢许多人，有了他们才有可能有 MOVES 大会以及本书。首先无疑得感谢惠特尼和劳伦斯，他们的勇气、毅力和远见赋予了 MoMath 生命，从而才有 MOVES 的可能性，整个数学界都要感谢他们的巨大贡献。如果没有总部位于纽约的技术和投资公司 Two Sigma 的慷慨支持，那么这一大会永远也不会召开。塔尔曼是这次会议的主要组织者。如此大规模的会议能顺利举办，很大程度上是她巨大努力的结果。我们还必须感谢许多自愿花时间担任同行评审的数学家，他们提出的宝贵建议大大增强了文章的可读性。最后，凯恩(Vickie Kearn)和她在普林斯顿大学出版社的团队为这个项目付出了艰辛的努力，我们对她表示最深切的感谢。

说得够多了！在接下去的篇幅中，我们将品尝到数学的美味佳肴，现在是时候让你去品尝了。

珍妮弗·拜内克
康涅狄格州恩菲尔德
贾森·罗森豪斯(Jason Rosenhouse)
弗吉尼亚州哈里森堡
2015 年 7 月 31 日

目　录

第一章　花絮

一、你应该高兴吗

温克勒

下面这道益智题曾测试过从高中到研究生阶段的学生。你的看法如何?

你是一位狂热的棒球迷,并且你支持的球队奇迹般地赢得了锦旗,因此该球队可以去参加世界职业棒球大赛。不幸的是,第1场比赛的对手是一支优秀的球队,他们在任何一场比赛中战胜你支持的这支球队的概率都是60%。

结果,你支持的球队输掉了第1场比赛,这是一种7场4胜制系列赛。你非常不开心,以至于喝得酩酊大醉。当你恢复意识时,你发现你支持的球队又比赛了两场。

你跑到街上抓住一个路人问道:"世界职业棒球大赛中第2场和第3场比赛情况如何?"

她说:"他们平分秋色,各胜一场。"

你应该高兴吗?

在一项调查实验中,大约一半的受访者回答:"应该高兴——如果这两场比赛没有平分秋色,那么你支持的那支球队很可能会两场都输掉。”

另一半受访者认为：“不应该高兴——如果你的球队在接下来的四场比赛中继续二胜二负的话，那么他们就会输掉系列赛。他们必须做得更好。”

哪种观点正确？你如何不经过烦琐的计算就能验证答案？

1. 比较概率

如果“你应该高兴吗”有意义的话，那么它的意思应该是“你的情况是否比以前好”。在上面这道益智题中，问题归结为：“当你支持的球队需要在接下去的四场比赛中赢三场，与之前需要在六场比赛中赢四场相比，现在它赢得系列赛的可能性是否提高了？”

计算和比较二项式系数这种方法很麻烦，但并不困难。不用费心去做，我稍后会给出结果。这里要提出另一种解答方法，称为“耦合”。

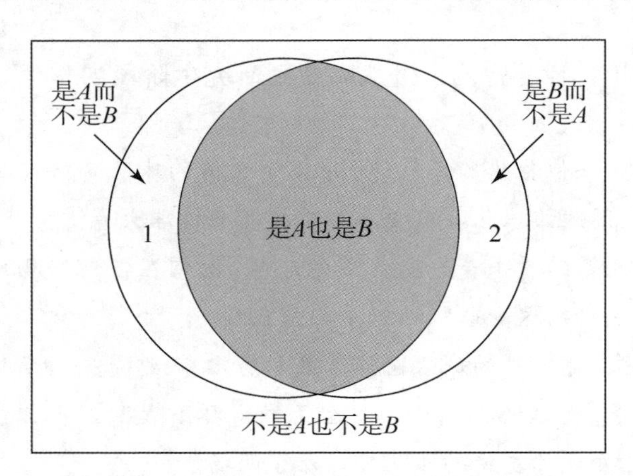

图 1.1 比较两个新月的面积就相当于比较两个圆盘的面积。

这种方法的思想是，当你需要比较 A 与 B 两个事件的概率时，试着把它们放到同一个实验中。你只需要将“是 A 而不是 B”的概率与“是 B 而不是 A”的概率作比较。这可能会十分容易，特别当在大部分时间里要么 A 和 B 都发生，要么 A 和 B 都不发生。图 1.1 的维恩图表明了预期的情况。如果区域 1 比区域 2 大，你就可以推断出 A 比 B 更有可能发生。

2. 类似国际象棋的问题

让我们来试试这个问题，它改编自加德纳（Martin Gardner）发表在《科学美国人》（*Scientific American*）杂志上的传奇专栏"数学游戏"①。你想加入某个国际象棋俱乐部，但录取条件是你必须与该俱乐部的现任冠军伊万纳（Ioana）对弈三局，并连续赢得其中两局。

因为执白棋的一方有优势（白方先行），因此你交替执白棋和黑棋。

掷硬币的结果是，你第一局和第三局执白棋，第二局执黑棋。

你应该高兴吗？

加德纳对答案（即"不应该"）给出了一个（正确的）代数证明，但由于他通过推理确认证明的价值，因此他还提出了两条理由，说明你最好先执黑棋：(1)你必须赢得关键的中间局，因此你会想在第二局执白棋；(2)你必须作为黑方赢得一局，所以你最好能有两次机会做到这一点。

事实上，这两条论据都不能令人信服，即使把它们放在一起也不能作为一种证明。

利用耦合的方法，你就可以在不借助代数的情况下得到答案——即使将这个问题修改成你必须在 17 局中连赢两局，或者在 n 局中连赢 m 局。（如果 n 是偶数，那么谁执白棋无关紧要；如果 n 是奇数，那么当 m 为奇数时，你会想先执黑棋，当 m 为偶数时，你会想先执白棋。）

在原来的三局两胜益智题中，耦合论证过程如下：假设你要和伊万纳对弈四局，顺序是先执白，后执黑，再执白，再执黑。你仍然需要连续赢两局，但你必须提前决定是第一局不算数还是最后一局不算数。

显然，把第一局变成"练习赛"，就相当于在原来的问题中执黑-白-黑，而不计最后一局，就相当于执白-黑-白，所以新问题和老问题是等价的。

---

① 这道题目以及许多其他发人深省的谜题，有一个极好的来源，请参见 M. Gardner, *The Colossal Book of Short Puzzles and Problems*, W. W. Norton & Co., New York, 2006。尤其参见其中的 2.10 和 2.12 两题。——原注

不过,现在这些事件都在同一个空间中了。因为要使你不算哪一局会造成不同,结果必须是"赢-赢-输-不算"或"不算-输-赢-赢"。换言之:如果你赢了前两局,输了(或平了)第三局,你就会希望自己不算的是最后一局;如果你输了第二局,但赢了最后两局,你就会希望自己不算的是第一局。

但是很容易看出,"不算-输-赢-赢"比"赢-赢-输-不算"的可能性更大。每种情况下的两局获胜都是一局执白、一局执黑,所以这两种情况是机会均等的,但是在"不算-输-赢-赢"中输掉的是执黑的一局,这比在"赢-赢-输-不算"中输掉执白的一局可能性更大。所以你会想不算第一局(在原题中就是第一局执黑)。

如果你改变对弈的次数,以及/或连续获胜的次数,那么这种论证的一个略微更具挑战性的形式就会奏效。

3. 回到棒球

让我们先"盘算一下",看看你是否应该为第 2 场和第 3 场比赛一输一赢而感到高兴。在知道这条消息之前,你支持的球队需要在接下来的 6 场比赛中赢得第 4、第 5 或第 6 场。(等等,如果比赛少于 7 场怎么办?不用担心,我们可以放心地想象,无论发生什么情况,所有 7 场比赛都会进行。如果一支球队连赢 4 场而使系列赛终止,那也没有什么区别。事实上,这就是余下的比赛被取消的原因。)

你支持的球队在 6 场比赛中恰好赢 4 场的概率是"6 选 4"(可能发生的方式数)乘以$\left(\frac{2}{5}\right)^4$(你的球队在特定的 4 场比赛中获胜的概率)乘以$\left(\frac{3}{5}\right)^2$(另一球队赢得另外两场比赛的概率)。总而言之,你的球队在 6 场比赛中至少赢 4 场的概率是

$$\binom{6}{4}\left(\frac{2}{5}\right)^4\left(\frac{3}{5}\right)^2+\binom{6}{5}\left(\frac{2}{5}\right)^5\left(\frac{3}{5}\right)+\binom{6}{6}\left(\frac{2}{5}\right)^6=\frac{112}{625}。$$

在第 2 场和第 3 场比赛平分秋色之后,你的球队至少需要在剩下四场比

赛中赢3场。获胜的概率是

$$\binom{4}{3}\left(\frac{2}{5}\right)^3\left(\frac{3}{5}\right)+\binom{4}{4}\left(\frac{2}{5}\right)^4=\frac{112}{625}。$$

所以你应该完全不在乎这条消息！这两种观点（一种向后看，暗示你应该高兴；另一种向前看，暗示你应该不高兴）似乎恰好相互抵消。这是个巧合吗？有没有办法让这个结果“出现在你的脑海中”？

当然有。要进行耦合论证，加强一点想象力是有帮助的。假设在第三场比赛之后，发现参加了第二场和第三场比赛的一名裁判作了假。有人要求宣布这两场比赛无效，也有反对者要求维持原判。棒球协会主席是一个聪明人，他任命一个委员会来决定如何处理第二场和第三场比赛的结果，与此同时，他吩咐球队继续比赛。

当然，这位主席希望——我们这些解题者也希望——到委员会作出决定的时候，这个问题会因无须解决而变得毫无意义。

假设在委员会准备好报告之前还有5场（！）比赛要打。如果你支持的球队赢了其中的4场或5场，那么不管第二场和第三场比赛的结果如何，其都赢了系列赛。另一方面，如果对方球队赢了其中3场或更多，那么他们无论如何都赢了系列赛。委员会能起到作用的仅是，你支持的球队在这5场新比赛中恰好赢了3场。

在这种情况下，如果第二场和第三场比赛的结果被宣告无效，就需要再比赛一场：如果你支持的球队赢了这场比赛，他们就赢了系列赛，这种情况发生的概率是$\frac{2}{5}$。

另一方面，如果委员会决定第二场和第三场比赛的结果有效，那么系列赛将在第五场比赛之前结束，谁输掉这场比赛，谁就是世界职业棒球大赛的获胜者。听起来对你支持的球队很有利，不是吗？糟糕，请记住你支持的球队赢了这5场新比赛中的3场，所以这最后一场是他们输掉的那两场比赛的其中一场的概率是$\frac{2}{5}$。瞧！

4. 掷硬币和洗碗

这里还有另一道比较概率的益智题,同样改编自加德纳的题目。这道题会给出上文中的耦合论证的一种变化形式。

你和你的另一半每天晚上掷硬币来决定谁洗碗。"正面"他洗,"反面"你洗。

今晚,他告诉你采用另一种方案。你先掷 13 次,然后他掷 12 次。如果你掷出的正面比他多,那么他就得洗碗;如果你掷出正面的次数与他相同或比他少,就由你来洗碗。

你应该高兴吗?

在这里,最简单的方法是想象一下,首先你和你的另一半每人都掷 12 次。如果你们掷出正面的次数不同,那么掷出正面次数较少的人就要洗碗,而不管下一次掷硬币的结果如何,所以这两种方案就一致了。其余情况下,如果你们打成平局,那么最后一次掷硬币将决定谁来洗碗。因此这仍然是一个对半开的提议,你应该对这种方案毫不在意(除非你不喜欢掷硬币)。

5. 应用于壁球策略

壁球是一项在英国及其前殖民地很受欢迎的运动。很可能有些读者对它比较熟悉,有些则并不熟悉。比赛(通常)由两名选手在一个长方形的、用墙围住的房间里进行,使用的是细长的球拍和一个小黑球。就像网球、乒乓球和回力网球比赛一样,开始比赛时由一名选手发球,而作出符合规定的最后一击的选手赢得比赛。

在壁球比赛中(使用英式记分制,有时也称为"发球得分制"),只有当发球方赢得往返击球回合时,他(或她)的得分才会增加 1 分。如果接球者赢得往返击球回合,那么双方都不得分,但交换发球权。通常情况下,先得 9 分的选手获胜,但有一个例外:如果双方得分为 8 平,那么不发球的一方有权选择"打 2 分",这意味着他可以将目标得分从 9 分改为 10 分。如果他不行使这一权利,就相当于他选择"打 1 分",比赛继续进行到9分。这个选择是不可更改的,也就是说,即使双方得分可能在一段时间内保持在8平,也不需要作更多的决定。

在第11次为纪念加德纳而举行的聚会上,穆塔利克(Pradeep Mutalik)提出了这个问题(毫无疑问,在他之前还有许多人提出过这个问题):如果你处于那样的状况,你是应该打2分,还是就继续打到9分?

(相对于网球而言)简化这里的情况的是这样一个事实:在壁球比赛中,特别是在英式(垒球)比赛中,发球对随后赢得往返击球的概率几乎不会产生任何影响。发球通常只是使球进入比赛状态,随后可能发生多次击球。因此,这里可以合理地假设,无论谁发球,你(即当双方达到8平时不发球的选手)赢得任何一次给定回合的概率都是固定的p。此外,还可以假定每个回合的结果都独立于其他所有回合,也独立于你选择打1分还是打2分的结果。

这里给人的直觉与世界职业棒球大赛问题很相似。如果$p=\frac{1}{2}$,那么为了使发球优势最小化,你显然会想打2分。换言之,如果你打1分,你输掉下一回合因而输掉这场比赛的危险就迫在眉睫了。这似乎会是你作出决定的主要因素。

不过,如果p很小,那么比赛时间越长,对你的(比你占优势的)对手越有利的这一事实就会开始起作用,因此你应该最好将目标保持在9分,并尽量保持好运。如果这些论证是正确的,那么应该存在着某个阈值p_c(比如说世界职业棒球大赛问题的那个40%),在这个阈值时你会处于不偏不倚的状态:当$p>p_c$时,你应该打2分;而当$p<p_c$时,你应该打1分。p_c的值是多大?

原则上,你可以分别计算打1分和打2分时你的获胜概率(表示为p的函数),然后再比较这两个值来解答这个问题。这需要做点计算:壁球比赛可以有无穷多种方式继续下去,所以你需要对一些无穷级数求和或者解一些方程。不过,与以前一样,我们可以耦合这两种场景,并专注于其中你的决策会产生影响的那些场景,从而将计算最小化(并且可能获得某种深入的见解)。

因此，让我们假设比赛一直进行到其中一人得到10分，尽管如果你选择了打1分的话，获胜方会在这之前就已确定。如果"打1分"优于"打2分"，也就是说，如果打1分的话你本来会赢，而打2分的话你本来会输，那么一定是你得到了下一分，但最后与你的对手以9:10的比分结束比赛。我们将此事件称为S_1。

对于"打2分"优于"打1分"的情况，你的对手必定会达到9:8的比分，但接下来的2分就必定输给你了。我们将此事件称为S_2。

再增加另一个参数会对我们有所帮助。这里有几种选择，效果都差不多。设f为你"连破带保"的概率：也就是说，即使现在不是你发球，你也会得到下一分。（请注意，f只适用于你：除非$p=\frac{1}{2}$，否则你的对手连破带保的概率是不同的。）

要连破带保，你就必须赢得下一回合，然后要么赢得第二回合，要么输掉后再连破带保。因此

$$f=p(p+(1-p)f),$$

由此我们可以解出f，但是我们先把它写成这种形式。

事件S_1要求你连破带保，最后输掉下一回合，然后两次未能连破带保，用符号表示为

$$\Pr(S_1)=f(1-p)(1-f)^2。$$

事件S_2要求你未能连破带保，然后连破带保，最后要么赢得下一回合，要么输掉后再连破带保：因此

$$\Pr(S_2)=(1-f)f(p+(1-p)f)。$$

这两个事件都需要一次连破带保及一次未能连破带保，所以我们可以约去$f(1-f)$，只对$(1-p)(1-f)$与$p+(1-p)f$作比较。但请注意，后者就是$\frac{f}{p}$（这是由我们关于f的等式得到的），而前者是1减去后者。因此$\frac{f}{p}=\frac{1}{2}$，由此我们得到$2p=1-p+p^2$，$p=\frac{3-\sqrt{5}}{2}\approx0.381\ 966\ 011$。

因此，除非你赢得一个回合的概率小于38%，否则的话你就应该打2

分。由于实力悬殊程度达到62%:38%的两位选手之间的大多数比赛不会达到8平的比分,因此你只要制定打2分的策略,就不会错得太离谱。壁球运动员的直觉显然是值得信赖的:至少在锦标赛中,打1分是相当罕见的选择。

英式记分正逐渐被"PARS"(point-a-rally scoring的缩写,即每回合得分制)所取代。按照PARS计分方式,无论发球方还是接球方赢得往返击球回合,都要记1分。在这种计分方式中的比赛总分是11分,但也许部分是为了承认上面所阐释的战略事实,要求获胜方赢2分,因此实际上就自动选择打2分。

PARS的一个重要优势是,一场比赛的回合数比采用英式计分时的可变性要小一些,因此在锦标赛中安排比赛日程比较容易。如果你是处于劣势的一方,指望获得一次翻盘。现在允许你选择比赛的计分系统,你应该选择哪一种?

我把这个问题留给读者思考。

致谢

我的研究受到美国国家科学基金会资助,资助号为DMS-1162172。

二、具有数学内容的一招益智题

列维京

本文给出了那些可以一招解答的数学益智题。根据词典的定义，一"招"既可以是移动一颗棋子的动作，也可以是为了达到目标而采取的一个步骤。至于这些益智题的数学内容，本文中的一些益智题可以说满足了读者在这方面的任何合理期望，而其他一些益智题纳入本文，要么是为了完整性，要么是为了这些益智题的趣味性价值。本文还将提出几个与所包含的益智题相关的研究项目。

给出这些益智题有两个主要原因。首先，大多数一招益智题都令人惊讶，并且与简短的数学证明具有同样的吸引力。其次，这是一项具有挑战性的任务，因为包含重要数学内容的一招益智题是非常罕见的。

一招益智题的类型有占卜益智题、称重益智题、重排益智题、切割益智题和折叠益智题。本文不包括一个问题的逻辑益智题（例如骑士与无赖），也不包括仅因益智题的规模小而能一招解答的益智题（例如，用一条由七个环构成的金链来支付七种款项）。我还决定不包括火柴棒或十进制数组成的等式益智题，因为它们没有基于重要的数学内容，它们的解通常也并不令人非常惊讶。

本文最后对那些突出强调的益智题给出了答案。

1. 占卜游戏

我们从几道非凡的益智题开始研究。虽然每道题都是用一招解答的，但它们的解都令人惊讶，而且都基于重要的数学事实。

(1) 移动一枚硬币以获得自由。一名狱卒提出要释放两位被囚禁的数学家——我们称他们为囚犯 A 和囚犯 B——前提是如果他们能够赢得下面的猜谜游戏。这名狱卒放置了一个 8×8 的棋盘，每个棋格里都有一枚硬币，其中一些正面朝上，另一些反面朝上。当囚犯 B 不在房间时，狱卒给囚犯 A 指明棋盘上囚犯 B 必须猜测的那一棋格。囚犯 A 在离开房间之前，必须将棋盘上的一枚硬币反过来。然后囚犯 B 进入房间，并猜测所选棋格的位置。这两名囚犯可以事先计划好他们的策略,但在游戏开始以后,他们之间就没有任何沟通了。这两名囚犯能赢得自由吗?

2007 年的国际城镇数学锦标赛提出了这道题的一维形式,用的是一个 8×1 的棋盘。从那时起,这道益智题就以上面给出的形式出现在多个网站上,并且最近已出版[20]。

第二道益智题基于一个非常不同的数学事实。

(2) 盒中的数字。一位魔术师用放在舞台上的 100 个封闭的盒子来表演下面的魔术。每个盒子里都有一张卡片。这些卡片的编号为 1 到 100(包括 1 和 100 且不重复)的自然数,这些卡片随机分布在盒子中。魔术师在表演之前先让她的助手打开这些盒子,检查里面的卡片。助手可以选择要么交换两个盒子里的卡片,要么什么也不做。无论哪种情况,助手都会关上所有盒子并离开舞台,且不再与魔术师进行任何交流。助手应该怎么做,才能使魔术师在打开不超过 50 个盒子的情况下找到从 1 到 100 的任何给定数字?

这道益智题是温克勒[32]之前讨论过的一道一招益智题。根据温克勒的讨论,丹麦计算机科学家米尔特森(Peter Bro Miltersen)在研究某些数据结构的复杂性时提出了这道益智题[12],而给出其解答的则是米尔特森的同事斯凯姆(Sven Skyum)。

我们的第三个例子来自戈弗(Tom Cover)[6]。

(3) 大于还是小于。葆拉(Paula)和维克托(Victor)在玩下面的游戏。葆拉将两个不同的整数写在两张纸片上,每张纸片写一个,然后每只手里各藏一张纸片。维克托选择葆拉的一只手,看了那张纸片上的数字。维克托能以大于 $\frac{1}{2}$ 的概率猜出他看到的那个数字是大于还是小于另一个数字吗?

温克勒[31]讨论过这种形式,还讨论过这道益智题的另一种形式,后者使用的是从 $[0,1]$ 上的均匀分布中选择的两个随机数,它的答案与上述形式的答案相反。

下一个占卜的例子是西蒙(William Simon)[27]的一道魔术形式的益

智题。

(4) 猜测斐波那契数列之和。请一位朋友从两个任意整数 a 和 b(你不知道是哪两个数)开始生成斐波那契数列的前 10 项。你的任务是向这位朋友询问该数列中某一项的值,然后你就能确定这 10 项的总和。例如,你可以让你的朋友告诉你第 1 项或者第 4 项的值,或者你选择任何其他的特定项。

乍一看,这道益智题似乎是无法解答的,因为比如说对于一个项数为 2 的斐波那契数列而言,这显然是不可能的。但是只要简单生成该数列的 10 项并确定其总和,这个问题就能迎刃而解,而这只需要一个算术运算!探究对于哪些 n 值,可以根据某项的值得到任意斐波那契数列的前 n 项之和,这可能很有趣。

我们最后一道占卜益智题是对舒(Fred Schuh)[26]的一道题作了微小修改而得。

(5) 终极占卜。请一位精通数学的朋友想一个正整数,然后只问这位朋友一个是/不是的问题,你就应该能写出你朋友所选择的那个数字。

与之前的四道益智题不同,这道益智题的解答中存在一定程度的圈套。不过,此题当然是以数学事实为基础的,因此值得提及。

2. 称重益智题

在一组外观完全相同的硬币中识别出一枚假币,这是最古老的益智题类型之一。令人惊讶的是,有一些益智题只通过一次称重就可以解答。这可以在许多益智书籍中找到经典例子,包括加德纳汇编的他最喜欢的益智题集[14]。

(6) 一堆假币。有 10 堆外观完全相同的硬币,每一堆都有 10 枚。其中一堆中的所有硬币都是假的,而其他各堆中的所有硬币都是真的。每枚真币重 w 克,而每枚假币重 $w+1$ 克,其中 w 已知。还有一台单盘指针秤,可以用它来确定任何数量硬币的确切重量。通过一次称重识别出这堆假币。

这道益智题可以用多种方法加以推广。将硬币的堆数增加 1 是一种显而易见的推广。一种更有趣的推广形式是允许存在任意堆数的假币(例子可参见文献[13],该题是用大瓶药片取代了硬币)。埃弗巴克(Averbach)和尚(Chein)[1]提供了这道益智题的一种变化形式,其中用到的是一架有限精度的秤。福明(Fomin)等给出了另外两种变化形式:一种是使用一台双盘天平,上面有一个箭头显示两盘上的物体之间的重量差值;另一种只给出真假币的重量差异[10]。

下面是一道完全不同的称重益智题,来自同一本俄罗斯题集[10]。

(7) 一枚可疑的硬币。在101枚硬币中,有50枚是假币。一枚真币的重量是一个未知整数,而所有假币的重量都是相同的,与一枚真币的重量相差1克。彼得(Peter)有一台双盘指针天平,它显示放置在两个盘上的物体之间的重量差值。彼得选择了一枚硬币,想通过一次称重判断出它是真币还是假币。他能做到吗?

答案是"能",但是这道益智题的解答(至少有两种不同的解答)所基于的数学知识,与假币堆益智题解答所基于的那些知识是不同的。

当然,如果我们不局限于必须一次称重来解答的益智题,那就有很多可以考虑的问题了,比如那道著名的益智题:通过三次称重在12枚完全相同的硬币中确定唯一的假币[可参见A.列维京(A. Levitin)和M.列维京(M. Levitin)[20]对解答的评注]。其中有一些并非易事,包括那道至今尚未得到解答的问题:用双盘天平通过最少次数称重,在n枚硬币中识别出两枚假币。

3. 重排益智题

这些益智题从排列一组完全相同的物品开始,比如说硬币、宝石或小圆圈,然后要求解题者将其中一件物品移动到新的位置,以获得另一种构形。以下是两个典型的例子。

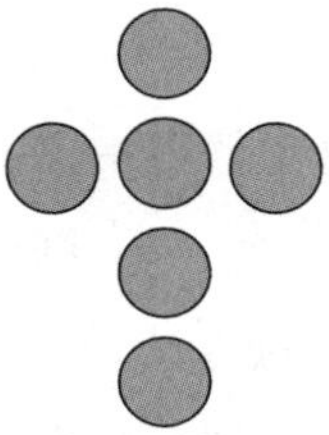

图2.1 重排十字益智题的硬币排列。

(8) 重排十字。在由六枚硬币构成的十字形排列中移动一枚硬币,得到两排硬币,其中每一排有四枚硬币(图2.1)。

虽然这道非常古老的益智题的解答可算众所周知,但值得指出的是,

它是将容斥原理应用于所需构形的水平(H)行和垂直(V)行的直接结果:

$$|H \cap V| = |H| + |V| - |H \cup V| = 4 + 4 - 6 = 2。$$

第二个例子来自劳埃德(Sam Loyd)[22]。

(9) 学者的难题。擦掉栅栏上的一个圆,然后将它画在另一个地方,使它们排成四行,其中每一行有三个圆(图2.2)。

容斥原理在这里虽然不是必要的,但也有所帮助。

图2.2 劳埃德的《学者的难题》。© The Sam Loyd Company。该插图经山姆·劳埃德公司(samloyd.com)许可复制:Sam Loyd是该公司的注册商标。

这里值得一提的是与上面那道简单的益智题都是"无三点一线"问题:在一个$n \times n$网格中最多可以放置多少个点而不出现任何三点在一条直线上的情况[30]?尽管杜德尼在近一个世纪前就提出了这个问题,但至今尚未找到最终答案。

我还应该提到关于火柴棒或牙签的益智题,这是重排益智题的一个很大的子类。有许多这类的一招益智题所涉及的算式通常使用二进制或罗马数字,但几乎没有其他方面的数学内容。我们没有给出这类益智题的具体例子,而是用斯托弗(Mel Stover)[15]的这道精彩智力题来结尾。

(10) 长颈鹿益智题。在由五根牙签构成的长颈鹿图形(图2.3)中移动一根牙签,使长颈鹿完全保持原样,得出的图形可以是原来图形的旋转或反射。

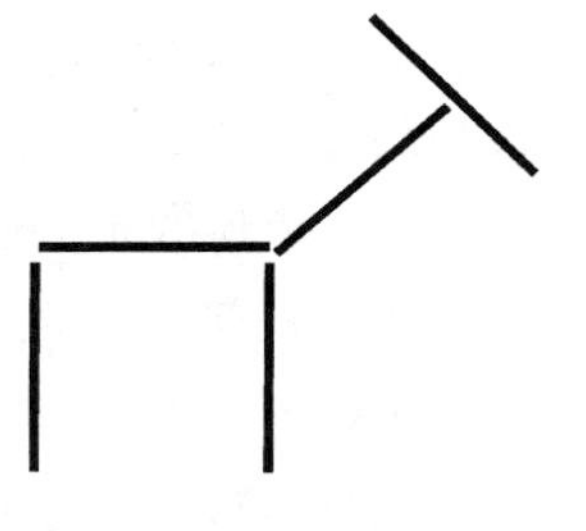

图2.3 长颈鹿益智题。

4. 切割益智题

这些益智题的目的是仅通过一次切割将一个给定的几何图形分割成两块。其中大多数题目要求得出的两块是全等的,或者具有相等的面积,或重组成另一个指定的图形。切割线可能要求是直的,也可能不要求是直的,在后一种情况下,可能要求切割线沿着一些网格线。多年来出版的许多益智题集中包括平分益智题,尽管要把它们都列出来是不现实的,但我会在下面举出几个典型的例子。

斯皮瓦克(Spivak)[28]要求将一个正方形平分成:(a)两个全等的五边形;(b)两个全等的六边形;(c)两个全等的七边形。(事实上,这个问题可以推广到对于任意的 $n>2$,将一个平行四边形平分成两个全等的 n 边形。)对于目标是将一个不规则形状的图形平分成全等两部分的益智题,请参见文献[5]、[14]、[21]和[28]。加德纳[13]给出了几个"爬行-动物"①的例子,这些图形可以被平分成形状与原始图形完全相同的两部分。藤村(K. Fujimura)[11]要求找出将一个 4×4 的正方形沿着小正方形的边界分割成全等的两部分的所有不同方式。赫斯(Hess)[17]提供了一道与之密切相关的题目:用两块全等的铺陈片最大限度地覆盖多联骨牌,铺陈片的形状由解题者确定。

在目标是将一个给定图形平分成面积相等的两部分的益智题中,数学上最有趣味的是下面这道题[24]:

---

① 原文为"rep-tiles",其中rep表示重复,tile(s)是瓷砖或铺陈,而reptile(s)是爬行动物的意思。美国数学家格伦布(Solomon Golomb)造出这个词来描述这样的形状。——译注

(11) 平分三角形。用可能的最短分界线把一个等边三角形等分成面积相等的两部分。

令人惊讶的是，该题的答案不是一条直线！波利亚(Polya)[24]给出了答案："任何区域的最短二等分线不是直线就是圆弧。如果这个区域有一个对称中心(例如正方形、圆形和椭圆都有对称中心，但等边三角形则没有)，那么最短二等分线就是一条直线。"(为面积二等分线找到类似的性质是一个极好的研究项目。)

图2.4　阴阳符号。

下面是一个利用图2.4的对称性平分面积的示例。

(12) 阴阳。用一条直线将图2.4中的黑白两个区域都二等分[8,16]。

由于上面这个例子涉及同时分割两个区域，因此这里提一下所谓的煎饼定理：对于平面上两个任意形状的煎饼，都存在一条单一直线，将它们各自的面积精确地分成两半。(当然，听起来像益智题的定理其实只是一个存在性的结果，而大多数益智题都要求一种特定的切割方式。)与煎饼定理类似的三维形式被称为火腿三明治定理：由任何形状的三部分组成的任何三明治——例如一块火腿和两块面包——都可以仅用一次直切同时分成两半。也就是说，这三部分都被切成两半。这两条定理都是斯通-图基定理的特例[29]。斯通-图基定理是一个更一般的结果，它处理的是 n 维空间中的 n 个可测集。

关于将一个图形平分成两块，并且这两块能重新组合成另一个指定图形的那些益智题，下面各例会给出一个很好的概念：将一个 $n^2\times(n+1)^2$ 的矩形变成一个正方形[7]；将残缺的矩形变成正方形[7,8,22,34]；将一个去掉四分之一的正方形变成一个菱形[34]。

一道关于平分国际象棋盘的简单益智题，要求棋盘内部可以被一次直切贯穿的最大棋格数[18]。当然，这道题显然可以推广到任何 $m\times n$ 棋盘。

还有一些三维形状的平分益智题。例如,普罗克特(Richard A. Proctor)在1887年发表了问题“如何切割一个正四面体(由等边三角形构成的金字塔)使其切面为一个正方形”[2]。藤村[11]讨论的是如何将一个立方体切割成全等的两块,使其具有六边形截面(参见文献[14])。吴(William Wu)的在线益智题集[33]和萨夫切夫(Savchev)及安德烈埃斯库(Andreescu)[25]的书中都包含下面这道有趣的益智题。

(13) 蛀坏的苹果。一个苹果的形状是半径为31毫米的球。一条虫子钻进了苹果,挖了一条全长61毫米的隧道,这条隧道从苹果表面开始,到苹果表面结束。(隧道不一定是直线。)请证明你可以把苹果切成全等的两块,其中一块没有被虫蛀过。

在“穿砖”这个标题下,吴还要求证明存在一条直线,这条直线穿过一个填满砖块的立方体的内部,但不穿透任何砖块的内部。也就是说,这条线只在相邻砖的表面通过。(关于格雷厄姆(Ronald Graham)证明过的二格骨牌铺陈矩形的类似定理,参见文献[23]。)

最后一个例子来自为数学爱好者编写的俄罗斯益智题集之一[19]。

(14) 奇怪的蛋糕。你是否可以烤一个蛋糕,仅用一刀直切就可以将它分为四部分?

5. 折叠益智题

折叠益智题是切割益智题的近亲,尽管找到有意义的一次折叠益智题要比二等分益智题难得多。这里有两个一次折叠的例子。第一个是处理平面几何基本形状的简单益智题[9]。

(15) 用三种方式折叠。从一张纸上剪下一个形状,将它仅折叠一次就可以得到以下任何一种形状:(a)一个正方形;(b)一个等腰三角形;(c)一个平行四边形。

唐东(James Tanton)发布在推特上的第二个例子更具挑战性[4]。

(16) 正方形折叠。把一张正方形的纸沿着一条穿过正方形中心的直线折叠。哪条线产生的重叠面积最少?

6. 结论

一招益智题只是数学益智题中很小的一部分。尽管如此,本文也不可能将所有这样的题目都包括在内,只是为这一特殊类型给出一个清晰易懂的概述。其中一些题目无疑属于有史以来最好的数学益智题,这是因为它们的解答和它们所基于的数学事实都是出乎意料的。

7. 解答

(1) 移动一枚硬币以获得自由。这两名囚犯必须设计出一种方案,让囚犯 A 翻转一枚硬币,以此向囚犯 B 表明狱卒所选择的棋格位置。为了做到这一点,他们可以利用翻转后(比如说)反面朝上的那些硬币的位置。更具体地说,他们应该找到一个函数,将所有反面朝上的硬币的位置映射到所选棋格的位置。囚犯 A 的任务是翻转一枚硬币来保证这一映射。囚犯 B 的任务就是根据此时看到的棋盘,利用该函数计算出所选棋格的位置。下面说明如何才能做到此事。

首先,将棋盘上的棋格从 0 到 63 编号(例如,沿着自上而下的每一行从左到右编号)。对于给囚犯 A 看的棋盘上所有反面朝上的硬币的棋格,分配给它们的序号的六位二进制表示为 $T_1, T_2, \cdots, T_n$。设 J 为分配给狱卒所选的那个棋格的序号的六位二进制表示。设 X 为分配给囚犯 A 翻转的硬币所在棋格的序号的六位二进制表示。为了求出 X,就要求出 $T = T_1 \oplus T_2 \oplus \cdots \oplus T_n$ 对 J 的"异或"(XOR,表示为$\oplus$):

$$T \oplus X = J \text{ 或 } X = T \oplus J。 \quad (1)$$

(如果 $n=0$,则假设 $T=O$,即各位都为 0 的字符串,因此 $X = O \oplus J = J$。)

作为一个例子,请考虑图 2.5 中所示的该益智题的一个实例。初始构形中的反面朝上的硬币和正面朝上的硬币在图中分别用黑色圆圈和白色圆圈来表示。狱卒所选择的那个需要猜测的棋格用一个叉来表示。囚犯 A 要翻转的那枚硬币周围另加了一个圆圈,其位置会在下文中计算。

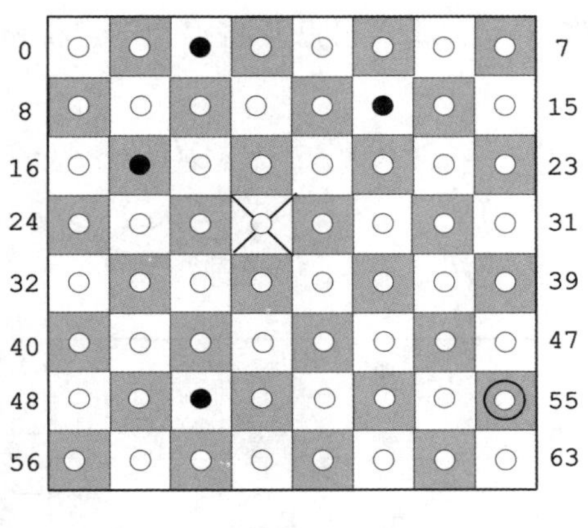

图 2.5　移动一枚硬币以获得自由的一个实例的解答。

对于这块棋盘，

$$\begin{aligned} T_1 &= 2_{10} = 000010 \\ T_2 &= 13_{10} = 001101 \\ T_3 &= 17_{10} = 010001 \qquad\qquad J = 27_{10} = 011011 \\ T_4 &= 50_{10} = 110010 \\ \hline T &= T_1 \oplus T_2 \oplus T_3 \oplus T_4 = 101100 \end{aligned}$$

因此

$$X = T \oplus J = 101100 \oplus 011011 = 110111 = 55_{10}。$$

因此，在囚犯 A 将 55 号位置的硬币翻转成反面朝上之后，囚犯 B 将看到的棋盘是 2、13、17、50 和 55 号位置的硬币反面朝上，并计算出所选棋格的位置为

$$T_1 \oplus T_2 \oplus T_3 \oplus T_4 \oplus X = 101100 \oplus 110111 = 011011 = 27_{10} = J。$$

上面这个例子演示了两种可能情况中的第一种——根据公式(1)计算出 X 位置的硬币正面朝上的情况。然后把它翻过来确实会使 X 加入了其他反面朝上的硬币。但是，如果在那个位置的硬币已经反面朝上(也就是说，对于某个 $1 \leqslant i \leqslant n$，这是第 i 个正面朝上的硬币)又会怎样呢？在这种情况下，翻转硬币就会使其正面朝上，于是囚犯 B 计算出所选棋格的位置就是 $T_1 \oplus \cdots \oplus T_{i-1} \oplus T_{i+1} \oplus \cdots \oplus T_n$。幸运的是，公式(1)在这种情况下也同样适用，因为对于任何位字符串 S 都有 $S \oplus S = O$。事实上，如果囚

犯 A 计算出 $X = T \oplus J = T_i$,那么囚犯 B 将得到选定棋格的位置与囚犯 A 所使用的相同:

$$\begin{aligned} J &= T \oplus X = T_1 \oplus \cdots \oplus T_{i-1} \oplus T_i \oplus T_{i+1} \oplus \cdots \oplus T_n \oplus T_i \\ &= T_1 \oplus \cdots \oplus T_{i-1} \oplus T_{i+1} \oplus \cdots \oplus T_n \oplus T_i \oplus T_i \\ &= T_1 \oplus \cdots \oplus T_{i-1} \oplus T_{i+1} \oplus \cdots \oplus T_n 。\end{aligned}$$

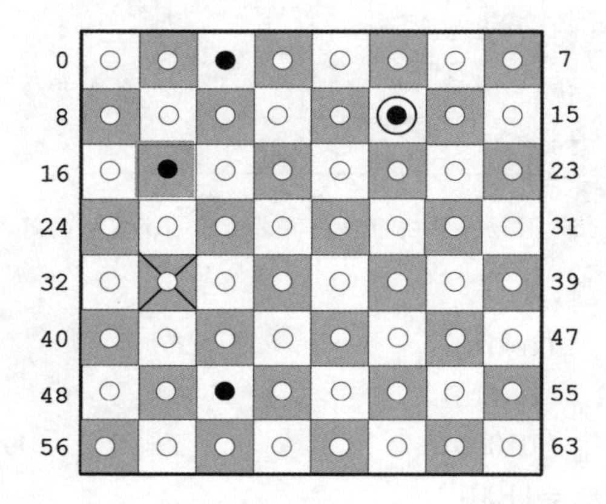

图 2.6　移动一枚硬币以获得自由的另一个实例的解答。

例如,如果狱卒对图 2.6 所示的这个有同样四枚硬币反面朝上的棋盘选择 33 号,那么我们得到

$$\begin{aligned} T_1 &= 2_{10} = 000010 \\ T_2 &= 13_{10} = 001101 \\ T_3 &= 17_{10} = 010001 \qquad J = 33_{10} = 100001 \\ T_4 &= 50_{10} = 110010 \\ \hline T &= 101100 \end{aligned}$$

因此

$$X = T \oplus J = 101100 \oplus 100001 = 001101 = T_2 = 13_{10} 。$$

在囚犯 A 将 13 号棋格的硬币翻转成正面朝上之后,囚犯 B 将看到棋盘上 2、17 和 50 号棋格位置的硬币反面朝上,因此会计算出所选棋格的位置为

$$000010 \oplus 010001 \oplus 110010 = 100001 = 33_{10} = J 。$$

(2) 盒中的数字。将这些盒子从 1 到 100 依次编号,并将盒子中的数字视为盒子编号的一个排列。这种排列可以用所谓的循环记号法来表示,即将此排列分解为几个不相交的循环。举一个较小的例子,将 1 到 8 的数字分别放入 3、5、1、2、8、7、4、6 号盒子中,这两个循环分别是(1, 3)和(2, 4, 7, 6, 8, 5)。也就是说,在第一个循环中,1 映射成 3,3 映射成 1。而第二个循环中,2 映射成 4,4 映射成 7,7 映射成 6,6 映射成 8,8 映射成 5,5 映射成 2。注意,在循环记号法中,每个循环通常是由最小数字开始的一串数来给出的。

为了求解这个问题,助手应该确定该排列中的最长循环。如果该循环包括 50 个或更少的元素,则无须采取任何行动。否则,为了创建一个更短的循环,他就应该将该循环的第 50 个盒子中的数与该循环中最小的元素(数)互换。(对于上面那个 8 个盒子的例子,他会把第 6 个盒子里的 8 号和第 5 个盒子里的 2 号互换。)这样互换就确保了新的排列中的最长循环只包含 50 个元素。然后魔术师将搜索 1 到 100 之间的任意给定数字 i,这样,只要从打开第 i 个盒子开始,并按照打开的盒子中的数字所指示的映射链继续开盒。由于现在每个循环包含的元素都不超过 50 个,因此魔术师只需打开不超过 50 个盒子就能到达装有数字 i 的那个盒子。

(3) 大于还是小于。令人惊讶的是,答案是“能”。根据温克勒的解答[31],过程如下。首先,维克托选择整数的概率分布,为每个整数分配正的概率。在葆拉写下她的两个数之后,维克托从他的分布中选择一个整数,并加上$\frac{1}{2}$,得到一个用 t 表示的数(请注意 t 不是整数)。当葆拉伸出她的两只手时,维克托(比如说)通过掷一枚均匀硬币来选择其中一只手的概率是$\frac{1}{2}$。在检查了那只手里的数之后,如果被揭示的这个数大于 t,那么他就猜测隐藏的那个数比它小;如果被揭示的这个数小于 t,那么他就猜测隐藏的那个数比它大。

关于维克托猜对的概率,我们作何断言?如果 t 比葆拉的两个数都大,那么被揭示的数将小于 t。因此,无论维克托选择哪只手,他都会猜测隐藏的数大于被揭示的数。这个答案正确的概率是$\frac{1}{2}$。同样，如果 t 比葆拉的两个数都小，那么被揭示的数就会大于 t，因此维克托会猜测，不管他选择哪只手，隐藏的数都小于被揭示的数。这个答案正确的概率也是$\frac{1}{2}$。但有某一正概率，维克托的 t 会落在葆拉的两个数之间，于是无论他选择哪只手都会猜对。

(4) 猜测斐波那契数列之和。表 2.1 中包含该数列的前 10 项 f_n 及前 n 项的和 S_n。由于 $S_{10}=11f_7$，因此只要求出 f_7 的值，就可以通过一次乘法计算出 S_{10} 的值。

表 2.1　从数字 a 和 b 开始的斐波那契数列的前 10 项，以及这个数列前 10 项的和

n	1	2	3	4	5	6	7	8	9	10
f_n	a	b	$a+b$	$a+2b$	$2a+3b$	$3a+5b$	$5a+8b$	$8a+13b$	$13a+21b$	$21a+34b$
S_n	a	$a+b$	$2a+2b$	$3a+4b$	$5a+7b$	$8a+12b$	$13a+20b$	$21a+33b$	$34a+54b$	$55a+88b$

(5) 终极占卜。询问这位朋友所选的数字是不是 1。如果答案是肯定的就写"1"，否则就写"10"。"10"在任何 $b>1$ 的以 b 为基数的记数体系中都等于选择的数字 b。

(6) 一堆假币。从第一堆中取一枚硬币，从第二堆中取两枚硬币，以此类推，直到从最后一堆中取走全部 10 枚硬币。将所有这些硬币放在一起称重，求出它们超过 $55w$ 的重量（$55w$ 是 $1+2+\cdots+10=55$ 枚真币的重量）。超过的重量（以克为单位）表明了被称重的假币数量，因此也就表明了假币出自哪一堆。

(7) 一枚可疑的硬币。是的，彼得可以确定所选的硬币是不是真币。一种方法是把选择的那枚硬币放在天平的一个盘里，其他 100 枚硬币全都放在另一个盘里。如果所选硬币是假币，其重量为 f 克，而每枚真币的重量是 g 克，那么两盘重量之差就会是

$$51g+49f-f=51g+48f=51g+48(g\pm1)=99g\pm48,$$

它总能被 3 整除。如果选择的硬币是真币，那么两盘重量之差就会是

$$50g+50f-g=49g+50f=49g+50(g\pm1)=99g\pm50,$$

它不能被3整除。

另一种解答是由福明等给出的[10]。彼得把选中的那枚硬币放在一边,把剩下的硬币分成两堆,每堆50枚,然后将这两堆硬币放在天平的两个盘里称重。可以证明,如果所选的硬币是真币,那么两堆硬币的重量之差必定是偶数,否则它们的重量之差必定是奇数。

(8) 重排十字。使横排和竖排相交处有两枚硬币重叠,方法是将竖排中的另外三枚硬币之一移到那里。

(9) 学者的难题。擦掉最左边的圆圈,在通过最高的两个圆的圆心和最低的两个圆的圆心的两条直线的交点处画一个新的圆,如图2.7所示。

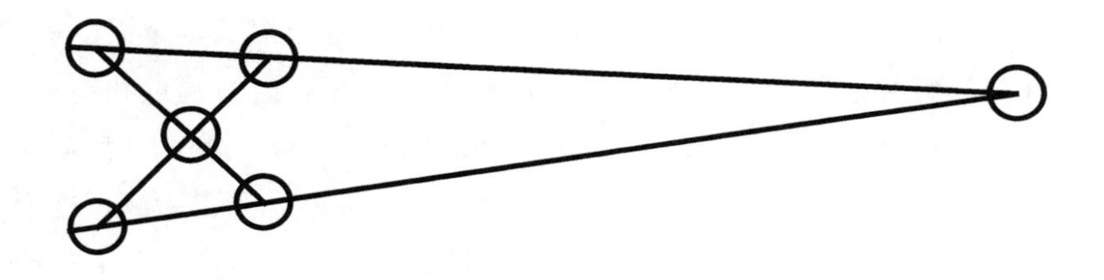

图2.7　学者的难题解答。

(10) 长颈鹿益智题。将左腿绕其下端顺时针旋转90°,得到图2.8所示的长颈鹿。

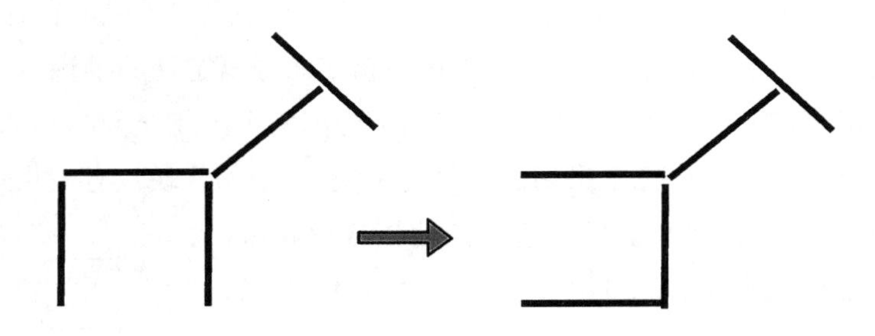

图2.8　长颈鹿益智题解答。

(11) 平分三角形。将一个等边三角形分成面积相等的两部分的最短分界线是圆心在三角形顶点、半径 r 满足 $\frac{1}{6}\pi r^2=\frac{\sqrt{3}}{8}a^2$ 的圆弧,其中 a

为该三角形的边长。基于等周不等式的一个证明,参见文献[3]。

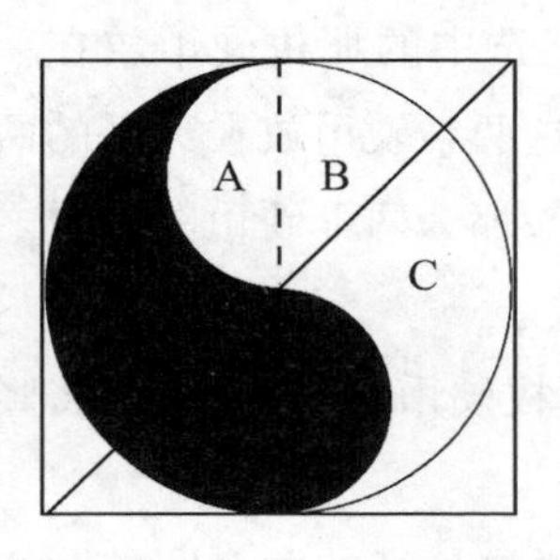

图 2.9　阴阳益智题解答。

(12) 阴阳。作包围阴阳符号的正方形,其对角线(图 2.9)将其中的黑白两个区域都二等分。

下面给出这个结果的一个简单证明,这是加德纳的《科学美国人》专栏读者寄给他的[16]。小半圆 A 的面积显然是大圆的$\frac{1}{8}$,因为前者的半径是后者的一半。区域 B 的面积也是大圆面积的$\frac{1}{8}$。于是 A 与 B 的面积之和等于大圆面积的$\frac{1}{4}$,与区域 C 的面积相等。因此,这条对角线确实将阴阳两个区域都二等分了。

(13) 蛀坏的苹果。设 S 和 F 分别是虫子挖掘隧道的起点和终点。根据萨夫切夫和安德烈埃斯库[25],考虑满足$|XS|+|XF|\leqslant 61$ 的点 X 的集合,其中$|XS|$和$|XF|$分别是点 X 到点 S 和点 F 的欧几里得距离。这个集合是一个焦点为 S 和 F 的旋转椭球体,隧道的每一点都属于这个椭球体。事实上,$|XS|$和$|XF|$分别不会超过隧道从 S 到 X 的长度和从 X 到 F 的长度,因此$|SX|+|XF|\leqslant 61$。但是,苹果的中心 O 不属于这个椭球体,这是因为$|OS|+|OF|=31+31=62>61$。但椭球体是凸的,因此存在一个通过点 O 的平面,该平面与椭球体没有任何公共点。(这个在几何上是显而易见的事实,也可以从一条被称为超平面分离定理的推论得到,该定理确保了在 n 维欧氏空间中存在着一个分离两个不相交紧凸集的超平面。)这样一个平面会把苹果切成全等的两块,其中的一块没有被虫蛀过。

(14) 奇怪的蛋糕。题中所讨论的蛋糕形状有许多可能性,其中之一可以是大写字母 E 的形状(图 2.10)。

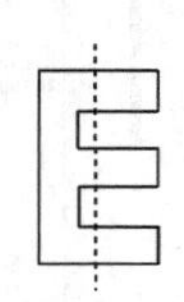
图 2.10　奇怪的蛋糕益智题解答。

(15) 用三种方式折叠。由一个正方形和一个直角等腰三角形构成的梯形满足该题的全部要求。沿着图 2.11 中的三条虚线分别折叠出一个正方形、一个等腰三角形和一个平行四边形。

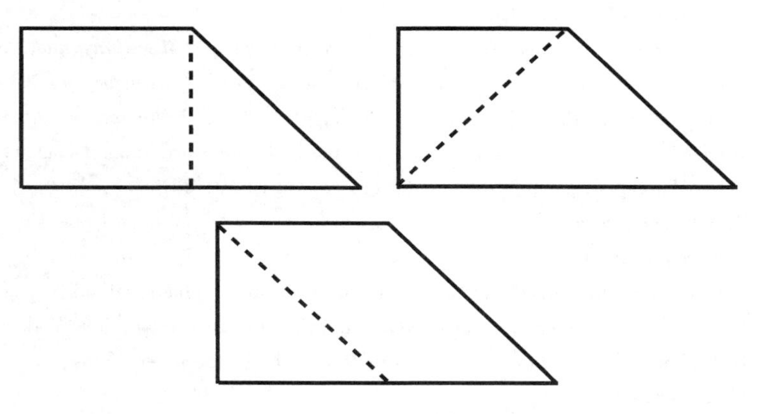

图 2.11　用三种方式折叠益智题解答。

(16) 正方形折叠。产生最小重叠面积的直线的倾斜角为 22.5°。假设正方形边长为 1，最小重叠面积等于$\sqrt{2}-1$，而图 2.12 中的 $x=y=1-\frac{1}{\sqrt{2}}$。证明过程参见文献[4]。

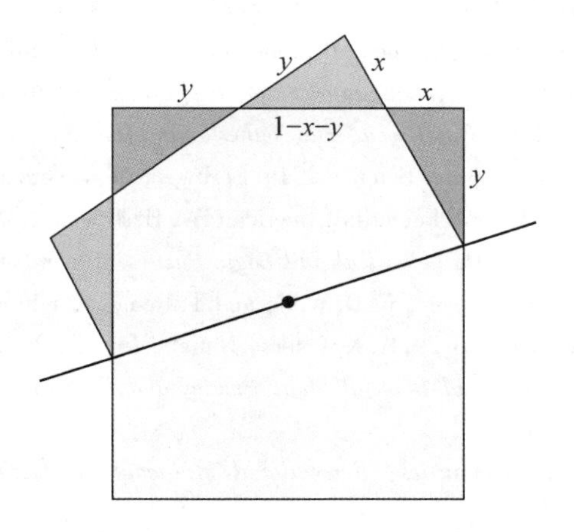

图 2.12　正方形折叠益智题解答。

参考文献

[1] B. Averbach, O. Chein. *Problem Solving through Recreational Mathematics*. Dover, New York, 1980.

[2] C. Birtwistle. *Mathematical Puzzles and Perplexities.* George Allen & Unwin, Crows Nest, Australia, 1971: 157 – 158.

[3] A. Bogomolny. Bisecting arcs, in *Interactive Mathematics Miscellany and Puzzles*, http://www.cut-the-knot.org/proofs/bisect.shtml (accessed August 19, 2014).

[4] A. Bogomolny. Folding square in a line through the center, in *Interactive Mathematics Miscellany and Puzzles*, http://www.cut-the-knot.org/Curriculum/Geometry/GeoGebra/TwoSquares.shtml#solution (accessed August 19, 2014).

[5] B. Bolt. *The Amazing Mathematical Amusement Arcade.* Cambridge University Press, Cambridge, 1984.

[6] T. Cover. Pick the largest number, in T. Cover and B. Gopinath, editors, *Open Problems in Communication and Computation*, p. 152. Springer-Verlag, New York, 1987.

[7] H. Dudeney. 536 *Puzzles & Curious Problems.* Charles Scribner's Sons, New York, 1967: 320 – 321.

[8] H. Dudeney. *Amusements in Mathematics.* Dover, New York, 1970.

[9] M. A. Ekimova and G. P. Kukin. *Zadachi na Razrezanie* [*Cutting Problems*], 3rd ed. Moscow Center for Continuous Mathematical Education, Moscow, 2007 (in Russian).

[10] D. Fomin, S. Genkin, and I. Itenberg. *Mathematical Circles* (*Russian Experience*). American Mathematical Society, Providence, RI, 1996: 217 – 218.

[11] K. Fujimura. *The Tokyo Puzzles.* Charles Scribner's Sons, New York, 1978.

[12] A. Gal and P. B. Miltersen. The cell probe complexity of succinct data structures, in *Proceedings of Automata, Languages, and Programming: 30th International Colloquium, ICALP 2003, Eindhoven, The Netherlands, June 30 – July 4, 2003*, p. 332. Lecture Notes in Computer Science 2719. Springer, New York, 2003.

[13] M. Gardner. *aha! Insight*. Scientific American/W. H. Freeman, New York, 1978.

[14] M. Gardner. *My Best Mathematical and Logic Puzzles.* Dover, New York, 1994.

[15] M. Gardner and Mel Stover, in D. Wolfe and T. Rodgers, editors, *Puzzlers' Tribute: A Feast for the Mind*, p. 29. A. K. Peters, Natick, M. A., 2002.

[16] M. Gardner. *The Colossal Book of Short Puzzles and Problems.* W. W. Norton, New York, 2006: 126

[17] D. Hess. *Mental Gymnastics: Recreational Mathematics Puzzles.* Dover, Mineola, NY, 2011.

[18] B. A. Kordemsky. *Matematicheskie Zavlekalki* [*Mathematical Charmers*]. Onyx, Moscow, 2005 (in Russian).

[19] E. G. Kozlova. *Skazki and Podskazki* [*Fairy Tales and Hints: Problems for a Mathematical Circle*], second edition. Moscow Center for Continuous Mathematical Education, Moscow, 2004 (in Russian).

[20] A. Levitin and M. Levitin. *Algorithmic Puzzles.* Oxford University Press, Oxford, 2011.

[21] S. Loyd. *Mathematical Puzzles of Sam Loyd*, selected and edited by M. Gardner. Dover, New York, 1959.

[22] S. Loyd. *More Mathematical Puzzles of Sam Loyd*, selected and edited by M. Gardner. Dover, New York, 1960.

[23] G. E. Martin. *Polyominoes: A Guide to Puzzles and Problems in Tiling.* Mathematical Association of America, Washington, DC, 1996:17 – 21.

[24] G. Polya. *Mathematics and Plausible Reasoning*, Volume 1. Princeton University Press, Princeton, NJ, 1954: 272.

[25] S. Savchev and T. Andreescu. *Mathematical Miniatures.* Mathematical Association of America, Washington, DC, 2003: 190 – 191.

[26] F. Schuh. *The Master Book of Mathematical Recreations.* Dover, New York, 1968.

[27] W. Simon. *Mathematical Magic.* Dover, Mineola, NY, 2012: 20 – 25.

[28] A. V. Spivak. *Tysjacha i Odna Zadacha po Matematike* [*One Thousand and One Problems in Mathematics*]. Prosvetschenie, Moscow, 2002 (in Russian).

[29] A. H. Stone and J. W. Tukey. Generalized "sandwich" theorems. *Duke Math. J.* 9, No. 2 (1942) 356 – 359.

[30] Wikipedia: The Free Encyclopedia. No-three-in-line problem (accessed August 19, 2014).

[31] P. Winkler. Games people don't play, in D. Wolfe and T. Rodgers, editors. *Puzzlers' Tribute: A Feast for the Mind*, p. 301. A K Peters, Wellesley, MA, 2002.

[32] P. Winkler. *Mathematical Mind-Benders.* A K Peters, Wellesley, MA, 2007.

[33] W. Wu. Rotten apple. *Online Collection of Puzzles.* www. ocf. berkeley. edu/ ~ wwu/ riddles/hard. shtml (accessed August 19, 2014).

[34] N. Yoshigahara. *Puzzles 101: A Puzzlemaster's Challenge.* A K Peters, Wellesley, MA, 2004.

三、图形迷宫设计的极简主义方法

博施、沙尔捷、罗恩

要安全地走过人生的迷宫,就需要智慧的光亮和美德的指引。

——佛陀乔达摩·悉达多(Siddhartha Gautama, the Buddha)

在经过漫长而又令人满意的一天数学教学之后,你回到家,回到渴望食物和娱乐的孩子们身边。准备晚餐会很简单,因为你的书架上摆满了食谱,其中描述了如何花费最少的时间和精力,用六种食材做出美味的饭菜。通常娱乐也很容易。但今天早上你留下了一本书[11],翻开的那一页上显示的是16世纪帕多瓦建筑师塞加拉(Francesco Segala)的木刻作品。现在你的孩子们希望你像塞加拉一样,让他们的迷宫看起来像他们的狗、他们的猫,或者像他们中的一个就更好了。

你告诉孩子们在你做饭的时候把他们的迷宫画出来。你在切蔬菜的时候会思考这个问题。如果你有更多时间的话,就可以尝试模仿许(Xu)和卡普兰(Kaplan)[16],并创建一个软件包,使迷宫设计师能够将源图像划分为几个区域,为这些区域分配纹理,并指定解答路径。输出的将是一个具有所需纹理的完美迷宫——它有一条连接指定起点和终点的唯一路径。更重要的是,从远处看,它会与源图像非常相似。

你放弃了这个想法。模仿许和卡普兰就好比像名厨[比如阿德里亚(Ferran Adrià)、安德烈斯(José Andrés)或雷哲毕(René Redzepi)]一样烹饪。相反,你决定采用与做晚餐相同的方法:你会看看是否可以使用一些相对简单的数学技术来制作出一些美观的图形迷宫。

1. TSP 艺术迷宫

沙尔捷[4]介绍的是一种基于TSP艺术[3,10]的简单方法。这种方法需要将目标图像转换成一幅点状画,如图3.1(a)所示,然后将这些点看成“旅行推销员问题”(Traveling Salesman Problem,缩写为TSP)中的城市。这个问题中的推销员住在其中的一座城市,他必须遍访其他每座城市恰好一次，然后回家。假设这位推销员能够而且愿意像乌鸦一样飞着旅行，其结果是，他的旅程将是多边形的，如图 3.1(b) 所示，并且推销员从任何一个城市 i 到任何其他城市 j 所需的成本，可以用从点 i 到点 j 的欧几里得距离来度量。这就使得 TSP 变成了几何 TSP。众所周知，对于一个几何 TSP，最优行程会是简单的闭合曲线。换句话说，它们不会相交。于是若尔当曲线定理确保了推销员的旅程会将平面分为两个区域，一个内部区域和一个外部区域，如图 3.1(c) 所示。迷宫的路径将位于内部(白色)区域。最后一个步骤是去掉该旅程中的两条线段，形成迷宫的入口和出口，如图 3.1(d) 所示。为了在图 3.1(d) 中获得更大的对比度，我们根据目标图像的亮度级别改变了点的大小和边的粗细。

图 3.1　TSP 艺术的方法：(a) 从点状画开始；(b) 找到相应 TSP 的一条旅程；(c) 这条旅程将平面分成两个区域；(d) 去掉两条边，就形成了一个迷宫。

目前,还没有已知的多项式时间算法来找到一个可证明的最优解,许多数学家和计算机科学家认为不存在这样的算法。事实上,倘若存在这样一种算法,那么就意味着 P 等于 NP。因此,人们很容易得出 TSP 艺术方法注定会失败的错误结论。

幸运的是,基于线性规划(Linear-programming,缩写为 LP)的方法[1,5,6]已经被用来解决世界纪录规模(数以万计的城市)的 TSP,并且已经设计出数百种试探式方法来搜索高质量的旅游路线。通常,可以利用基于 LP 的方法证明,由试探式方法发现的路线接近最优路线。

Concorde TSP Solver[7]是一种计算机代码,其中包括一个基于 LP 的寻找最优旅程的最先进实现方法,还包括许多快速查找旅游路线的试探式方法。它可以在许多平台上免费使用,包括 iPhone® 和 iPad® 。

利用 Concorde,我们能够为 2000 个城市的 TSP 找到最优解,如图 3.1(a)所示。图 3.1(b)(c)所示的最优旅程长度为 962 842。但是 Concorde 花了将近半天时间才找到这个解并证明它是最优的!当我们使用 Concorde's Lin-Kernighan heuristic(在文献[5]中有描述)时,我们很快(在不到 10 秒时间内)就发现了一条长度为 963 584 的旅程,只比最优旅程长 742 个距离单位(约 0.077 06%)。图 3.2(a)显示了这条 Lin-Kernighan 旅程。

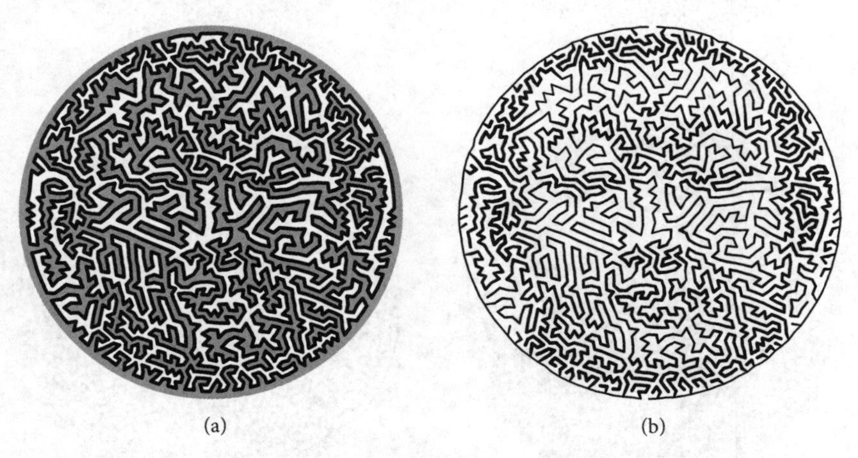

图 3.2 (a)使用 Concorde's Lin-Kernighan heuristic 获得的旅程;(b)从每根条蔓上去掉一条边,就形成了一个完美的迷宫。

对于审慎的迷宫设计师来说,TSP 艺术方法最显著的缺点是,所产生的迷宫还远远没有覆盖它能覆盖的空间。TSP 艺术迷宫的路径位于旅程的内部,即图 3.1(c)和 3.2(a)中的白色区域。为了弥补这一点,我们可以去掉旅程的某些边。旅程的外部[图 3.1(c)和 3.2(a)中的灰色区域]可以视为一个灰色的环,以及蜿蜒进入内部的灰色"条蔓"。为了使迷宫行走者能够到达一根特定条蔓的内部区域,我们至少需要去掉构成其边界的一条边。为了保持迷宫的完美,我们必须恰好去掉这些条蔓的一条边。(如果我们去掉更多条边,就要引入一个或多个循环。)图 3.2(b)显示了通过这一"手术修整"程序产生的一个完美迷宫。

2. MSP 艺术迷宫

另一种方法是由井上(Inoue)和浦滨(Urahama)[9] 首先提出的,这种方法中所涉及的不是 TSP,而是一个简单得多的优化问题——找到最小生成树(minimum spanning tree,缩写为 MST),即一个连接所有顶点(点)而不存在循环的最小成本子图。找到一棵 MST 是很容易的,因为存在着一些用于构造 MST 的多项式时间算法,如克鲁斯卡尔(Kruskal)算法和普里姆(Prim)算法[6]。

使用这种方法时,我们有一个选择:我们可以用 MST 的各边来作为迷宫的路径,也可以用它们来作为墙壁。如果我们选择的是前者,就从目标图像的黑底白点的点状画开始,如图 3.3(a)所示。然后我们使用克鲁斯卡尔算法构造出一棵 MST,如图 3.3(b)所示。为了提高对比度,我们可以根据目标图像的亮度级别改变点的大小和边的粗细,如图 3.3(c)所示。最后一步是为这棵树添加一个入口和一个出口,如图 3.3(d)所示。

我们对井上和浦滨的方法的首选变化形式是使用各边作为墙壁,并使用克鲁斯卡尔算法的一种修改形式来构造一棵"单循环树",即一棵带有一个循环的树。我们从白底黑点的点状画开始,如图 3.4(a)所示。然后,我们不再从没有边的克鲁斯卡尔算法开始反复插入不形成循环的最

图 3.3　用各边作为路径的 MST 艺术方法：(a)点状画；(b)一棵 MST；(c)用变化的点的大小和边的粗细绘制同一棵 MST；(d)由此得到的迷宫。

短剩余边，而是从一组边开始，这些边连接在一起形成一个所谓的"边界循环"，如图 3.4(b)所示。通过反复插入不会形成额外循环的最短剩余边，我们最终构造出一个包含边界上各边的最小成本单循环树，如图 3.4(c)所示。然后删除两条边界上的边，形成一个入口和一个出口，如图 3.4(d)所示。

虽然这两种方法都能生成漂亮的图像，但用各边作为墙壁的方法生成的图像所具有的路径要宽得多，也更像迷宫的路径。

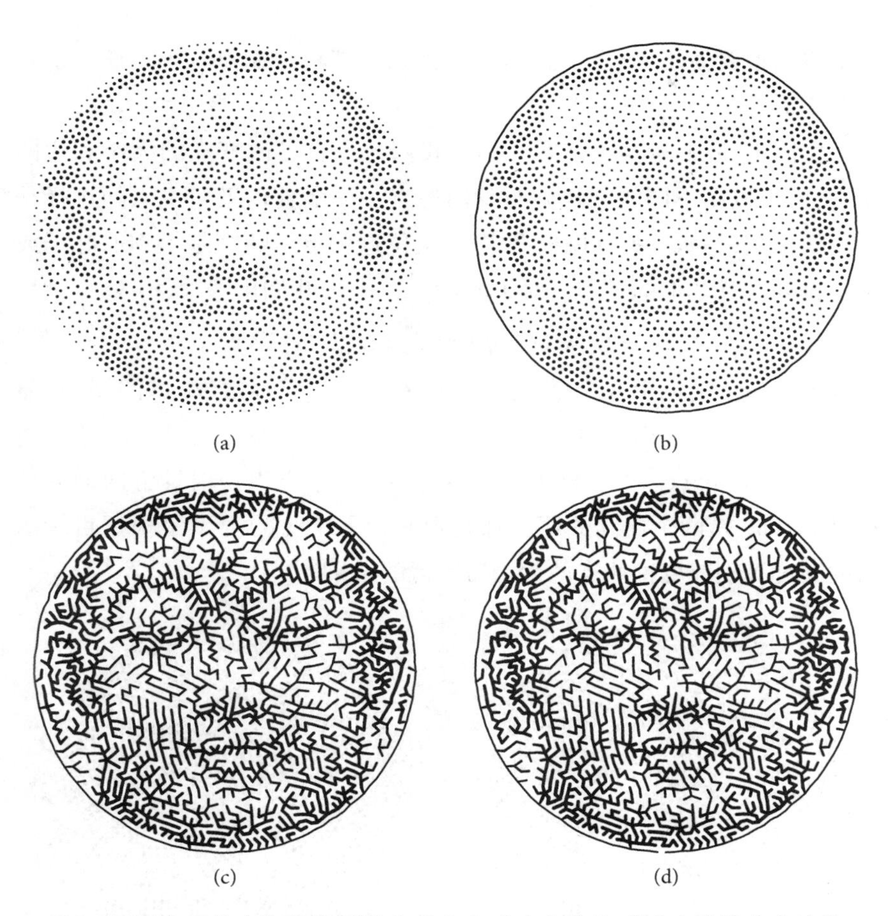

图 3.4 用各边作为墙壁的 MST 艺术方法:(a) 点状画;(b) 由边界上各边构成的循环;(c) 一棵单循环树;(d) 由此得到的迷宫。

3. 用叶序设计的迷宫

说实话,将上述这些方法称为图形迷宫设计的"极简主义"方法是一种牵强的说法。毕竟,要使用 TSP 艺术方法,你就必须能够绘制点状画,必须能够处理 TSP! 只有当我们有必需的要素(某种绘制点状画的代码和一种 TSP 处理程序)时,才能使用 TSP 艺术方法来快速而容易地制作迷宫。有了 MST 艺术方法,我们的处境就比较好了:任何人只要学过一学期的计算机科学,就应该能毫无困难地写出一个有效的克鲁斯卡尔算法版本。但要使用 MST 方法,我们仍然需要能够绘制点状画。还是说我们并不需要?

实际上,我们确实不需要。如果我们允许自己改变点的大小和边的粗细,就可以用不同的方式分布我们的点。一个真正极简主义的选择是使用沃格尔(Vogel)的叶序模型[14]来定位这些点。叶序是植物的叶子或种子排列在其茎上的过程。对于 $k=1,2,\cdots,n$,我们用

$$x_k = C\sqrt{k}\cos(k\phi) \text{ 和 } y_k = C\sqrt{k}\sin(k\phi)$$

构成 $z_k=(x_k,\ y_k)$,其中 ϕ 是黄金角度,C 是一个定标常数。图 3.5(a)显示了用这种方式定出 2000 个点的结果。请注意,这些点形成了斐波那契数列螺旋:55 个点以顺时针方向向内移动,89 个点以逆时针方向向内移动(55 和 89 是两个连续的斐波那契数)。图 3.5(b)显示了根据目标图像的亮度级别改变这些点的大小后所得的结果。

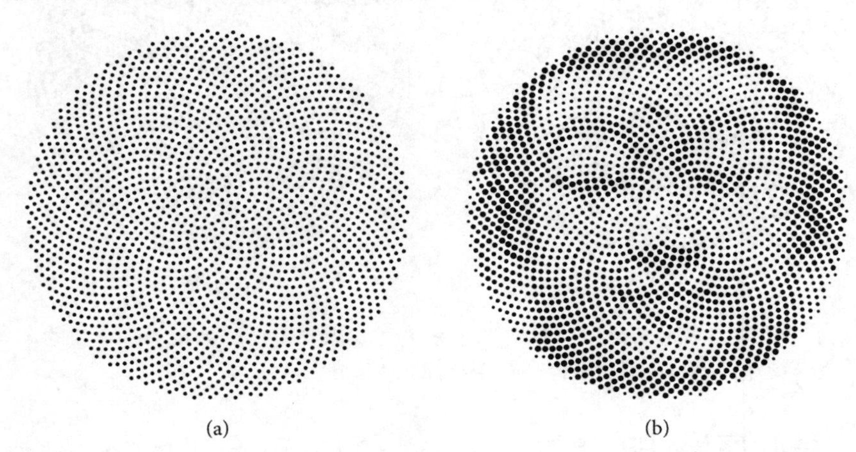

图 3.5　2000 个点:(a)使用沃格尔的叶序模型定位;(b)用不同大小的点画制。

图 3.6 展示了由图 3.5(b)构造的叶序 TSP 艺术迷宫和 MST 艺术迷宫。这些迷宫与它们对应的非叶序迷宫看起来相当不同。叶序迷宫具有许和卡普兰[16]所描述的定向纹理:把眼光集中在这些迷宫的一小部分,你就会发现路径往往朝着同一个方向。因此,它们可能看起来更像迷宫。非叶序迷宫具有许和卡普兰所描述的随机纹理。它们看起来更接近树枝状:如果将一小部分放大,可能会令你想起脑珊瑚。

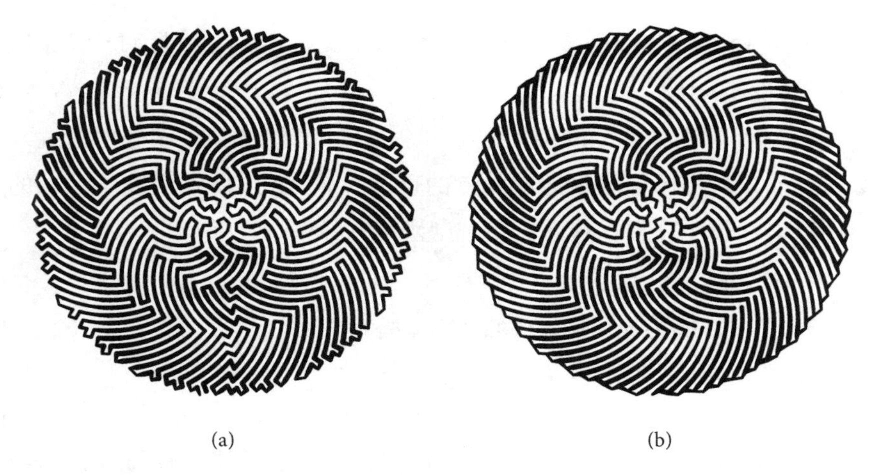

(a) (b)

图 3.6 (a)叶序 TSP 艺术迷宫；(b)叶序 MST 艺术迷宫。

4. 种子点状画

为了设计出一些迷宫,使它们既有原始 TSP 艺术迷宫和 MST 艺术迷宫的随机纹理,又有叶序迷宫的方向性纹理,我们开发出一种同时使用叶序和点状画的混合方法。为了解释它,我们需要描述我们的点状画方法。

在大多数情况下,最好的(和最快的)点状画算法是西科德(Secord)实现的劳埃德方法[13],这种方法用于构造加权的质心沃罗诺伊(Voronoi)镶嵌[8]。西科德/劳埃德方法从点的初始分布开始,利用目标图像为二维空间指定一个非均匀密度,反复执行下面两个操作:计算这些点的沃罗诺伊图,把每个点移动到其沃罗诺伊区域的质心(质量中心)。这种易于描述(但很难编码)的算法会生成高质量的点状画,事实证明这些画在构造高质量的 TSP 艺术作品中具有巨大的价值[10]。

如果速度不是一个重要的考虑因素,那么还有另一个选择:麦奎因(MacQueen)方法[12],这是一种编码容易得多(但收敛速度慢得多)的算法,用于构造加权的质心沃罗诺伊镶嵌。博施[2]对麦奎因方法进行了改进,然后用于设计由结点和链构成的简单闭合曲线雕纹。其算法如下:

0. 选择由 k 个点构成的初始集合 $\{z_1, z_2, \cdots, z_k\}$，并且对于 $i=1, 2, \cdots, k$，设 $n_i=0$。

1. 由目标图像的亮度级别推导出一个概率密度函数，该概率密度函数选择属于目标图像较暗区域的点的可能性较大，选择属于较亮区域的点的可能性较小。根据这个概率密度函数选择一个点 $\boldsymbol{w}$。

2. 找到最接近 $\boldsymbol{w}$ 的 z_i。

3. 将 n_i 替换为 $n_i=n_i+1$，然后将 z_i 替换为

$$z_i=\frac{n_i z_i+\boldsymbol{w}}{n_i+1}。$$

4. 如果新的点集 $\{z_1, z_2, \cdots, z_k\}$ 满足某种终止条件，则停止；否则转到步骤 1。

请注意，在每次迭代中，用一个点 $\boldsymbol{w}$ 来拖曳（或移动）一个现存的点 z_i。$\boldsymbol{w}$ 对现存点 z_i 的确切拖曳程度取决于 n_i，即现存点已经被拖曳的次数。在第一次以后，现存点被移动的距离是到拖曳点距离的 1/2，第二次被移动的距离是到拖曳点距离的 1/3，第三次被移动的距离是到拖曳点距离的 1/4，以此类推。

我们的混合方法称为“种子点状画”，只不过是将麦奎因算法中的那个初始化步骤替换为以下步骤：

0. 使用沃格尔的叶序模型生成由 k 个点构成的集合 $\{z_1, z_2, \cdots, z_k\}$，并且对于 $i=1, 2, \cdots, k$。设 $n_i=99$。

请注意，点的初始构形来自于沃格尔的叶序模型。此外，将每个 n_i 都设为 99 是为了减缓算法的收敛速度。在第一次迭代中，现存的点被移动一个非常小的量，只有到拖曳点距离的百分之一。如果在这个点随后的迭代中被移动，那么它的移动量会更少。我们想要离开叶序构形，但又不想离它太远。

图 3.7(a) 显示了用我们改进后的麦奎因算法运行（1 千万次小步迭代中的）一次后输出的结果，图 3.7(b) 显示了相应的 MST 艺术迷宫。请注意，正如预期的那样，这个迷宫混合了随机纹理和方向性纹理。

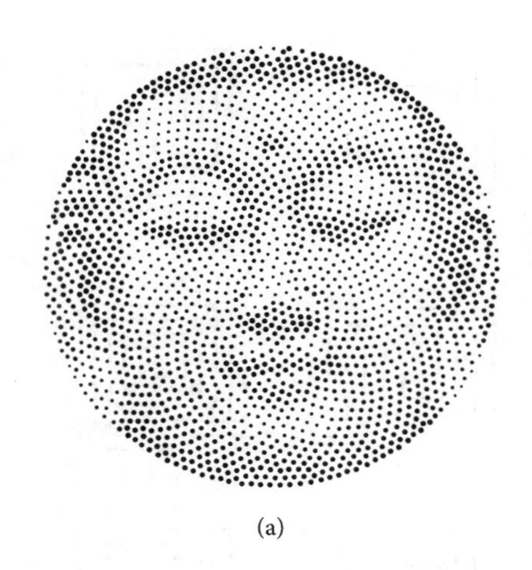

(a)

(b)

图 3.7 (a)种子点状画的结果;(b)相应的 MST 艺术迷宫。

5. 旋涡铺陈片

其他极简方法也是可能的。在本文中,我们受许和卡普兰[15]的启发,描述如何通过用图 3.8 中所示的旋涡铺陈片构造出图像马赛克来形成迷宫。这些旋涡铺陈片是以四条多边形路径装饰的正方形铺陈片,并且如果需要的话,这些路径最多可以有四条连接线。这些多边形路径开始于正方形的中心附近,并以螺旋形向外延伸至正方形各边的中点。螺旋线的数量越多,人眼看到的旋涡铺陈片就越暗。连接线是水平或竖直的线段,它们连接螺旋线的出发点。图 3.8 的最上面一行显示,如果不使用连接线,那么迷宫行走者不需要穿过墙壁(螺旋线的一部分)就能在铺陈片的任意两点之间移动。中间一行显示的铺陈片有两条可能的水平连接线。最下面一行显示的铺陈片有两条可能的垂直连接线。中间一行和最下面一行显示,如果使用了两条水平连接线或两条垂直连接线,那么迷宫行走者要么从左上角走到右下角,要么从左下角走到右上角,但是不会两者都能做到。

图 3.9 展示了一个旋涡迷宫的构造。

第一步,在目标图像(在本例中是一个小迷宫)上叠加一个正方形网格,并测量每个像素块的亮度(对这一块所包含的所有像素的灰度值取平

图 3.8　旋涡铺陈片:(最上面一行)无连接线;(中间一行)有两条可能的水平连接线;(最下面一行)有两条可能的垂直连接线。

均值)。如图 3.9(a)所示,我们使用的是一个 9×9 的网格。对于这张双色的目标图像,我们最终得到的是一些暗块和亮块。

第二步,选择每一块所需的螺旋线数量。亮块需要的螺旋线较少,而暗块需要的螺旋线较多。如图 3.9(b)所示,我们使用图 3.8 第一列和第三列中的旋涡铺陈片。对于暗块,我们使用第三列中的铺陈片。对于亮块,我们使用第一列中的铺陈片。

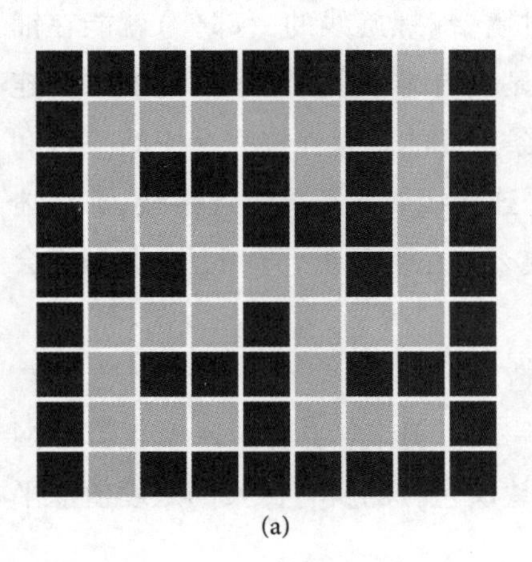

(a)

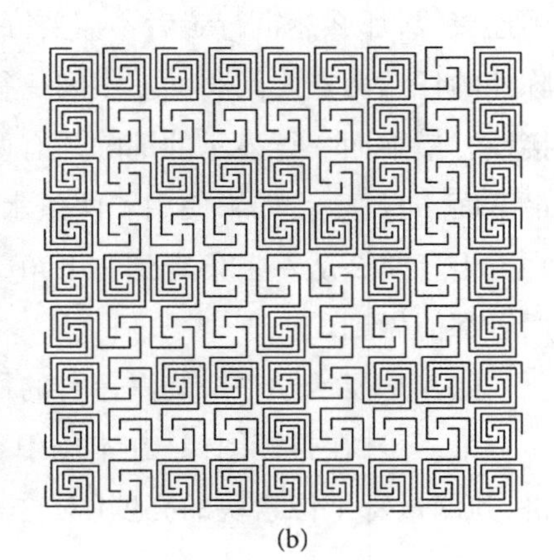

(b)

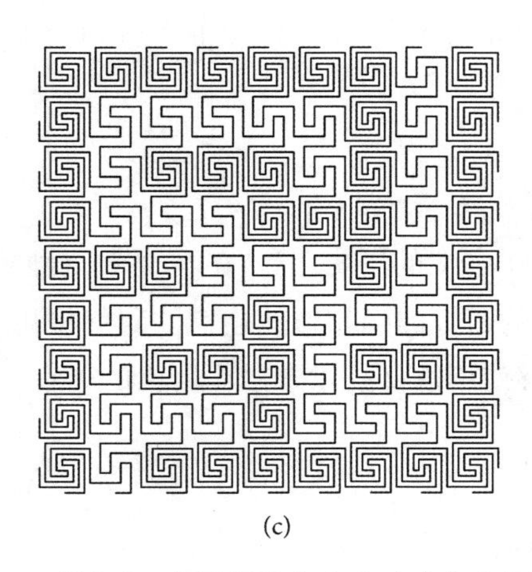

(c)

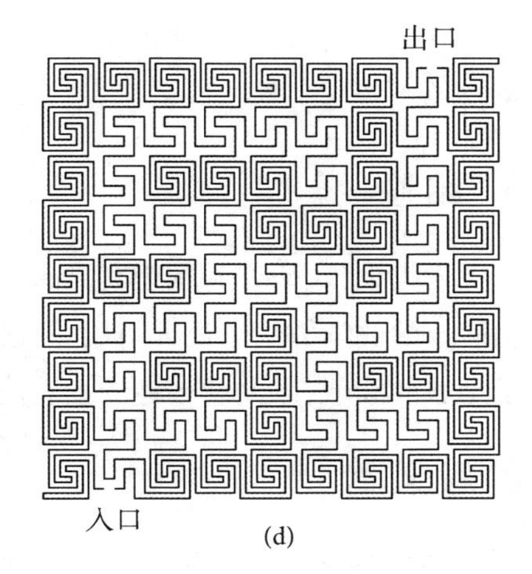

(d)

图 3.9　旋涡铺陈片方法:(a)在目标图像上叠加一个网格;(b)为每一块选择螺旋线数量;(c)选择连接线;(d)处理边界并选择一个入口和一个出口。

第三步,选择铺陈片中心要包含哪些连接线。对于如图 3.9(c)和 3.10 所示的迷宫,我们选择连接线的方式使迷宫的墙壁形成简单闭合曲线。

图 3.10　佛陀(旋涡铺陈片迷宫)。

最后一步,需要处理边界上悬空的螺旋线段,并选择一个入口和一个出口。

6. 结论

人类设计、研究和玩迷宫已有5000多年的历史[11]。在本文中,我们用简单的数学方法来设计与用户提供的目标图像相似的迷宫。我们提供了足够的细节,以便感兴趣的读者能够使用这些技术来制作自己的迷宫。

参考文献

[1] D. L. Applegate, R. E. Bixby, V. Chvátal, al. *The Traveling Salesman Problem: A Computational Study*. Princeton University Press, Princeton, NJ, 2006.

[2] R. Bosch. Simple-closed-curve sculptures of knots and links. *J. Math. Arts* 4 No. 2 (2004) 57 – 71.

[3] R. Bosch and A. Herman. Continuous line drawing via the Traveling Salesman Problem. *Op. Res. Lett.* 32 No. 4 (2004) 302 – 303.

[4] T. Chartier. *Math Bytes: Google Bombs, Chocolate-Covered Pi, and Other Cool Bits in Computing*. Princeton University Press, Princeton, NJ, 2014.

[5] W. L. Cook. *In Pursuit of the Traveling Salesman: Mathematics at the Limits of Computation*. Princeton University Press, Princeton, NJ, 2012.

[6] W. L. Cook, W. H. Cunningham, W. R. Pulleyblank, and A. Schrijver. *Combinatorial Optimization*. Wiley, New York, 1998.

[7] Concorde Home http://www.math.uwaterloo.ca/tsp/concorde.html (accessed September 10, 2014).

[8] Q. Du, V. Faber, and M. Gunzburger. Centroidal Voronoi tessellations: Applications and algorithms. *SIAM Rev.* 41 No. 4 (1999) 637 – 676.

[9] K. Inoue and K. Urahama. Halftoning with minimum spanning trees and its application to maze-like images. *Comp. Graphics* 33 (2009) 638 – 647.

[10] C. S. Kaplan and R. Bosch. TSP art, in R. Sarhangi and R. V. Moody, editors, *Proceedings of Bridges 2005: Mathematical Connections in Art, Music, and Science*, p. 301. Central Plains Book Manufacturing, Winfield, KS, 2005.

[11] H. Kern. *Through the Labyrinth: Designs and Meanings over 5000 Years*. Prestel, New York, 2000.

[12] J. MacQueen. Some methods for classification and analysis of multivariate observations, in L. M. Le Cam and J. Neyman, editors, *Proceedings of Fifth Berkeley Symposium on Mathematical Statistics and Probability*, *I*, p. 281. University of California

Press, Berkeley, 1967.

[13] A. Secord. Weighted voronoi stippling, in *NPAR '02: Proceedings of the 2nd International Symposium on Non-photorealistic Animation and Rendering*, p. 37. ACM Press, New York, 2002.

[14] H. Vogel. A better way to construct the sunflower head. *Math. Biosciences* 44 No. 3 – 4 (1979) 179 – 189.

[15] J. Xu and C. S. Kaplan. Vortex maze construction. *J. Math. Arts* 1 No. 1 (2007) 7 – 20.

[16] J. Xu and C. S. Kaplan. Image-guided maze construction. *ACM Trans. Graphics* 26 No. 3 (2007) 29.

四、图和游戏的一些基础知识

珍妮弗·拜内克、洛厄尔·拜内克

纪念马丁·加德纳诞辰100周年

加德纳有一种非凡的天赋,能把引起他兴趣的数学概念以一种激发他人兴趣的方式表达出来。由于美国国家数学博物馆主办的这次会议激发了本文的灵感,因此我们的观点是,我们讨论的益智题、游戏和结果就像博物馆里的展品。最好的情况是,参观博物馆不仅能让人们欣赏当时所看到的东西,还能让他们在参观之后有所思考,甚至有可能创造出一些属于他们自己的东西。因此,正是以这种方式,我们把这里的汇总比作是一次重返博物馆的经历,在其中再次看看一些我们最喜欢的图形,也许会从中看到一些以前没见过的东西,也看看一些新的东西或在以前游览时没有注意到的东西。我们希望读者会分享这一体验,并受到激励,去进一步探究其中的一些想法。

我们将探讨一些数学展品,其中图起到了某种作用,有些作用是显见的,也有些作用不那么明显。我们从"神奇的小行星"(Amazing Asteroid)开始,接着是一条定理[伯恩斯坦双射(Bernstein's Bijection)]、两个游戏[颜色战斗(Chromatic Combat)和狡猾的骰子(Devious Dice)]、一段逃脱死刑(Eluding Execution)的插曲、一个掷硬币游戏[掷硬币的乐趣(Flipping Fun)]和一个非洲冒险游戏[得到长颈鹿(Get the Giraffe)]。这些探索的不同形式都在不同层次的学生身上取得了成功——无论是在课堂上,在数学俱乐部里,还是在独立探究中——但它们也会有更广泛的读者来欣赏。最后,我们简要讨论了大学生获得成功的研究阅历,以及其中一个特别的主题作出了怎样的贡献。

1. 神奇的小行星

在我们挑选的7件数学博物馆藏品中,第一件是由法雷尔(Jeremiah Farrell)设计的游戏"神奇的小行星"[10]。这个游戏有两位玩家:读心者和应答者。应答者被要求从“ASTEROID”(即“小行星”)一词的8个字母中选一个字母,并决定是说真话还是说假话。在读心者面前的不是水晶球,而是一个神奇的超立方体(最好不要让应答者看到)。它具有如图4.1所示的标记,“ASTEROID”中的每个字母都出现两次。此外,这个超立方体的各边用4个数字标记。

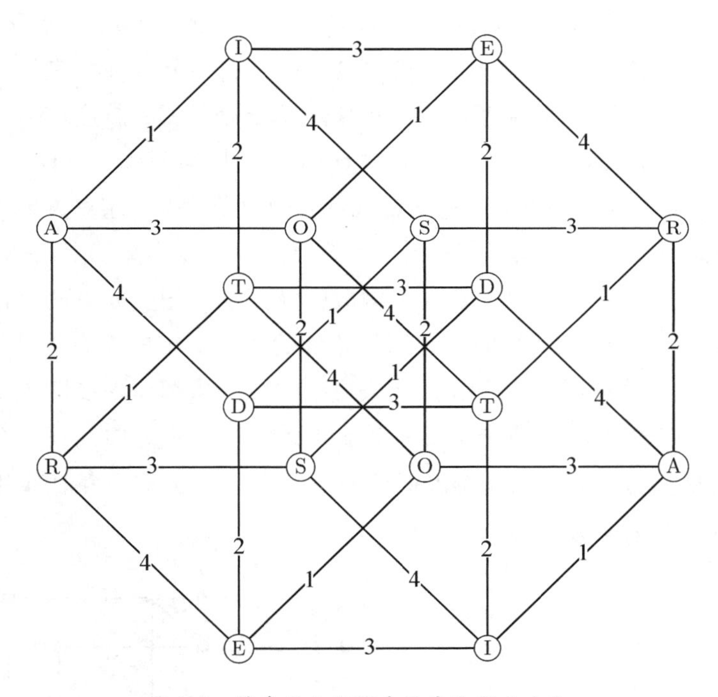

图4.1　神奇的小行星中的魔法超立方体。

读心者会向应答者提出四个问题,每个问题必须回答“是”或“不是”。此外,应答者要么如实回答所有问题,要么全部说假话。

这些问题是:

你选的字母在Rosa这个名字里吗?

你选的字母在Dori这个名字里吗?

你选的字母在Rita这个名字里吗?

你选的字母在Otis这个名字里吗?

作为读心者,我们从(比如左下角的那个)字母E开始,根据“是”的答案移动。关键是这四个名字都各自与其中一个数字有关：Rosa 与 3，Dori 与 2，Rita 与 1，Otis 与 4。例如，假设应答者对这些问题的回答是："是，是，不是，是。"我们从 E 出发，先沿着标记 3 的边向右移动到 I，然后沿着标记 2 的边竖直移动到 T，然后我们不沿着标记 1 的边移动，而是接下去沿着标记 4 的边移动到 O。

然后我们断言应答者选择的字母是 O，实际上除了第三个名字之外，其他所有名字中都有 O。此外，我们根据这一点还可以宣布应答者说的是真话。请注意，如果应答者是一个骗子，那么他的回答就应该是"不是，不是，是，不是"，我们应该从 E 沿着标记 1 的边移动到另一个 O。

现在我们简要地看一下这个游戏背后的数学原理。超立方体即 4 维超立方体，是一系列对象中的一个。d 维立方体可以定义如下：它具有 2^d 个顶点，这些顶点用 2^d 个由 0 和 1 构成的 d 元组标记。如果两个顶点的标记恰好在一位上不同，那么它们是相邻的。较低维的立方体如图 4.2 所示，超立方体如图 4.3 所示。32 条边中的每一条都呈现在四个维度之一。在我们的图中，这意味着第一个维度标记 3（水平方向），第二个维度标记 2（竖直方向），第三个维度标记 1（左下到右上方向），第四个维度标记 4（左上到右下方向）。

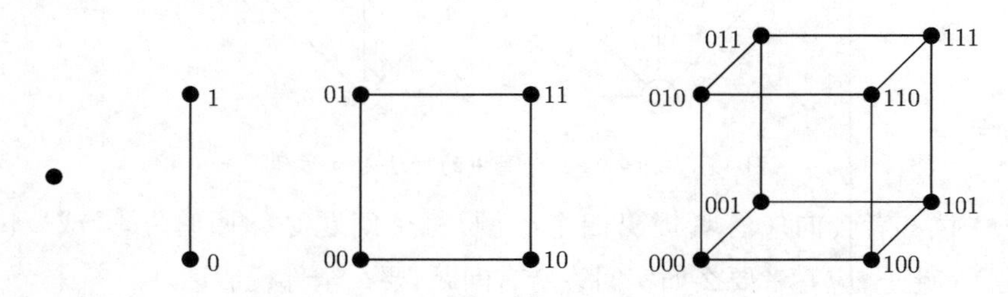

图 4.2　0 维、1 维、2 维、3 维立方体。

因此，从一个顶点移动到另一个顶点可以用一系列数字（方向）来描述。于是在我们的例子中，从 E 到 O 就可以描述为"3、2 和 4"。也就是说，通过第一个、第二个和第四个维度。当然，这些数字的顺序并不重要，改变顺序只意味着通过不同的路径到达同一点。因此，给定任意一个顶点和四个维度（或数字）的任意一个子集，我们总是会得到一个定义明确

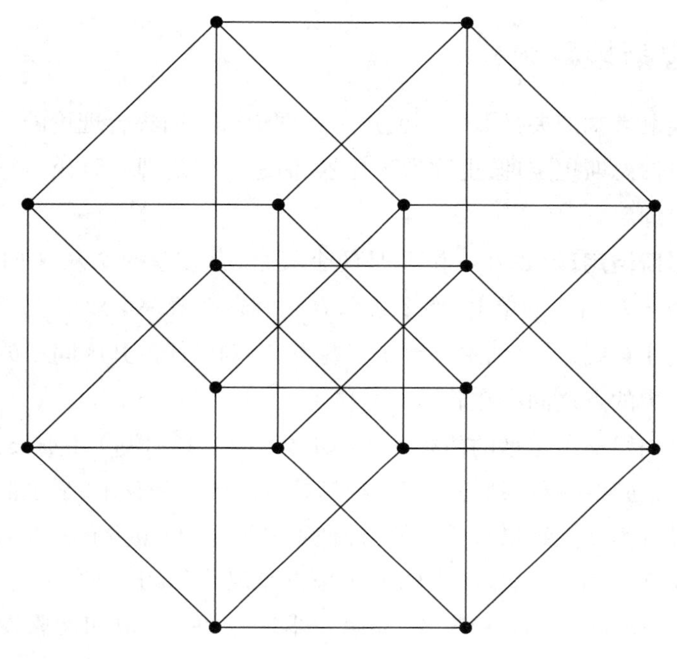

图 4.3 4 维立方体。

的结束位置，并且这 16 个顶点中的每一个都可以用其中一个子集达到。我们还注意到，如果取一组数字的补集，结果就会到达一个相反的顶点，这个顶点的 0 和 1 互换，但是用相同的字母标记。

为了以一种有趣味的方式来使用这种数学方法，法雷尔需要——并且能够——找到一个由 8 个字母组成的单词（ASTEROID），其中有 4 个由 4 个字母构成的单词，它们都明确包含这 8 个字母中的 4 个，即 ROSA、DORI、RITA、OTIS。例如，字母 E 不出现在其中任何一个名字中，也没有任何字母同时出现在所有名字中。字母 T 只出现在 RITA 和 OTIS 中，而且没有任何其他字母恰好只出现在这两个名字里，或者只出现在另外两个名字 ROSA 和 DORI 中。这本身就是一个了不起的成就，事实上可以说相当惊人。

我们希望参观我们这个小型博物馆的来访者除了欣赏到这个神奇得不可思议的超立方体之外，还能欣赏到其他令人惊叹的展品。

2. 伯恩斯坦双射

我们最喜欢的展品 B 需要使用一些图论来证明集合理论的一个经典结果——伯恩斯坦定理，也称为康托尔-伯恩斯坦定理或康托-施罗德-伯恩斯坦定理。

伯恩斯坦定理:如果 A 和 B 是两个集合，存在着一个从 A 向 B 的单射和一个从 B 向 A 的单射，那么 A 和 B 之间存在着一个双射。

我们注意到，这个结果导致了一些事实，例如任何开区间中的点与任何闭区间中的点之间存在着一一对应关系。

尽管伯恩斯坦定理的传统证明(如文献[12,13,19])并不长，但它们相当专业，通常需要用到递归定义的函数或集合。到头来，学生们可能并不真正理解为什么结果是成立的(即使不去证明，也很少有人会对这一结果提出质疑)。我们这里给出的证明来自克尼格(Julius König)。他的儿子德奈什(Dénes)或许更著名，是第一本图论书《有限和无限图论》[14](*Theorie der Endlichen und Unendlichen Graphen*)的作者。事实上，克尼格的证明正是出现在那本书中的第 85—87 页。

在证明这条定理之前，我们先说明该证明所基于的图论结果。这条引理不需要证明。

引理:每一个最大度数为 2 的连通图，无论是有限的还是无限的，要么是一个循环，要么是一条路径(参见图 4.4)。

伯恩斯坦定理的证明。根据假设，A 和 B 是两个集合，对于它们存在着单射 $f:A\to B$ 和单射 $g:B\to A$。在不失一般性的前提下，我们假设 A 和 B 不相交。然后我们形成一个二分图 G，它的分集是 A 和 B。我们将一个顶点 $a\in A$ 与一个顶点 $b\in B$ 相连，如果 $b=f(a)$，则用虚线连接，如果 $a=g(b)$，则用实线连接(见图 4.5)。请注意，A 中的每个顶点都在一条虚线的边上，B 中的每个顶点都在一条实线的边上，有些顶点同时位于两种线型的边上。

根据这条引理，G 的每个分集要么是一个循环，要么是一条路径。不过，每个循环都必须由偶数个顶点构成。对于所有顶点度数都为 2 的分

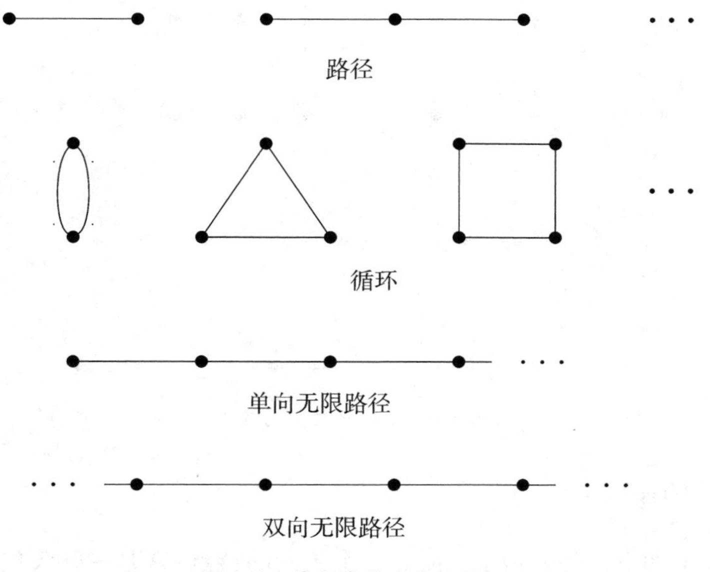

图 4.4　最大度数为 2 的图。

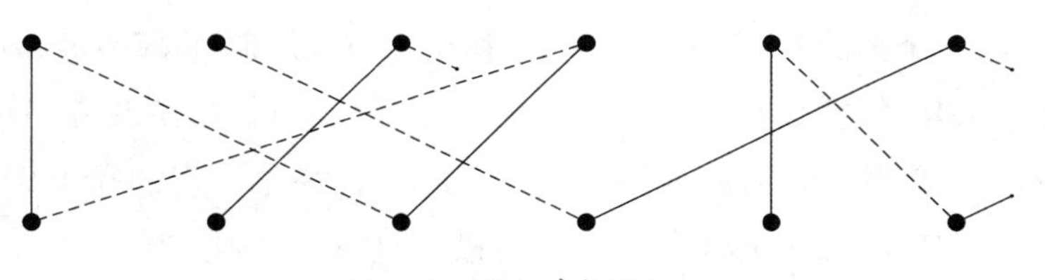
图 4.5　两个单射的图。

集，另一种可能性是双向无限路径。现在假设某个顶点（比如 $a_1 \in A$）的度数为 1，也就是说它是一条路径的端点。因此它通过一条虚线与顶点 b_1 相连。但是这个顶点必须通过一条实线与另一个顶点 $a_2 \in A$ 相连，而 a_2 又与另一个顶点 $b_2 \in B$ 相连。请注意，因为 a_1 的度数为 1，所以没有任何一个顶点可以访问第二次。因此这个过程必须无限地继续下去，并且可以由此得出结论：具有一个度数为 1 的顶点的每一个分集都必须是单向无限路径。其结果是，G 的每一个分集要么是一个由偶数个顶点构成的循环，要么是一条单向或双向无限路径。显然，任何这样的子图，其顶点都完美匹配（参见图 4.6），因此 G 本身也是如此。

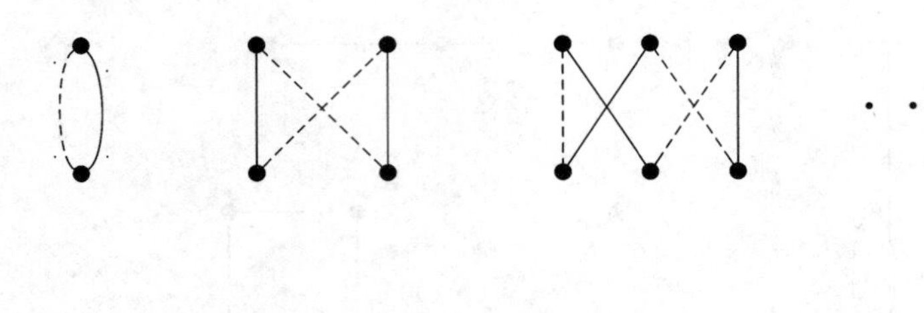

图 4.6　*A* 与 *B* 之间的双射。

3. 颜色战斗

我们的下一件博物馆展品有一个不同的特点:这是一款我们称之为颜色战斗的游戏,也被称为“制造者-破坏者”(Maker-Breaker)游戏。游戏要求给一个图的各顶点着色。它最初是由布拉姆斯(Steve Brams)提出的,并于 1981 年发表在加德纳的《科学美国人》的数学游戏专栏[11]中。对于这种一般的图形游戏的探究始于 10 年后,最早出现的是 1991 年的博德兰德(H. Bodlaender)[3]。我们的描述是基于图扎(Zsolt Tuza)和朱(Xuding Zhu)[18]的“博物馆展品”。

颜色战斗是一种双人游戏,双方玩家分别被称为制造者和破坏者。给他们一个图 G 和一个由 k 种颜色构成的集合 S,比如$\{1,2,\cdots,k\}$。游戏是交替进行的,制造者先行,一步就是为一个之前没有着色的顶点用一种不同于它的邻点的颜色来着色(图论家称之为图正常着色)。制造者的目标是对整个图实现正常着色,而破坏者的目标是用给定的颜色集合使之不可能实现。

例如,考虑给一个 5 点循环添加一条弦,从而得到图 G,如图 4.7(a)所示,并且有红(用黑圆点●表示)、蓝(用灰圆点●表示)、绿三种可用的颜色。游戏过程如下:制造者将顶点 1 涂成红色,接下去破坏者将顶点 2 涂成蓝色,如图 4.7(b)所示。如果制造者将顶点 3 涂成红色,如图

4.7(c)所示，则破坏者可以将顶点 4 涂成绿色，从而阻止制造者获胜。然而，如果制造者将顶点 4 涂成红色，如图 4.7(d)所示，那么破坏者无论做什么都不能阻止制造者获胜。

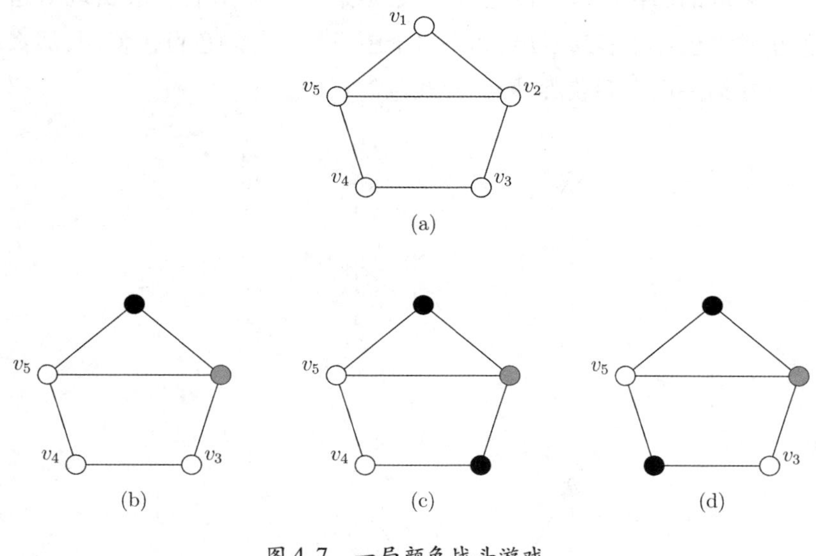

图 4.7　一局颜色战斗游戏。

我们注意到，倘若要存在一局游戏，k 至少需要与“图色数”(chromatic number，即正常着色需要的最小颜色数)$\chi(G)$一样大。显然，如果图 G 的顶点不超过 k 个，那么无论破坏者做什么，制造者总是可以通过使用尚未使用过的颜色而获胜。上面这些观察结果粗陈了以下定义：图形 G 的游戏色数$\chi_g(G)$是无论破坏者怎么做，制造者都可以找到一种制胜策略的最小颜色数。这个数不仅至少要与$\chi(G)$一样大，而且最多比 G 中任何顶点的最大邻点数多 1。

作为另一个例子，考虑完全二分图 $K_{4,4}$，以顶点 $X=\{x_1, x_2, x_3, x_4\}$ 和 $Y=\{y_1, y_2, y_3, y_4\}$ 为分集，如图 4.8(a)所示，并且有红(用黑圆点●表示)、蓝(用灰圆点●表示)、绿(用带点圆圈⊙表示)三种颜色。在制造者的第一步(比如说把 x_1 涂成红色)之后，破坏者最好的做法就是把 x_2 涂成蓝色，因此我们假设他已经这么做了。然后制造者可以将 y_1 涂成绿色，参见图 4.8(b)。现在仅有的两种可能性是,破坏者要么把 X 中的一些未着色的顶点涂成红色或蓝色,要么把 Y 中的一些未着色的顶点涂成绿色。在这两种情况下,无论破坏者采取哪种做法,制造者接下去只要采取破坏者没有采取的那种做法。以这种方式继续下去,制造者就会实现对这个图的正常着色。很容易看出,如果这个图只有两种颜色可供使用,那么破坏者会在第一回合后获胜,因此游戏色数 $\chi_g(K_{4,4})=3$。

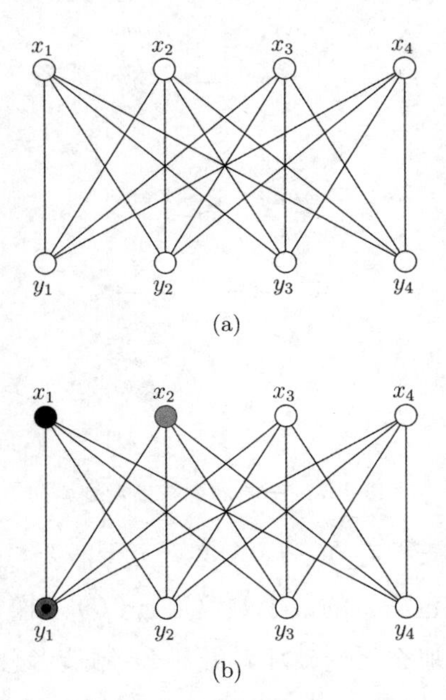

4.8　颜色战斗:在 $K_{4,4}$ 上进行。

现在考虑删除了一种完美匹配的完全二分图,$C\ P_{4,4}=K_{4,4}-4K_2$,有时被称为"鸡尾酒会二分图"(酒会上有四对夫妻,每个人都与除了自己的配偶以外的所有异性交谈,并且不与任何同性交谈)。我们假设分集和前文中一样,但是对于每个 i,x_i 和 y_i 不相邻,如图 4.9(a)所示。此外,可用的颜色仍然是红、蓝、绿。

现在,无论制造者对哪个顶点着色(比如说将 v_1 涂成红色),破坏者都会将该顶点的"配偶"涂成相同的颜色(在现在的情况下是红色)。因此,经过两个回合后,情况如图 4.9(b)所示。因此,制造者将需要四种颜

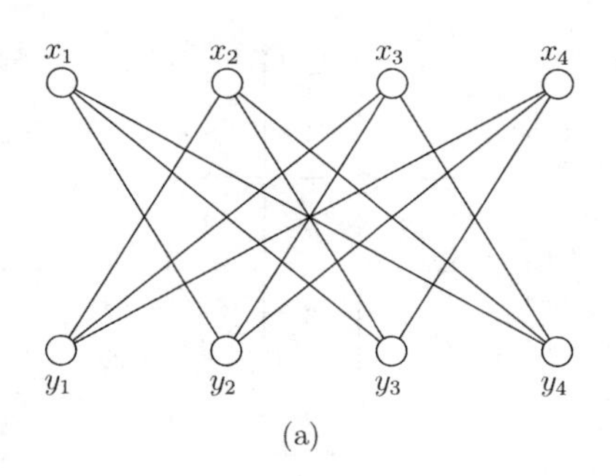

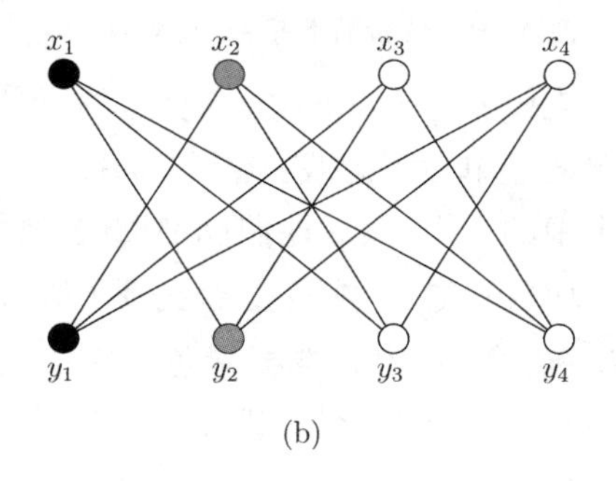

4.9　颜色战斗：在 $CP_{4,4}$ 上进行。

色来实现正常着色，由此可知 $\chi_g(CP_{4,4})=4$。这些例子说明了游戏色数的几个有趣特征。首先，一个图的子图的该值可以大于此图本身的值。事实上，对于图 $K_{n,n}$ 和 $CP_{n,n}$，它们的差值可以达到任意大。鸡尾酒会二分图表明的另一点是，谁先出招真的很重要：如果破坏者先行，那么制造者总是可以只用两种颜色取胜。

关于"制造者-破坏者"游戏，我们还有很多可说、可研究。前面提到过的图扎和朱[18]的作品是一个很好的资源，它讨论了各种各样为图着色的游戏，我们的描述也基于此。

4. 狡猾的骰子

展品 D 是一组标有非常规数字的三色骰子，如图 4.10 所示：

红色(R)：三个 2，两个 11，一个 14

蓝色(B)：一个 0，两个 3，三个 12

绿色(G)：三个 1，三个 13

红色（R）

	2	
2	14	2
	11	
	11	

蓝色（B）

	12	
12	0	12
	3	
	3	

绿色（G）

	1	
1	13	1
	13	
	13	

图 4.10　狡猾的骰子：施文克骰子。

这些骰子是施文克(Allen Schwenk)[15]创造的，可以用来玩各种各样的游戏。其中最简单的是单骰子游戏：玩家 1 选择这三个骰子中的一个，玩家 2 选择另外两个中的一个；然后他们俩都掷骰子，骰子点数高的一方获胜。考虑到有两种颜色，这个游戏是否公平(假设骰子本身是公平的)？假设玩家 1 选择红色，玩家 2 选择绿色。无论玩家 1 掷出什么，绿色骰子上的三个 1 总是会输，但是绿色骰子上的三个 13 会击败除 14 以外的所有点数。于是平均而言，绿色在 36 次中会击败红色 15 次，即有$\frac{5}{12}$的机会取胜。因此，这个游戏当然是不公平的。

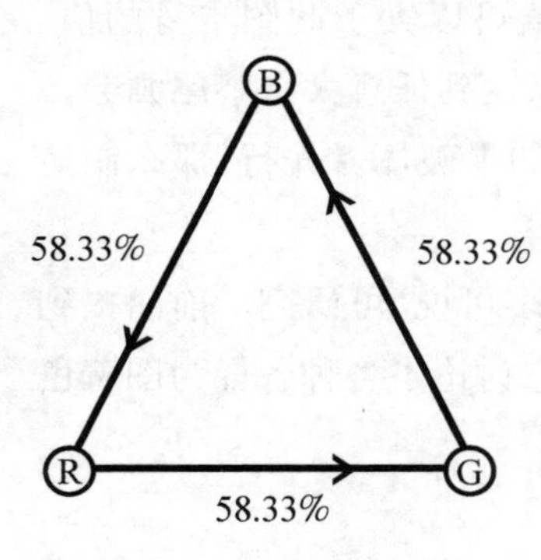

图 4.11　狡猾的骰子：单骰子游戏中的概率。

事实上，同样的论证表明，蓝色平均而言将有$\frac{7}{12}$的机会击败红色。因此，如果玩家 1 选择红色，那么玩家 2 就应该选择蓝色。但如果玩家 1 选择蓝色骰子，那么玩家 2 应该怎么做呢？计算表明，绿色击败蓝色的机会与蓝色击败红色的机会相同$\left(\frac{7}{12}\right.$，即 58.33%$\left.\right)$。因此，矛盾的是，蓝色比红色有优势，红色比绿色有优势，绿色比蓝色有优势，占优比例都相同。图 4.11 总结了这个悖论。

然而，故事并没有就此结束。假设每种颜色都有两个骰子，并且每位玩家都掷出某种颜色的两个骰子。我们似乎有理由相信，既然一个蓝色骰子击败一个红色骰子，如果玩家1选择了一对红色骰子（用RR表示），那么玩家2就应该选择蓝色骰子。事实上在1296种可能性中，我们可以计算出，一对红色骰子胜过一对蓝色骰子（用BB表示）的情况有675次，而一对蓝色骰子胜过红色骰子的情况只有621次。因此，如果只掷一粒骰子，蓝色比红色有优势，但是如果掷两个骰子，红色对就比蓝色对有优势——一个令人惊讶的逆转！

更令人惊讶的是，另外两对颜色也是逆转的。如前所述，一对红色骰子与两个蓝色骰子相比，优势是675∶621。此外，一对蓝色骰子比两个绿色骰子（用GG表示）有优势，而一对绿色骰子比两个红色骰子有优势，这两种情况的差距略大，都是693∶603。图4.12总结了这些事实。

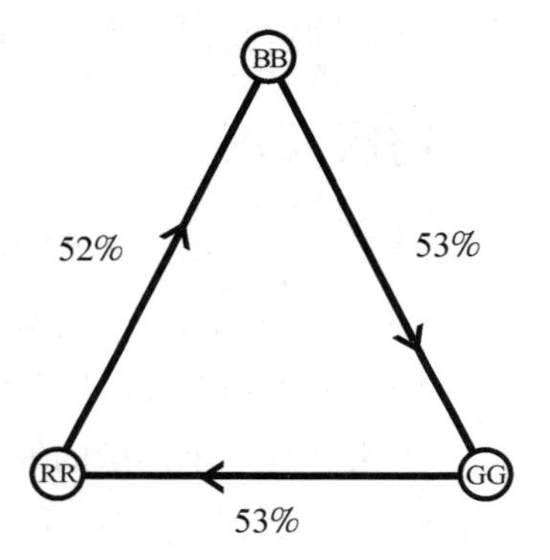

图4.12　狡猾的骰子：双骰子游戏中的概率。

双骰子游戏的另一种可能是用任意颜色组合的骰子对。于是此时会发生下列情况：一对同色施文克骰子与一对另两种颜色组合的混色骰子（红红对蓝绿、蓝蓝对绿红或绿绿对红蓝）总是公平匹配的。所有其他组合

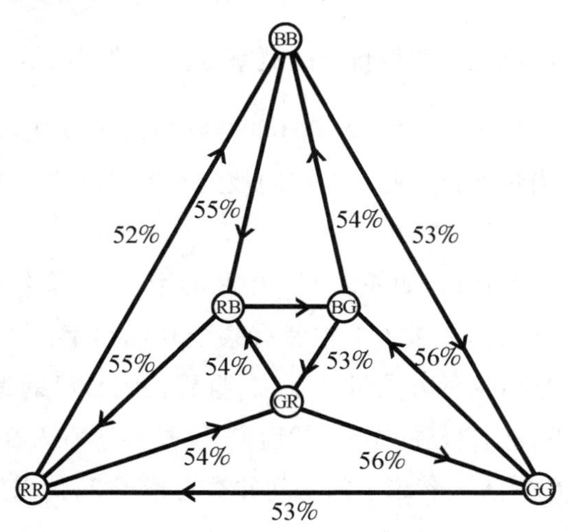

4.13　狡猾的骰子：任意双骰子游戏中的概率。

的概率(精确到小数点后两位)如图 4.13 所示。我们注意到这个有向图中的八个面中的每个面都是一个 3 点循环。事实上,这是任何 6 个顶点的有向图能够具有的最多的 3 点循环。还有几个 6 点循环,包括下面这个:

红红→绿红→绿绿→蓝绿→蓝蓝→红蓝→红红

我想你会同意我们的观点,施文克骰子确实极其狡猾。

5. 逃脱死刑

请考虑以下场景。有 100 个俘虏(碰巧都是男的)在押,他们的编号为 $C_1, C_2, C_3, \cdots, C_{100}$。这些俘虏要么会全部被杀,要么会全部被释放。决定因素如下:有一间屋子里面有 100 个罐子,也从 1 到 100 编号,每个罐子里都装有一个俘虏的编号(并且每个俘虏的编号都只出现在其中一个罐子里)。这些俘虏一个接一个地被带进放着罐子的房间。每个俘虏都可以查看 50 个罐子,并试图找出自己的编号。他一找到就必须立即离开房间,并且之后不能与任何人交流。关键在于,他们都必须找到自己的编号,否则都会被处决。

因为他们每个人都有$\frac{1}{2}$的概率找到自己的编号,又因为他们的选择是相互独立的,所以他们获得自由的概率是$\frac{1}{2^{100}}$,即大约是

$$0.000\,000\,000\,000\,000\,000\,000\,000\,000\,000\,8。$$

不过,故事当然不止于此。俘虏们被允许事先商议。他们这样做了,然后决定了以下策略。

俘虏 C_1 去看罐子 1。如果罐子 1 中装有数字 1,那么 C_1 就完成任务了。如果不是这样,那么罐子 1 中装有某个其他数字,比如说 i,于是 C_1 就去看罐子 i。他以这种方式继续下去,直到找到自己的编号,或者看完了 50 个罐子,没找到自己的编号,然后离开(这样所有人都会被处决)。

随后俘虏 C_2 进入放着罐子的房间并查看罐子 2,他采用与 C_1 相同的方法。当然,其他俘虏都紧随其后。

那么在这种情况下,所有俘虏都被处决的概率是多少?

我们开始分析俘虏对他们的严峻形势的处理方法，注意到罐子上和罐子里的数形成了集合$\{1,2,\cdots,100\}$的一种排列 π。并且我们回忆起，一种排列可以看作一个标号图，其中每一个分支都是一个有向循环。另一个关键点是，每个俘虏从来不会对同一个罐子访问两次。这是因为假设罐子 k 被俘虏 j 访问了两次，此时如果 $j \neq k$[参见图 4.14(a)]，那么 k 这个数就会在两个罐子里，而这是不可能的。相反，如果 $j = k$[见图 4.14(b)]，那么 j 必定在罐子 j 中，于是俘虏 j 一开始就会找到他的编号。因此，我们可以得出这样的结论：如果一名俘虏没有找到他的编号，那么他必定是从一个大于 50 的循环开始的。

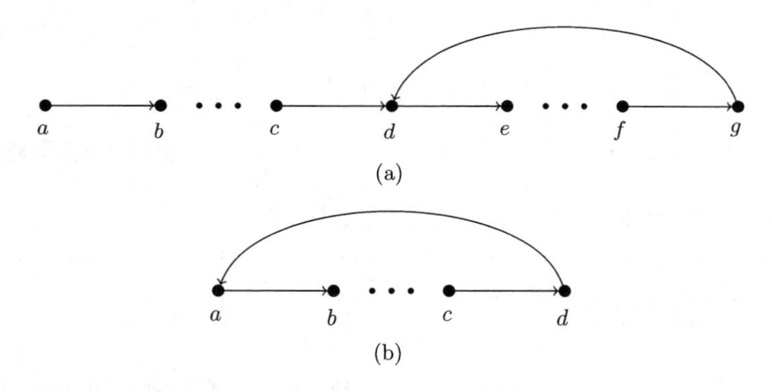

图 4.14 逃脱死刑：没有任何一个罐子会被一名俘虏访问两次。

这一结论可以作为以下这条定理的引理：如果排列 π 没有长度大于 50 的循环，那么这些俘虏就会逃脱死刑。

这就引出了一个关键问题，其一般形式是：一个由 $2n$ 个对象构成的排列中没有长度大于 n 的循环的概率是多少？

现在设 π 为由 $2n$ 个对象构成的排列，并假设它具有一个长度为 k 的循环 C，其中 $k > n$。（请注意，最多只能有一个长度超过 n 的循环。）

首先我们计算由 $2k$ 个对象构成的排列数：

(a) 从 C 中选择 k 个对象的方式有$\binom{2n}{k}$种。

(b) 在 C 中循环排列 k 个对象的方式有$(k-1)!$ 种。

(c) 排列其他 $2n-k$ 个对象的方式有 $(2n-k)!$ 种。

接下来，我们将这三个数相乘，发现对于一个给定的 $k>n$ 的值，由 $2n$ 个对象构成的包含一个 k 点循环的排列数是

$$\frac{(2n)!}{k!\,(2n-k)!}\cdot(k-1)!\cdot(2n-k)! = \frac{(2n)!}{k}。$$

因此，π 中有一个 k 点循环的概率只有 $\frac{1}{k}$，由此得出以下结果。

定理：由 $2n$ 个对象构成的一个排列中没有长度大于 n 的循环的概率为

$$1-\left(\frac{1}{n+1}+\frac{1}{n+2}+\cdots+\frac{1}{2n}\right)。$$

由于 $1+\frac{1}{2}+\cdots+\frac{1}{n}$ 近似等于 $\ln n$，因此，$\frac{1}{n+1}+\frac{1}{n+2}+\cdots+\frac{1}{2n}$ 近似等于 $\ln(2n)-\ln n$，即 $\ln 2$。因此，这些俘虏避免被处决的概率略高于 31%——这比前面所提到的数字 $\frac{1}{2^{100}}$ 要大得多！

6. 掷硬币的乐趣

在本汇编中，我们最喜欢的另一个展品是一个经典的掷硬币游戏。两位玩家各自选择一个由三次掷币结果（正面朝上和反面朝上分别用 H 和 T 表示）构成的序列，如 HHT 和 TTT。不断地掷一枚硬币，直到在连续掷币过程中出现所选一个的序列，于是选择该序列的玩家获胜。例如，在前面的选择中，如果掷硬币的结果是 TTHTTHTHTHHT，那么第一位玩家获胜。

自然，任何三次掷币序列都有可能击败其他三次掷币序列——第一个序列很可能在前三次投掷中就出现了——但在我们的例子中，第二位玩家本可以作出更有胜算的选择，比如 THH。使用图 4.15 所示的概率树可以看出这一点。

我们来推导选择 THH 的玩家 2 打败选择 HHT 的玩家 1 的概率。请注意，概率树中的每条路径都将经过标记为 X、Y 和 Z 的三个点之一。如

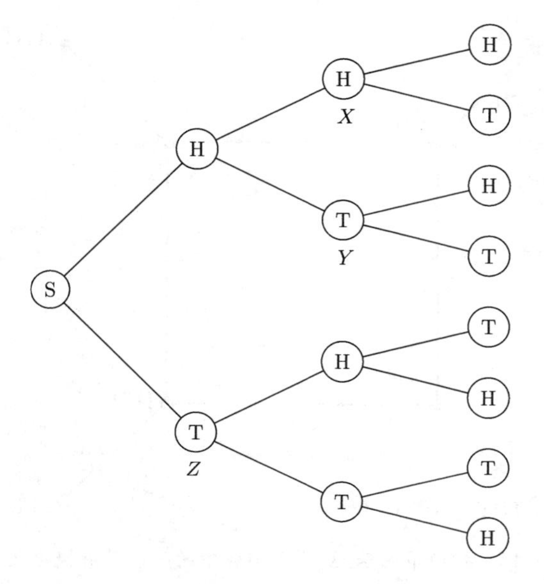

图 4.15　掷硬币的乐趣：掷一枚硬币的概率树。

果到达点 X(即两次正面朝上),那么玩家 1 将获胜(只要出现第一次反面朝上时)。相反,无论是从点 Y 还是点 Z 开始,玩家 2 都将获胜,因为既然掷出了一次反面朝上,那么 THH 就一定会出现在 HHT 之前(因为还没有出现过两次正面朝上)。到达 X 的概率是$\frac{1}{4}$,到达 Y 的概率也是$\frac{1}{4}$,到达 Z 的概率是$\frac{1}{2}$。因此玩家 2 获胜的概率是$\frac{3}{4}$,于是 THH 比 HHT 有优势,获胜概率之比是 3∶1。

事实上,不管玩家 1 选择的三次掷币序列是什么,玩家 2 都能选择一个序列应对,使胜算至少为 2∶1,并且可能高达 7∶1。玩家 2 的最优选择如图 4.16 所示,其中有向线段上的 i∶j 是箭头尾端序列与箭头指向序列的获胜概率之比。

我们注意到,这个图不仅表明玩家 2 有这样一个优势战略,其中还存在着一个悖论:THH 与 HHT 的胜率比为 3∶1,而 HHT 与 HTT 的胜率比为 2∶1,HTT 与 TTH 的胜率比为 3∶1,然而 TTH 与 THH 的胜率比为 2∶1!

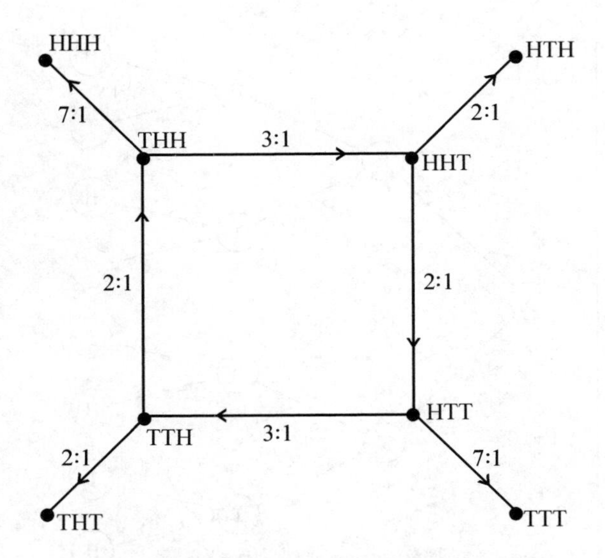

图 4.16　掷硬币的乐趣:这个游戏中的一些获胜概率之比。

7. 得到长颈鹿

在图和游戏的巡展中的最后一件展品是“得到长颈鹿”。这个游戏从一块 3 ×3 的棋盘开始,九个棋格里各有一只动物,如图 4.17 所示。除此之外,还有一个“笼子”来覆盖网格中的单个动物。(如果动物都是二维的,这可能是一个圆盘,如果动物都是三维的,这可能是一个杯子。)另外还要用到一套八张的卡片,每张卡片的一面都有移动几格的指令,另一面是其中一只动物的名字。图 4.18 给出了这样一张卡片的示例。

这个游戏实际上只有一位玩家,我们称之为猎人。游戏由猎人进行:他用笼子盖住一只动物后,按照卡片上提到的空格数移动笼子。移动 1 格就意味着移动到一个相邻的方格中,但不沿对角线移动。例如,在如图 4.17 所示的棋盘上,如果一开始盖住的是狮子,并且卡片上说要移动 5 格,那么猎人就可以从狮子移动到长颈鹿,再到斑马,再到长颈鹿,再到河马,最后到犀牛结束。由于牌背面的动物不是被关在笼子里的那只,因此它可以逃离猎人,从而离开棋盘。

如果在游戏进程中的任何时候,卡片上所指定的是被关在笼子里的

图 4.17 得到长颈鹿:动物棋盘游戏。

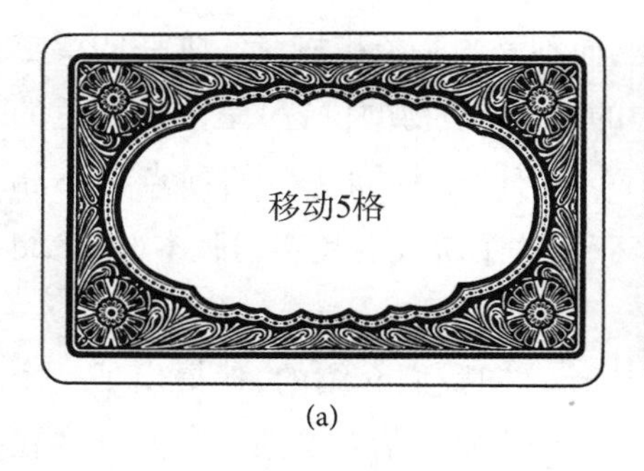

(a)

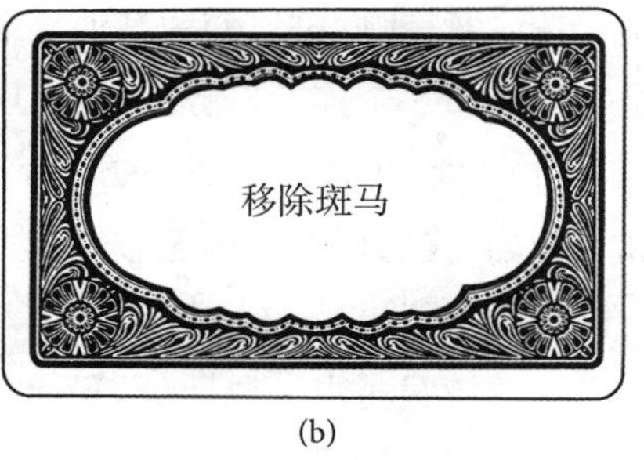

(b)

图 4.18 得到长颈鹿:一张样卡。(a)卡片正面;(b)卡片背面。

动物,那么猎人就是赢家,于是他获得一个奖杯。如果棋盘上只剩下一只动物,那么游戏结束,猎人输了。

一套可能达到这个结果的卡片如下,笼子从覆盖狮子开始:

卡片	棋格	动物
1	5	斑马
2	3	疣猪
3	4	猎豹

4	3	非洲水牛
5	6	狮子
6	3	犀牛
7	5	河马
8	1	大象

当猎人在进行游戏时,长颈鹿被单独留在棋盘上,猎人就输了!

猎人为什么会输?答案就在于棋盘的格局。在一张国际象棋盘上,如果笼子移动了偶数步,那么它就会移动到一个与它开始时颜色相同的方格中;但是如果它移动了奇数步,那么它就会止步于一个颜色相反的方格。因此,一旦我们确定了起始位置的颜色,只要指定与笼子将停止的那一格颜色不同的一个方格里的动物,我们就可以控制游戏了。不过,这里缺少一个细节:我们不知道猎人会决定从哪里开始。为了解决这个问题,我们只需要准备好两张起始卡片,然后谨慎地处理掉不起作用的那张。(一些花招或假装笨拙的动作在这里可能会有用。)

请注意,我们可以使用其他棋盘,而不是国际象棋棋盘。唯一的要求是它对应于一个连通二分图,即图中的顶点(动物的位置)是两种颜色的(就像国际象棋盘上的黑白方格),而任何两个相同颜色的顶点都不相邻。例如,我们可以使用超立方体来获得这个游戏的超空间版本(请参阅1. 神奇的小行星)。

这款游戏是由莫里斯(S. Brent Morris)向我们介绍的,他提出了一个更复杂的变化形式:在游戏开始前,将一个密封的信封交给一位观众。在游戏结束时,此人打开信封,里面写着:长颈鹿仍然在。(为什么是这只动物?好吧,我们用的毕竟是长颈鹿理论!)

8. 亲身实践

包括数学博物馆在内的许多现代博物馆都为参观者提供实践活动。在某些情况下,这样的参与使参观者在很长一段时间内仍然会有问题萦绕于心。无论是艺术博物馆、自然历史博物馆、科学博物馆,还是数学博物馆,参观者不仅会反思见到了(和做过了)什么,还会考虑某些展品可能有的意义,从而为进一步发现和探究问题铺平了道路。

我们在这里考虑过的7款游戏和益智题中,有一款在这方面脱颖而出——颜色战斗。图论的巨擘之一图特(W. T. Tutte)曾经写道[17]:“四色问题是冰山的一角,是楔子的细端,是春天的第一只布谷鸟。”他确实是预言家,现在,关于着色论已出现了数百篇论文和数本书籍。

着色数的变化是一个非常富有成果的研究领域,其中之一如下:放宽相邻顶点总是颜色不同的要求,允许每个顶点有一个颜色相同的邻点,或者更一般的情况是,多达某个固定数量 d 的相同颜色邻点。图 G 上的 d 放宽游戏(d-relaxed game)与颜色战斗的规则相同,只是在着色上有这一额外的自由。也就是说,不是每种颜色各生成一组独立的顶点,而是一种颜色可以产生一个子图,在其中每个顶点的最大度数都为 d。这一规则的引入[4]引起了进一步的探究并得到了一些有趣的结果。进行这些探究的不仅有数学家,还有学生。例如,在林维尔学院,学生们探究了放宽的着色问题,可参见文献[1,2,5—9]。当然,还有许多放宽的着色问题没有得到解答,但这些学生的研究也提出了其他可能的方向。其他限制情况会如何?比如说列表着色,即每个顶点只能使用一个指定列表中的颜色着色。有关列表颜色的探究,请参见施蒂比茨(Stiebitz)和沃伊特(Voigt)的文献[16]。

这是一个例子,说明图和游戏是如何给人们带来实验体验的。这个想法把我们带回到我们的旅程起点——加德纳的伟大贡献。他的最终成就是用一种优雅、娴熟的方式将数学瑰宝传授给他人,为我们所有人树立了榜样。

参考文献

[1] M. Alexis, C. Dunn, J. F. Nordstrom, al. Clique-relaxed coloring games on chordal graphs (in preparation).

[2] L. Barrett, C. Dunn, J. F. Nordstrom, J. Portin, S. Rufai, and A. Sistko. The relaxed game chromatic number of complete multipartite graphs (in preparation).

[3] H. L. Bodlaender. On the complexity of some coloring games. *Int. J. Found. Comp. Sci.* **2** (1991) 133 – 147.

[4] C. -Y. Chou, W. -F. Wang, and X. Zhu. Relaxed game chromatic number of graphs. *Discrete Math.* **262** (2003) 89 – 98.

[5] H. Do, C. Dunn, B. Moran, J. F. Nordstrom, and T. Singer. Modular edge-sum labeling (in preparation).

[6] C. Dunn, T. Hays, L. Naftz, J. F. Nordstrom, E. Samelson, and J. Vega. Total coloring games (in preparation).

[7] C. Dunn, V. Larsen, K. Lindke, T. Retter, and D. Toci. Game coloring with trees and forests. *Discrete Math. Theor. Comput. Sci.* (to appear).

[8] C. Dunn, D. Morawski, and J. Nordstrom. The relaxed edge-coloring game and k-degenerate graphs. *Order* (to appear).

[9] C. Dunn, C. Naymie, J. Nordstrom, E. Pitney, W. Sehorn, and C. Suer. Cliquerelaxed graph coloring. *Involve* **4** (2011), 127 – 138.

[10] J. Farrell. Cubist magic, in D. Wolfe and T. Rodgers, editors, *Puzzler's Tribute, A Feast for the Mind*, A K Peters, Wellesley pp. 143 – 146, MA, 2002.

[11] M. Gardner. Mathematical games. *Sci. Am.* (April 1981) 23.

[12] C. Goffman. *Real Functions*, pp. 18 – 19. Rinehart, New York, 1953.

[13] M. S. Hellman. A short proof of an equivalent form of the Schroeder-Bernstein theorem. *Am. Math. Monthly* **68** (1961) 770.

[14] D. König. *Theorie der Endlichen und Unendlichen Graphen.* Chelsea Publishing, New York, 1950.

[15] A. J. Schwenk. Beware of geeks bearing grifts. *Math Horizons* **7** (2000) 10 – 13.

[16] M. Stiebitz and M. Voigt. List-colourings, in L. W. Beineke and R. J. Wilson, editors, *Topics in Chromatic Graph Theory*, pp. 114 – 136 Cambridge University Press, Cambridge, 2015.

[17] W. T. Tutte. Colouring problems. *Math. Intelligencer* **1** (1978/79) 72 – 75.

[18] Z. S. Tuza and X. Zhu. Colouring Games, in L. W. Beineke and R. J. Wilson, editors, *Topics in Chromatic Graph Theory*, pp. 304 – 326 Cambridge University Press, Cambridge, 2015.

[19] R. L. Wilder. *Introduction to the Foundations of Mathematics*, pp. 108 – 110. Wiley, New York, 1965.

第二章　灵感来自经典益智题的题目

五、用随机移动解答河内塔

阿列克谢耶夫、伯杰

河内塔益智题由分布在三根柱子上的 n 个大小各不相同的圆盘组成。我们将圆盘在这些柱子上的一种特定分布称为一个状态。如果每根柱子上堆叠成圆盘大小自底部向上递减(从而最大的圆盘位于底部)的形式,那么我们就说这种状态是有效的。由于每个圆盘可以位于三根柱子中的一根上,而每根柱子上圆盘的顺序由它们的大小唯一确定,所以有效状态的总数为 3^n。

将一个圆盘从一根柱子的顶部移到另一根柱子的顶部必须是有效的,这才可以是一次移动。在这道益智题的经典表述形式中,所有的圆盘最初都位于第一根柱子上。要求以最少的移动次数把它们全部转移到第三根柱子上。已知的是,这个最少移动的次数为 2^n-1。

1883 年,法国数学家卢卡斯(Edouard Lucas)发明了河内塔益智题。显然,他还同时编写了以下传说[7]:“亚洲某地的佛教僧侣正在把 64 个沉重的金环从一根柱子移到另一根柱子。当他们完成的时候,世界就会走向终结!”河内位于当时的法属印度支那,这或许可以解释为什么一个法国人认为他的益智题名称中包含河内是合适的。不过,在该传说中从未明确地把僧侣和他们的塔放在河内或其附近。卢卡斯的河内塔益智游戏引起了国际轰动[想想劳埃德的15-数字推盘游戏(15-puzzle)和鲁比克(Rubik)的魔方]:这个传说被用来促进销售。河内塔至今仍然是一个受大众欢迎和喜爱的玩具,现在还成为一个小型计算机应用程序,可以通过互联网来玩。

我们将用随机移动来研究河内塔的解及它的一些变化形式,其中每次移动都是从当前状态的有效移动集合中均匀选出的。我们会证明解答这道益智题所需的预期随机移动次数的一些精确公式。我们还会对这些公式中的一个给出另一种证明。这个公式将一条关于在图上随机游走的预期往返时间的定理与分析三相交流电配电系统结合在一起。

1. 益智题的变化形式和初步结果

如果将河内塔的有效状态表示为一个图的各节点,并且如果两个状态之间相距为一次移动,就用一条边连接,那么由此得到的图即谢尔宾斯基三角形(Sierpinski gasket,图5.1)。换言之,谢尔宾斯基三角形代表了河内塔的状态转换图。具体地说,与 $n=1$ 个圆盘的河内塔对应的图中有三个节点 A、B、C 和三条边 $\overline{AB}$、$\overline{BC}$、$\overline{AC}$[图5.1(a)]。节点 A、B、C 分别对应三种可能的状态:D_1 在第一根柱子上,D_1 在第二根柱子上,D_1 在第三根柱子上。边 $\overline{AC}$ 的存在表示从 A 到 C 或从 C 到 A 可以通过一次移动完成,另外两条边也同样。

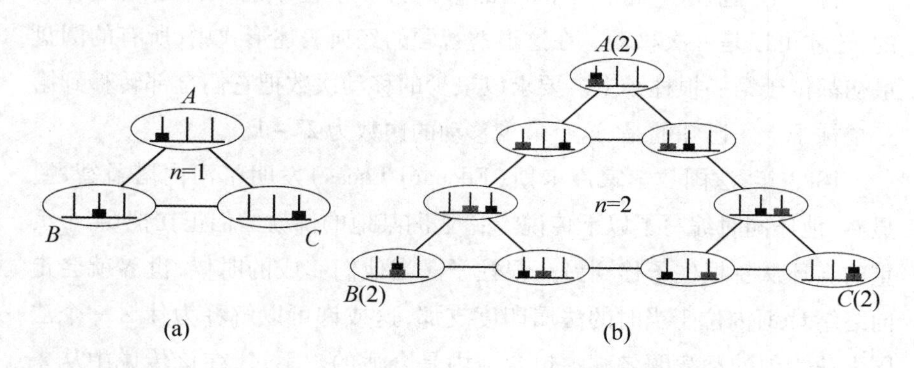

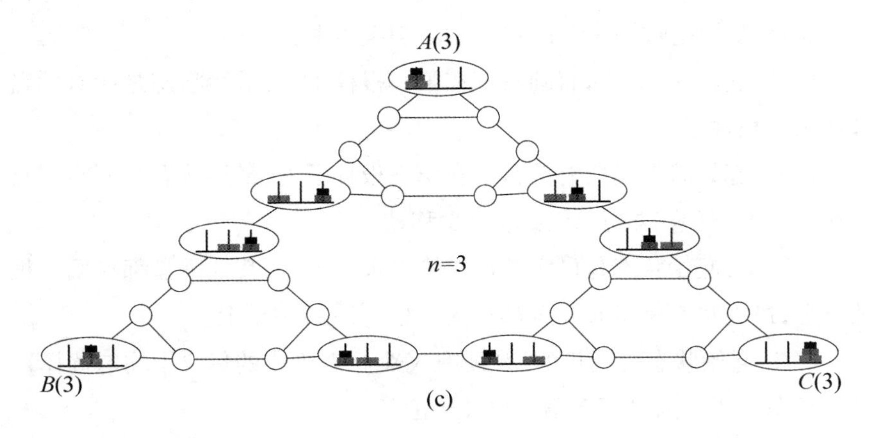

图 5.1　谢尔宾斯基三角形，分别对应：(a)单盘河内塔状态转换图；(b)双盘河内塔的状态转换图，由三个等价的单盘图再加上一个圆盘 D_2 组成；(c)三盘河内塔的状态转换图，由三个等价的双盘图再加上一个圆盘 D_3 组成(每个双盘图中只标明顶角处的那些状态)。

$n=2$ 个圆盘的河内塔的状态转换图可以通过以下安排获得：三个等价的 $n=1$ 的图，在其中每个图中的一根固定柱子上再增加一个圆盘 D_2，然后将得到的三对最近相邻节点用桥接链路相连[图 5.1(b)]。这样就只剩下三个顶角节点，我们将它们标记为 $A(2)$、$B(2)$ 和 $C(2)$，使 $A(2)$ 对应第一根柱子上有两个圆盘，$B(2)$ 对应第二根柱子上有两个圆盘，$C(2)$ 对应第三根柱子上有两个圆盘。

同样，$n=3$ 个圆盘的河内塔的状态转换图，可以按照从 $n=1$ 的图获得 $n=2$ 的图相同的方式，通过排布三个等价的 $n=2$ 的图而得到[图 5.1(c)]。一般情况下，对于任意正整数 k，$n=k+1$ 的状态转换图都可以从 $n=k$ 的状态转换图得到，只要用三个等价的 $n=k$ 图和三根桥接链路，再重复一次以上过程。

经典河内塔益智题相当于在对应的谢尔宾斯基三角形的两个顶角节点之间找到最短路径。我们来考虑河内塔益智题的以下变化形式，用随机移动(相当于谢尔宾斯基三角形中的随机游走)来解答 n 个圆盘的情况：

$r \to a$：起始状态是随机的(从所有 3^n 个状态构成的集合中均匀选

择)；最终状态是所有圆盘都在同一根(任意)柱子上。

$1\to3$：起始状态是所有圆盘都在第一根柱子上；最终状态是所有圆盘都在第三根柱子上。

$1\to a$：起始状态是所有圆盘都在第一根柱子上；最终状态是所有圆盘都在同一根(任意)柱子上，要求至少移动一次。

$1/2\to a$：起始状态是最大圆盘在第二根柱子上，其他圆盘都在第一根柱子上；最终状态是所有圆盘都在同一根(任意)柱子上。

$r\to1$：起始状态是随机的(从所有3^n个状态构成的集合中均匀选择)；最终状态是所有圆盘都在第一根柱子上。

设$E_X(n)$表示解答n个圆盘的益智题X所需随机移动的预期次数。上述各益智题代表了通过重命名柱子得到的各类相似益智题。特别是，我们可以很容易得到以下恒等式：

$$E_{1\to3}(n)=E_{1\to2}(n)=E_{2\to3}(n)=E_{3\to1}(n)=E_{2\to1}(n)=E_{3\to2}(n);$$

$$E_{1\to a}(n)=E_{2\to a}(n)=E_{3\to a}(n);$$

$$E_{1/2\to a}(n)=E_{1/3\to a}(n)=E_{2/3\to a}(n)=E_{2/1\to a}(n)=E_{3/1\to a}(n)=E_{3/2\to a}(n);$$

$$E_{r\to1}(n)=E_{r\to2}(n)=E_{r\to3}(n)。$$

益智题$r\to a$是由普尔(David G. Poole)提出的。他向在线整数数列百科全书(Online Encyclopedia of Integer Sequences，缩写为OEIS)提交了n最大为5的$E_{r\to a}(n)$的值，编号为数列A007798[9]。后来，博顿利(Henry Bottomley)推测出$E_{r\to a}(n)$的公式如下：

$$E_{r\to a}(n)=\frac{5^n-2\cdot3^n+1}{4}。\tag{1}$$

益智题$1\to3$由本文第二作者提出[1]，他也向OEIS提交了n最大为4的$E_{1\to3}(n)$的分子，编号为数列A134939，但没有推测出$E_{1\to3}(n)$的一般公式。

在下文中，我们会证明(1)式，并对$E_{1\to3}(n)$证明以下公式：

$$E_{1\to3}(n)=\frac{(3^n-1)(5^n-3^n)}{2\cdot3^{n-1}}。\tag{2}$$

它最初是由本文第一作者在2008年公布的。我们还会证明用于其他几道益智题的下列公式：

$$E_{1\to a}(n)=\frac{3^n-1}{2},\tag{3}$$

$$E_{1/2\to a}(n)=\frac{3}{2}(5^{n-1}-3^{n-1}),\tag{4}$$

$$\begin{aligned}E_{r\to 1}(n)&=\frac{5^{n+1}-2\cdot 3^{n+1}+5}{4}-\left(\frac{5}{3}\right)^n\\&=\frac{(3^n-1)(5^{n+1}-2\cdot 3^{n+1})+5^n-3^n}{4\cdot 3^n}。\end{aligned}\tag{5}$$

在表5.1中,我们总结了这些公式,并提供了OEIS中的相关出处。

表5.1 n盘河内塔益智题的变化形式

益智题 X	$E_X(n)$的公式	初始值($n=1, 2, \cdots$)	OEIS中的数列编号
$r\to a$	$\frac{5^n-2\cdot 3^n+1}{4}$	0,2,18,116,660,…	A007798(n)
$1\to 3$	$\frac{(3^n-1)(5^n-3^n)}{2}/3^{n-1}$	2,64/3,1274/9,21 760/27,…	A134939(n)/A00024($n-1$)
$1\to a$	$\frac{3^n-1}{2}$	1,4,13,40,121,…	A003462(n)
$1/2\to a$	$\frac{3\cdot(5^{n-1}-3^{n-1})}{2}$	0, 3, 24, 147, 816, 4323,…	A226511($n-1$)
$r\to 1$	$\frac{(3^n-1)(5^{n+1}-2\cdot 3^{n+1})+5^n-3^n}{4}/3^n$	4/3,146/9,3034/27,52 916/81,…	A246961(n)/A000244(n)

注:对于每道益智题X,表中给出了解答n个圆盘的益智题X所需随机移动的预期次数、一些较小n的数值以及在OEIS中相应数列的索引编号[9]。

2. 引理与证明

不失一般性,我们假设n盘河内塔的各圆盘大小为1, 2, …, n,用D_k来表示大小为k的圆盘,因此D_1和D_n分别表示最小圆盘和最大圆盘。同样,我们设D_k^m($k\geqslant m$)为包含大小从m到k的所有圆盘的集合。

用随机移动来解答益智题$1\to a$时,设$p_1(n)$和$p_2(n)$分别表示最终状态是所有圆盘都在第一根或第二根柱子上的概率。由对称性可知,最终状态是所有圆盘都在第三根柱子上的概率也是$p_2(n)$,因此$p_1(n)+2p_2(n)=1$。

同样，用随机移动来解答益智题 $1/2 \to a$ 时，设 $q_1(n)$、$q_2(n)$ 和 $q_3(n)$ 分别表示最终状态是所有圆盘都在第一根、第二根或第三根柱子上的概率。

$1 \to a$ 和 $1/2 \to a$ 这两道益智题与 $r \to a$ 和 $1 \to 3$ 这两道益智题之间的关系由下面的引理 1 和引理 2 给出。

引理 1：

$$E_{r\to a}(n) = E_{r\to a}(n-1) + \frac{2}{3}E_{1/2\to a}(n)。$$

证明：很容易看出，D_n 不能移动，除非 D_{n-1}^1 都在同一根柱子上。在益智题 $r \to a$ 中，到达该状态所需要的预期随机移动次数为 $E_{r\to a}(n-1)$。此外，由于初始状态是均匀选择的，因此在最终状态时，D_{n-1}^1 在任意柱子上的概率都是 $\frac{1}{3}$。特别是，在 $\frac{1}{3}$ 的概率下，它与 D_n 位于同一根柱子上，此时题目得解。否则，在 $\frac{2}{3}$ 的概率下，圆盘 D_{n-1}^1 与 D_n 位于不同的柱子上，于是我们可以将剩余的移动视为解答益智题 $1/2 \to a$ 的一个实例。因此，

$$\begin{aligned} E_{r\to a}(n) &= \frac{1}{3}E_{r\to a}(n-1) + \frac{2}{3}(E_{r\to a}(n-1) + E_{1/2\to a}(n)) \\ &= E_{r\to a}(n-1) + \frac{2}{3}E_{1/2\to a}(n)。\end{aligned}$$

引理 2：

$$E_{1\to 3}(n) = \frac{E_{1\to a}(n)}{p_2(n)}。$$

证明：用随机移动来解答益智题 $1 \to 3$ 时，平均而言在 $E_{1\to a}(n)$ 次移动后，所有圆盘先到同一根柱子上。这根柱子是第一根柱子的概率是 $p_1(n)$，是第二根柱子的概率是 $p_2(n)$，是第三根柱子的概率也是 $p_2(n)$。在最后一种情况下，益智题 $1 \to 3$ 得解，而在前两种情况下，我们实际上是得到了益智题 $1 \to 3$ 的一个新实例。因此，$E_{1\to 3}(n) = E_{1\to a}(n) + (p_1(n) + p_2(n))E_{1\to 3}(n)$，而这意味着 $E_{1\to 3}(n) = \frac{E_{1\to a}(n)}{p_2(n)}$。

引理 1 和引理 2 表明，$E_{r\to a}(n)$ 和 $E_{1\to 3}(n)$ 的显式公式很容易从

$E_{1\to a}(n)$、$E_{1/2\to a}(n)$和$p_2(n)$的显式公式推导出来。

引理3:下列各式成立

(i) $E_{1\to a}(n)=E_{1\to a}(n-1)+2p_2(n-1)E_{1/2\to a}(n)$;

(ii) $p_1(n)=p_1(n-1)+2p_2(n-1)q_2(n)$;

(iii) $p_2(n)=p_2(n-1)q_1(n)+p_2(n-1)q_3(n)$;

(iv) $E_{1/2\to a}(n)=\frac{1}{2}+E_{1\to a}(n-1)+(p_1(n-1)+p_2(n-1))E_{1/2\to a}(n)$;

(v) $q_1(n)=p_1(n-1)q_1(n)+p_2(n-1)q_3(n)$;

(vi) $q_2(n)=\frac{3}{4}(p_2(n-1)+(p_1(n-1)+p_2(n-1))q_2(n))+\frac{1}{4}(p_1(n-1)q_3(n)+p_2(n-1)q_1(n))$;

(vii) $q_3(n)=\frac{3}{4}(p_1(n-1)q_3(n)+p_2(n-1)q_1(n))+\frac{1}{4}((p_1(n-1)+p_2(n-1))q_2(n)+p_2(n-1))$。

证明:考虑益智题$1\to a$。请注意,除非D_{n-1}^1都在同一根柱子上,否则D_n不能移动。因此,我们可以仅关注D_{n-1}^1,直到它们都到同一根柱子上为止,这(平均而言)将在移动$E_{1\to a}(n-1)$次之后发生。这是第一根柱子(D_n所在位置)的概率为$p_1(n-1)$,在这种情况下,我们的最终状态是所有圆盘都在第一根柱子上。否则,D_n在第一根柱子上而D_{n-1}^1在另一根柱子(第二根或第三根的可能性相等)上的概率是$1-p_1(n-1)=2p_2(n-1)$。在这种情况下,可以将剩余的移动视为解答益智题$1/2\to a$的一个实例。这就证明了公式(i)。

很容易看出,在最终状态,所有圆盘都在第一根柱子上的概率是$p_1(n-1)+2p_2(n-1)q_2(n)$,而在第二根或第三根柱子上的概率相同,都是$p_2(n-1)q_1(n)+p_2(n-1)q_3(n)$,这就证明了公式(ii)和(iii)。

现在来考虑益智题$1/2\to a$。这道益智题中的移动过程可以分为以下两个或三个阶段。在阶段1中,只有D_n在(在第二根与第三根柱子之间)移动,而阶段2开始于(从第一根柱子顶部)移动D_1,结束于当D_{n-1}^1在同一根柱子上。如果这还不是最终状态,其余的移动都将被视为阶段3。

让我们来分析这些阶段。

很容易看出，阶段 1 中的预期移动次数是

$$\frac{2}{3}\cdot\left(\left(\frac{1}{3}\right)^0\cdot 0+\left(\frac{1}{3}\right)^1\cdot 1+\cdots\right)=\frac{1}{2},$$

而它最终在开始那根柱子（也就是第二根柱子）上的概率为

$$\frac{2}{3}\cdot\left(\left(\frac{1}{3}\right)^0+\left(\frac{1}{3}\right)^2+\cdots\right)=\frac{3}{4}。$$

D_n最终在第三根柱子的概率是 $1-\frac{3}{4}=\frac{1}{4}$。第二阶段中的预期移动次数就是 $E_{1\to a}(n-1)$。最后，D_{n-1}^1 在第一根柱子上的概率是 $p_1(n-1)$，而在第二根或第三根柱子上的概率相等，都是 $p_2(n-1)$。因此，（无论在阶段 1 之后 D_n位于何处）我们处于最终状态的概率是 $p_2(n-1)$，而进入第三阶段的概率是 $1-p_2(n-1)=p_1(n-1)+p_2(n-1)$，可以简单地认为这是益智题 $1/2\to a$ 的一个新实例，其预期移动次数为 $E_{1/2\to a}(n)$。上述分析证明了公式（iv）－（vii）。

式（3）中 $E_{1\to a}(n)$ 由式（i）和式（iv）直接得到。具体来说，式（iv）可改写为 $p_2(n-1)E_{1/2\to a}(n)=\frac{1}{2}+E_{1\to a}(n-1)$，将其代入式（i）就得到了下列递推式：

$$E_{1\to a}(n)=E_{1\to a}(n-1)+2p_2(n-1)E_{1/2\to a}(n)=3E_{1\to a}(n-1)+1。$$

这个结果，再加上 $E_{1\to a}(1)=1$，就证明了式（3），从而进一步表明

$$E_{1/2\to a}(n)=\frac{\frac{1}{2}+E_{1\to a}(n-1)}{p_2(n-1)}=\frac{3^{n-1}}{2p_2(n-1)}。\tag{6}$$

我们来重点关注递归方程（ii）、（iii）、（v）、（vi）和（vii），并由它们解出 $p_1(n)$、$p_2(n)$、$q_1(n)$、$q_2(n)$ 和 $q_3(n)$。在 $n=2$ 的情况下，解答益智题 $r\to a$ 和益智题 1→3，我们很容易得到下列初始条件：

$$p_1(2)=\frac{5}{8},p_2(2)=\frac{3}{16},q_1(2)=\frac{1}{8},q_2(2)=\frac{5}{8},q_3(2)=\frac{1}{4}。$$

同样，在 $n=1$ 的情况下解答益智题 $r\to a$，我们得到 $p_1(1)=0$ 和 $p_2(1)$

$=\frac{1}{2}$。

我们由方程(v)得到

$$\begin{aligned}p_2(n-1)q_3(n)&=q_1(n)-p_1(n-1)q_1(n)\\&=(1-p_1(n-1))q_1(n)\\&=2p_2(n-1)q_1(n)。\end{aligned}$$

因为对于所有的 $n\geqslant2$,都有 $p_2(n-1)>0$,所以我们也有

$$q_3(n)=2q_1(n);$$

$$q_2(n)=1-q_1(n)-q_3(n)=1-3q_1(n)。$$

对于所有的 $n\geqslant2$,还有

$$(8-3p_1(n-1))q_1(n)=1。$$

利用这些关系,我们将式(ii)化简为

$$\begin{aligned}p_1(n)&=p_1(n-1)+2p_2(n-1)(1-3q_1(n))=1-6p_2(n-1)q_1(n)\\&=1-3(1-p_1(n-1))q_1(n)=1-3q_1(n)+3p_1(n-1)q_1(n)\\&=1-3q_1(n)+8q_1(n)-1=5q_1(n)\end{aligned}$$

将上述各式联立,我们得到$(8-15q_1(n-1))q_1(n)=1$。也就是说,

$$q_1(n)=\frac{1}{8-15q_1(n-1)}。\qquad(7)$$

引理4:对于一切正整数 n,有

$$q_1(n)=\frac{5^{n-1}-3^{n-1}}{5^n-3^n}。\qquad(8)$$

证明:通过对 n 的归纳,证明 $q_1(n)$满足的公式。

对于 $n=1$,式(8)以最简单的形式 $q_1(1)=0$ 成立。现在,对于一个 $m\geqslant1$ 的整数,如果式(8)对于 $n=m$ 成立,于是我们利用式(7)得到

$$\begin{aligned}q_1(m+1)&=\frac{1}{8-15q_1(m)}=\frac{1}{8-15\frac{5^{m-1}-3^{m-1}}{5^m-3^m}}\\&=\frac{5^m-3^m}{8(5^m-3^m)-15(5^{m-1}-3^{m-1})}=\frac{5^m-3^m}{5^{m+1}-3^{m+1}}。\end{aligned}$$

因此,式(8)对 $n=m+1$ 成立,证明完毕。

由式(8)进一步得

$$q_2(n)=1-3q_1(n)=\frac{2\cdot 5^{n-1}}{5^n-3^n},$$

$$q_3(n)=2q_1(n)=\frac{2\cdot(5^{n-1}-3^{n-1})}{5^n-3^n},$$

$$p_1(n)=5q_1(n)=\frac{5^n-5\cdot 3^{n-1}}{5^n-3^n},$$

$$p_2(n)=\frac{1-p_1(n)}{2}=\frac{3^{n-1}}{5^n-3^n}。$$

其中的最后一个公式与式(6)联立起来就证明了式(4)。

现在我们可以来证明式(1)和式(2)了。引理1与$E_{r\to a}(0)=0$联立起来就意味着

$$\begin{aligned}E_{r\to a}(n)&=\sum_{k=1}^{n}(E_{r\to a}(k)-E_{r\to a}(k-1))\\&=\sum_{k=1}^{n}(5^{k-1}-3^{k-1})=\frac{5^n-2\cdot 3^n+1}{4}。\end{aligned}$$

引理2意味着

$$E_{1\to 3}(n)=\frac{E_{1\to a}(n)}{p_2(n)}=\frac{(3^n-1)(5^n-3^n)}{2\cdot 3^{n-1}}。$$

最后我们来推导式(5),解答益智题$r\to 1$可以看成先解答益智题$r\to a$,而若我们的解没有导致所有圆盘都到第一根柱子上$\left(概率为\frac{2}{3}\right)$,则继续解答益智题$1\to 3$来求解。因此,益智题$r\to 1$中的预期步数为

$$\begin{aligned}E_{r\to 1}(n)&=E_{r\to a}(n)+\frac{2}{3}E_{1\to 3}(n)=\frac{5^n-2\cdot 3^n+1}{4}+\frac{(3^n-1)(5^n-3^n)}{3^n}\\&=\frac{5^{n+1}-2\cdot 3^{n+1}+5}{4}-\left(\frac{5}{3}\right)^n。\end{aligned}$$

3. 通过电阻网络分析益智题1→3

我们现在提出一种完全不同的方法来解答益智题1→3。这种方法依赖于将这道益智题解释为在相应的谢尔宾斯基三角形的两个顶角节点

之间的随机游走，以及电路理论的一个结果。

n 个圆盘的河内塔的谢尔宾斯基三角形的各顶角节点分别对应于所有圆盘都在第1、第2或第3根柱子上的状态，我们将这三种状态标记为 $A(n)$、$B(n)$ 和 $C(n)$。换言之，

$A(n)=(D_n^1,\varnothing,\varnothing)$；$B(n)=(\varnothing,D_n^1,\varnothing)$；$C(n)=(\varnothing,\varnothing,D_n^1)$。

其中 $\varnothing$ 为空集。

无向图上的随机游走由从一条边的一端到这条边的另一端的一系列步骤组成。如果随机游走者当前处于一种状态 S，从该状态可以一步到达 M 个互不相同的状态，那么这位随机游走者下一步将从 S 移动到这 M 个状态中的每一个的概率都是 $\frac{1}{M}$。在 n 盘河内塔的 3^n 个状态中，有 $3n-3$ 个状态的 $M=3$，其他3个状态（即顶角节点 $A(n)$、$B(n)$ 和 $C(n)$）的 $M=2$。

基于多伊尔（P. G. Doyle）和斯内尔（J. L. Snell）的专著[3]，钱德拉（A. K. Chandra）等[2]证明了以下定理。

定理1（平均往返定理）：如果一个无向图上的循环随机游走是从任意顶点 V 开始，访问顶点 W，然后返回到 V，那么其预期步数等于 $2mR_{VW}$，其中 m 是该图中的边数，R_{VW} 是在图中每条边上插入1欧姆的电阻后节点 V 和 W 之间的电阻。

图5.2(a)显示的是单盘河内塔的图，其三条边各插入1欧姆的电阻。状态 A 和状态 C 分别是益智题1→3对于 $n=1$ 的情况的初始状态和最终状态，它们之间有两条并行路径。沿边 $\overline{AC}$ 的直接路径的电阻为1欧姆，先沿 $\overline{AB}$ 边后沿 $\overline{BC}$ 边的间接路径的电阻为2欧姆。因此，从 A 到 C 的总电阻是 $\frac{1\cdot 2}{1+2}=\frac{2}{3}$ 欧姆。由于图中有三条边，因此从 A 到 C 再返回的平均往返时间为 $2\cdot 3\cdot\frac{2}{3}=4$。根据对称性①，平均而言有一半时间花在

① 要证明可交换的往返路段具有相等的平均长度，就要求完全的对称。例如，一个只有两条边 $\overline{FG}$ 和 $\overline{GH}$ 的三顶点图，从 F 到 H 再返回 F 是完全对称的，而从 F 到 G 再返回 F 就不是。通过简单计算可得 $E_{FH}=E_{HF}=4$，但是 $E_{FG}=1$ 而 $E_{GF}=3$。——原注

从 A 到 C,另一半时间花在从 C 返回到 A。因此,对于 $n=1$ 的情况,用随机移动玩河内塔时,从第一根柱子开始,到达第三根柱子所需的平均时间为 $\frac{4}{2}=2$,这与 $E_{1\to 3}(n)$ 的公式(2)在 $n=1$ 时是一致的。

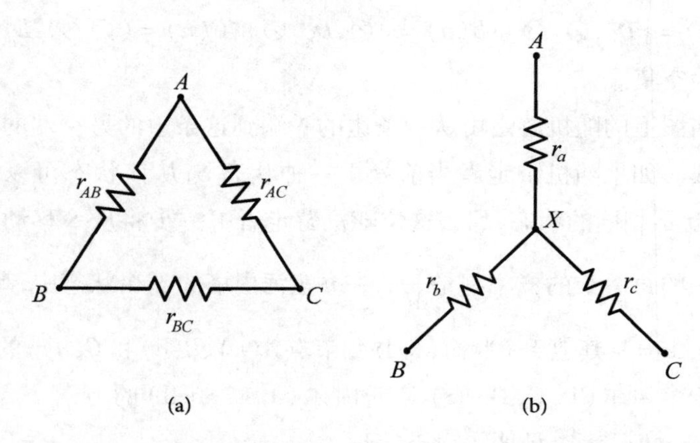

图 5.2 (a)三个电阻构成的△形;(b)三个电阻构成的 Y 形。

我们继续迭代这种方法来推导对于一般的 n 的公式(2)。执行必要迭代的关键是电网理论中经典的△到 Y 形转换[5]。△形是一个顶点为 A、B、C 的三角形,它的 $\overline{AB}$ 边有电阻 r_{AB},$\overline{AC}$ 边有电阻 r_{AC},$\overline{BC}$ 边有电阻 r_{BC}[图 5.2(a)]。对应的 Y 形有同样的三个节点 A、B、C,再加上第四个节点 x 和三条边 $\overline{Ax}$、$\overline{Bx}$、$\overline{Cx}$,它们的电阻分别为 r_a、r_b、r_c。很容易验证,如果

$$r_a=\frac{r_{AB}r_{AC}}{r_{AB}+r_{AC}+r_{BC}},r_b=\frac{r_{AB}r_{BC}}{r_{AB}+r_{AC}+r_{BC}},r_c=\frac{r_{AC}r_{BC}}{r_{AB}+r_{AC}+r_{BC}}, \tag{9}$$

那么图 5.2(a)与图 5.2(b)中的节点 A 与节点 B 之间的净电阻 R_{AB} 是相同的。对于节点 A 与节点 C 之间的净电阻 R_{AC}、节点 B 与节点 C 之间的净电阻 R_{BC} 也有同样的情况。

我们只需要考虑特殊情况

$$r_{AB}=r_{AC}=r_{BC}=R,$$

在这种情况下

$$r_a=r_b=r_c=\frac{R}{3}。$$

特别是当 $R=1$ 时,我们有 $r_a=r_c=\frac{1}{3}$,因此由图 5.2(b)得到 $R_{AC}=\frac{2}{3}$,与我们之前考虑图 5.2(a)中从 A 到 C 的两条并行路径所得的结果相同。

定理 2(△到 Y 形归纳):每根分支上有一单位电阻的 n 盘河内塔,为了确定三个顶角节点 $A(n)$、$B(n)$、$C(n)$ 中的任意两个之间的电阻,可以将其状态图转换成一个简单的 Y 形,其中 $A(n)$、$B(n)$、$C(n)$ 都通过一根链路连接到一个中心点,而每根链路都包含一个用 $R(n)$ 表示的共有电阻度。

证明:我们通过对 n 的归纳来证明定理 2,我们已经证明了在 $n=1$ 的情况下,它是成立的,$R(1)$ 的阻值是 $\frac{1}{3}$ 欧姆。现在我们来证明,如果定理 2 对某个正整数 n 成立,那么它对于 $n+1$ 也成立。

如前所述,$n+1$ 个圆盘的河内塔的状态转换图是通过以下方式获得的:生成三个完全一样的 n 个圆盘的河内塔状态图,它们的顶角节点分别是

$\{A_1(n),B_1(n),C_1(n)\}$,$\{A_2(n),B_2(n),C_2(n)\}$,$\{A_3(n),B_3(n),C_3(n)\}$,然后添加三根桥接链路:一根在 $B_1(n)$ 与 $A_2(n)$ 之间;另一根在 $C_1(n)$ 与 $A_3(n)$ 之间;第三根在 $C_2(n)$ 与 $B_3(n)$ 之间[图 5.3(a)]。所得结果的图中的顶角节点为

$$A_1(n)=A(n+1),B_2(n)=B(n+1),C_3(n)=C(n+1),$$

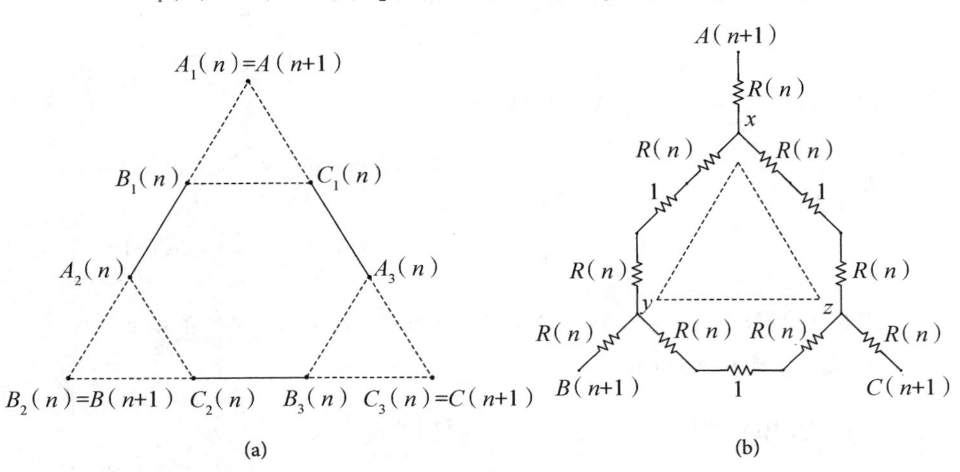

图 5.3 (a)状态过渡图;(b)$n+1$ 个盘的河内塔对应的电阻网络。

这是 n 个圆盘的河内塔状态图中仅有的三个没有任何桥接链路关联的节点。当应用定理 1 时,还必须在这三根桥接链路中的每一根中插入 1 单位电阻,就像图中的其他每根链路一样。根据归纳假设,$\{A_1(n), B_1(n), C_1(n)\}$ 中的任意两个节点之间的电阻都可以使用一个 Y 形来计算,该 Y 形由它们到中心点(称为 x)的链路组成,这些链路中的每一根都具有电阻 $R(n)$。$\{A_2(n), B_2(n), C_2(n)\}$ 中的任意两个节点以及 $\{A_3(n), B_3(n), C_3(n)\}$ 中的任意两个节点也是如此,将它们的中心点分别称为 y 和 z。进行这三个△到 Y 形转换可得到图 5.3(b)。请注意,图中的三角形 $\overline{xyz}$ 是一个△,其每条边的电阻为 $R(n)+1+R(n)=2R(n)+1$。对这个△网络应用△到 Y 形转换得到图 5.4 所示的 Y 形网络。这个 Y 形中的每一根链路都具有相同的电阻,即,

$$R(n+1)=R(n)+\frac{2R(n)+1}{3}=\frac{5R(n)+1}{3}。\tag{10}$$

定理 2 得证。

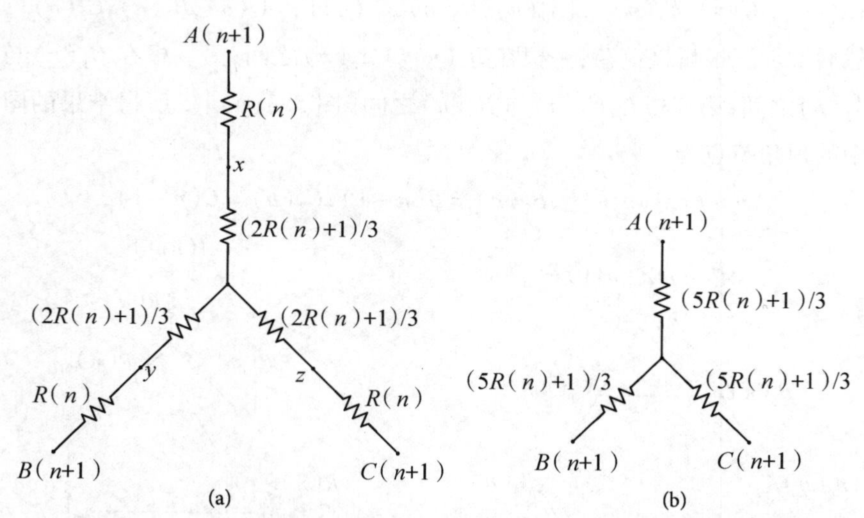

图 5.4 (a)$n+1$ 盘河内塔的单 Y 形状态过渡图;(b)其更简单的 Y 形简化形式,每根链路中的电阻为 $\frac{5R(n)+1}{3}$。

由式(10)和边界条件 $R(1)=\frac{1}{3}$ 得到关键结果:

$$R(n)=\frac{5^n-3^n}{2\cdot 3^n}。\tag{11}$$

n 盘河内塔状态转换图中的边数 m_n 为

$$m_n=\frac{(3^n-3)\cdot 3+3\cdot 2}{2}=\frac{3}{2}(3^n-1)。$$

根据平均往返定理和从 A 到 C 及从 C 到 A 的随机游走的对称性可得，对 n 盘河内塔进行随机移动使其所有圆盘从第一根柱子转移到第三根柱子，所需的平均移动次数为

$$m_n\cdot R_{AC}(n)=m_n\cdot 2R(n)=\frac{(3^n-1)(5^n-3^n)}{2\cdot 3^{n-1}},\tag{12}$$

这与益智题 1→3 中的平均移动次数 $E_{1\to3}(n)$ 的公式(2)是一致的。

4. 讨论

解答 $n=64$ 个圆盘的河内塔问题所需的最少移动次数"仅"为 $2^{64}-1=18\,446\,744\,073\,709\,551\,615$。由于常常有人声称僧侣拥有超人的能力，也许他们可以快速移动圆盘，也许他们可以一微秒一次，甚至可能一纳秒移动一次，而现在地球随时都可能灭亡。这在一定程度上推动了大家采用河内塔的随机移动[1]。

由式(12)可知，用随机游走代替最少移动策略，平均而言将世界末日提前了约 $\left(\frac{5}{2}\right)^{64}>2.9\times10^{25}$ 倍。虽然这已经很令人宽慰了，但是如果知道 $n=64$ 个圆盘的益智题 1→3 中的随机步数变异系数很小（即其标准差比其均值小很多），我们还是倍感安慰。确定上述变异系数是一个有待进一步研究解决的问题。

斯托克梅耶(Paul Stockmeyer)编纂了一份全面的参考书目[8]，其中包括关于河内塔益智题及其变化形式的大约 370 篇数学文章。在复查本文时，我们注意到了吴(S. Wu)等[10]的工作，他们提出了类似的想法，即通过电阻网络分析谢尔宾斯基三角形中的随机游走。对于有三根以上柱子的广义河内塔，文献[4]在一定程度上探究了它的各种特性及其状态转换图。

致谢

感谢 OEIS[9] 的创建者和管理者斯隆(Neil J. A. Sloane)。斯隆对本研究的兴趣,以及他的 OEIS 的存在,将我们彼此联系了起来,并使我们与更广泛的河内塔研究界产生了联系。我们也要感谢阿加涅佐夫(Sergey Aganezov)和邢(Jie Xing)在图形制作方面提供的帮助。

本文第一作者受到美国国家科学基金会资助,资助号为 IIS-1462107。

参考文献

[1] T. Berger. Lucas, Sierpinski, Markov, Shannon and the end of the world, Invited Presentation in the David Slepian Memorial Session, Information Theory and Its Applications (ITA 2008), University of California, San Diego, January 2008.

[2] A. Chandra, P. Raghavan, W. L. Ruzzo, R. Smolensky, and P. Tiwari. The electrical resistance of a graph captures its commute and cover times, in *Proceedings of the 21st Annual ACM Symposium on the Theory of Computing*, Seattle, May 1989. ACM Press, New York, 1989.

[3] P. G. Doyle and J. L. Snell. *Random Walks and Electrical Networks.* Mathematical Association of America, Washington, DC, 1984.

[4] A. M. Hinz, S. Klavžar, U. Milutinović, and C. Petr. *The Towers of Hanoi—Myths and Maths.* Birkhäuser, Basel, 2013.

[5] A. E. Kennelly. Equivalence of triangles and stars in conducting networks. *Electrical-World Engineer* **34** (1899) 413 - 414.

[6] E. Lucas. *Recreations Mathematiques*, *Volume III*, Gauthiers-Villiars, 1893. Reprinted by Albert Blanchard, Paris.

[7] R. L. Ripley. *The New Believe It or Not Book—2nd Series.* Simon and Schuster, New York, 1931.

[8] P. K. Stockmeyer. The Tower of Hanoi: A bibliography, Version 2.2, 2005. http://www.cs.wm.edu/~pkstoc/biblio2.pdf.

[9] The OEIS Foundation. *The Online Encyclopedia of Integer Sequences*, 2015. http://oeis.org.

[10] S. Wu, Z. Zhang, and G. Chen. Random walks on dual Sierpinski gaskets. *Euro. Phys. J. B* **82**, No. 1 (2011) 91 - 96.

六、与翻折四边形相关的群

贝耶尔、雅克尔

当你的纸太大,没法夹进笔记本时,你会怎么做?如果你是数学家斯通(Arthur Stone),你可以将纸边裁掉,从而使它大小合适,然后用裁下的纸条创作出一种叫作翻折形(flexagon)的神奇物体。翻折形诞生于1939年,是一种典型的平面折叠纸制品,具有一些隐藏的面。折叠的作用相当于铰链,必须沿多个轴同时操作,从而使翻折形的各个表面互换位置。这个过程被称为"翻折动作",它隐藏了对象原来的表面,使其他表面变得可见。理解翻折形的最有效方法是构造一个,并用它练习折叠。没有这方面经验的读者可以按照文献[2]或文献[4]中的说明制作流行的三面翻折六边形,或者观看哈特(Vi Hart)的视频[3]。由于翻折能很好地作用于有形物体,因此我们自然会产生这样的疑问:这些翻折的集合是否构成一个群?事实上,我们要问的是:如果我们将具有翻折动作的翻折形的形状所对应的二面体对称包括在内,我们是否会得到一个群?

对这些问题的研究始于三面翻折六边形,这是一种由三角形构成的翻折形,它有三个面呈六边形。1972年,佩德森(Jean Pederson)指出,三面翻折六边形有一个与整数模3同构的对称群[6]。不过,她在1997年与希尔顿(Hilton)、沃尔泽(Walser)合作发表在《数学杂志》(*Mathematics Magazine*)上的一篇论文中,将这一初始群扩大为三面翻折六边形的最大对称群。这个新的群有36种对称性,并证明是18个元素的二面体群[4]。六面翻折六边形是下一步探究其群结构的翻折形。这个翻折形也是由三角形构成的,它也呈六边形,但是它有六个面,这就使它更为复杂。贝尔科夫(Berkove)和杜蒙特(Dumont)2004年也在《数学杂志》上发表了一篇文章,表明六面翻折六边形在它们的动作集合上不允许群结构,至少与以旧方法处理的翻折形相关的群是如此[1]。通过这种方法,贝尔科夫和杜蒙特进一步指出,大多数翻折形也不允许有群结构。

对贝尔科夫和杜蒙特的这条令人震惊的负面结论,我们决定通过关注这些动作本身的数学编码来研究群与翻折形之间的关联。例如,我们研究了一个简单的翻折四边形，它是正方形的，由贝尔科夫和杜蒙特通过折叠一个闪电形的正方形网格所构造[1]。他们指出，它的相关群是整数模4。我们使用类似于希尔顿、沃尔泽和佩德森所采用的技巧，但是使用不同于贝尔科夫和杜蒙特的数学编码方法，已经找到了这个翻折四边形的完整动作群。这个动作群的阶数远大于4。这是意料之中的，因为增加了正方形的对称性，但是它仍然有着令人惊讶的复杂性！

在本文中，我们会介绍这个例子，以及翻折四边形的动作所允许的其他几个群。这些翻折四边形给出了丰富的群结构。这对于如此简单的物体而言是意料之外的。我们采用生成元以及关系的方法来确定对应于每个翻折形的适当群。对于每个例子，我们会给出结构图，讨论我们在数学处理上的选择，将我们的选择与以前的文献进行比较，并报告相关的群。每个例子在生成元分配中使用略有不同的选择，旨在抓住翻折形本身形状特性的不同方面。虽然我们已经发现了某种漂亮的结构，但是要实现许多翻折四边形的群仍然困难重重。我们会指出这些挑战，以期这个话题能继续超越本文的内容。

1. 翻折形基础

翻折形这个术语是指用纸条网格折叠而成的物体中的任何一种，这个物体在恰当地折叠和打开时，会显现出之前隐藏的面。有关成为翻折形所要求的细节，请参阅普克(Pook)的书[7]。最熟知的例子是三面翻折六边形。它们是扭转了三次后被压扁成六边形的莫比乌斯带。如前所述，它们可以简单地由一根折成三角形的纸条制成。“tri-hexaflexagon”(即三面翻折六边形)这个名字中的前缀“tri”表示翻折形本身有三个面(其中一个面是隐藏的，直到翻折之后才显示出来)，而“hexa”则表示六边形。三面翻折六边形的构造指南可以在前面提到的参考文献中找到。在这一章中，我们将话题限制在不那么有名的正方形翻折四边形家族范围内。

一般而言，当给定折叠方向和网格的形状时，构造一个基本的翻折形是很容易完成的。其中的网格是指一个由多边形构成的二维连通的排布，将它折叠后会构造出一个翻折形。为了使指导折叠的过程更容易，我们按

照图 6.1 所示的方式来标记每个正方形。由于翻折形几乎不能保持取向,所以指明这些标记的方向是很重要的。如果文本不是正常印刷的方向,那么就用符号“ - ”来指示文本的底线。例如,“A”表示正常印刷方向,而“$\overline{A}$”表示一个倒置的 A,“|A”表示顺时针方向旋转了 90°的 A。本文网格中的所有标记都是以印刷或倒置的方向开始的,如图 6.1 所示。此刻这些标记可能看起来很奇怪,但在翻折形成形以后,如此选择的原因就会很清楚了。

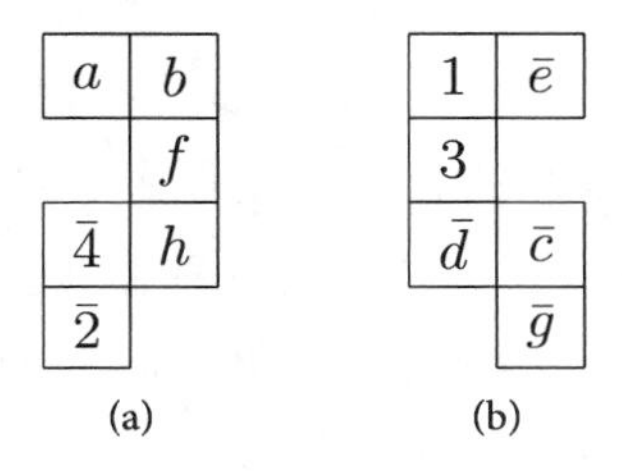

图 6.1 (a)小蛇网格;(b)它的反面。

不同的作者采用了不同的方法来说明如何从一个给定的网格开始,通过折叠和用胶带固定制成一个翻折形。其中大多数方法指示了要完成的折叠步骤。不过,我们选择了一种不同的技巧,对翻折形本身的最终折叠进行清晰的编码,而不是列出步骤。一个完成的翻折四边形会是一个有四个象限的正方形。每个象限称为一块(pat)。在本文中,如文献[1]中所假设,同一条对角线上的两块具有相同的厚度。我们使每个象限与一串字符相关联,该字符串给出这一块的布局。网格中的一个正方形将用$\frac{p}{q}$表示,其中 p 是出现在正方形正面的标记,q 是反面的标记。符号“ > ”表示左边的正方形压在右边的正方形的上方。例如,$\frac{a}{\overline{e}} > \frac{g}{2}$表示正面是 a,反面是倒置的 e 的正方形压在正面是 g、反面是 2 的正方形的上方。因此,当从方向如图 6.1 所示的网格开始时,为了创建这个翻折形,需要将正面为 $\overline{g}$ 的正方形折叠(使之成为一个 g)并将其对齐到标有 $\overline{e}$ 的正方形上。现在必须将这个翻折形翻过来,从而使 g 在 $\overline{e}$ 的下方,而不是在它的上方。将象限 Q 按照 Q2◇Q1◇Q3◇Q4 的顺序排列。在大多数情况下,这将为折叠提供唯一信息，于是折叠者只剩一个小难题尚待解决。

例1：图6.1中的网格的折叠方式是

$$\frac{a}{\bar{e}}>\frac{g}{2}\diamond\frac{b}{1}\diamond\frac{c}{4}\diamond\frac{d}{\bar{h}}>\frac{f}{3}。$$

为了清楚地理解这种情况，请注意获得这个简单翻折形的最容易的方法是：(i)沿着正方形 d 和3之间的线进行山形折叠，这样就会将正方形 $\bar{h}$ 置于正方形 f 的上方；(ii)将标有 g 的正方形塞到标有 a 的正方形下方，从而将 $\bar{e}$ 置于 g 的上方。最后，将正方形 a 的顶部与其下面的正方形的顶部用胶带固定。一位专业的翻折形制作者会注意到，只需在这个地方用胶带固定，就能构造出一个既不分开又能翻折的物体。

请注意，我们使用的一行表示法所提供的信息比折叠本身更多，这就是为什么这种方法在探究中特别有用。

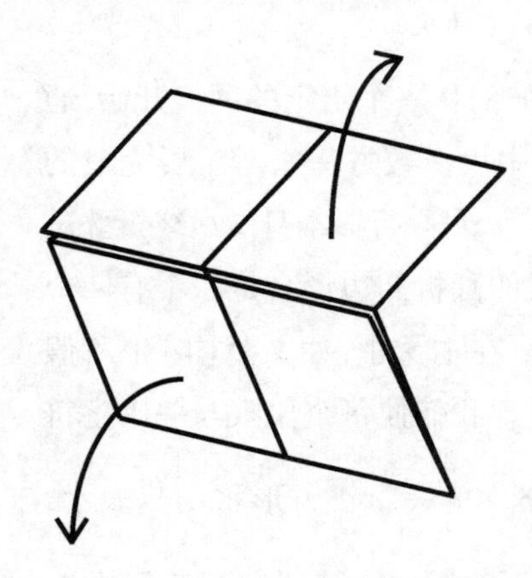

图6.2　沿 x 轴向下的一次翻折。要完成这一翻折，请用手拿住翻折形的Q1和Q3象限，再转动拿住象限Q1的手沿箭头所指方向离开你，转动拿住象限Q3的手沿箭头方向转向你。新制成的翻折形可能会卡住，用力将它拉开。

既然我们有了一个翻折形，就必须翻折它来寻找一些隐藏着的面。按照例1的指示产生的翻折形(使它的方向为 a、b、c、d 在上方)只能以一种方式翻折。将四块看成四个象限，有一根水平平分该翻折形的 x 轴，还有一根垂直平分该翻折形的 y 轴。沿着 x 轴向下折叠翻折形，如图6.2所示。现在打开这个翻折形，就会呈现出一个新的面，上面的标记为 $efgh$(按照Q2、Q1、Q3、Q4的顺序读)。我们将这种翻折称为沿 x 轴向下翻折。如果你试着对你的翻折形再做一次沿 x 轴向下翻折，就会发现这是不可能完成的，因为 f 和 h 这两个正方形是连在一起的。当两个正方形以这种方式连接在一起时，就形成了所谓的桥。不过，从这个翻折形的当前位置开始，有可能完成一个沿 x 轴向上翻折。沿 x 轴向上翻折是绕着水平中心线向上折叠，而不是向下折叠。做这一翻折会使你的翻折形恢复到它的初始状态 $abcd$。请注意,有些文章将这些翻折称为笔记本电脑式翻折[1]。通常,翻折四边形也允许沿 y 轴翻折。我们称之为沿 y 轴向下翻折和沿 y 轴向上翻折,它们的操作原理与沿 x 轴翻折相似。请注意,例 1 中的翻折形不允许任何沿 y 轴翻折。沿 y 轴翻折有时被称为书本式翻折[1]。你可能会注意到,翻折会以一种可预见的方式改变各块的厚度。因此,翻折并不是翻折形的真正对称。相反,我们讨论对翻折形所作的动作构成的群,其中的动作可能包括对称、翻折或两者的组合。

记录翻折如何在翻折形的各种状态之间变化是很有用的。为此,我们创建一个结构图。这个图的各节点表示可以从起始位置利用翻折到达的翻折四边形各面。箭头表示到达下个状态前的向下翻折。在可能的情况下,我们用水平箭头表示沿 x 轴翻折,用竖直箭头表示沿 y 轴翻折。例 1 中制作的翻折形的结构图如图 6.3(a)所示。隐藏这些图中的某些细节通常对你会有所帮助。简化后的图称为简单结构图,其构成的方式是隐藏 x 标记和 y 标记,并用节点代替翻折形的各种状态。图 6.3(b)展示了这个过程。

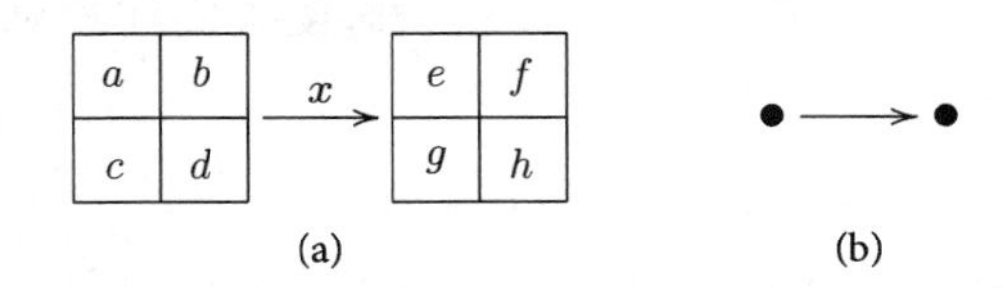

图 6.3 (a)小蛇结构图;(b)简化图。

有时一张结构图可能会构成一个完整的正方形,如图 6.4 所示。在这种情况下,我们删除所有箭头,并在图的中心放置一个弯曲箭头来指示使用向下翻折的行进方向,从而进一步简化了这张图。

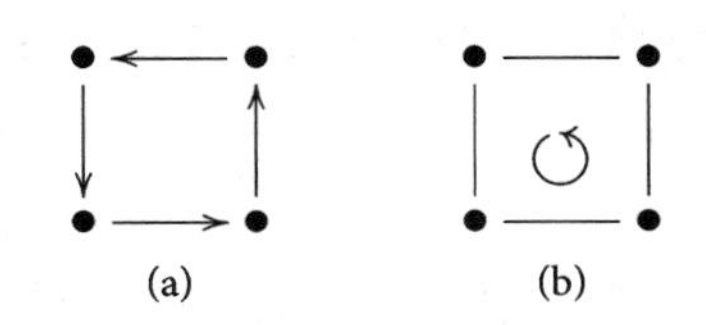

图 6.4 (a)箱形结构图;(b)简化图。

本文的其余部分将致力于讨论一些例子及其群。我们从翻折四边形最基本的内容开始。

2. 一种简单的情况

我们称之为“小蛇”的最简单翻折四边形如图 6.2 所示,并在例 1 中进行了详细说明。在普克的书中也能找到它[7]。机敏的折叠者会意识到,存在着另一个由相同网格构造的翻折四边形,其行为与这个翻折形完全相同。这两种折叠方式互为镜像。若翻折形具有这种关系,则它们被称为对映异构(enantiomorphic)。例 1 中的翻折形结构图如图 6.3 所示。

我们现在试图来搞清楚这个翻折形的对称群。从这个翻折形的任何状态开始,都可以执行恰好一次翻折。这里用 z 表示一个对应于任意翻折的群元素。于是我们看到 $z^2=e$,这是因为 $z(abcd)=efgh$ 和 $z(efgh)=abcd$。请注意,$z^2=e$ 意味着 $z=z^{-1}$,这在这个翻折形中是有意义的,因为任何翻折都可以通过简单的再次翻折来撤销。细心的读者会注意到,标记为 1、2、3 和 4 的正方形的那一面尚未出现。要看到这些隐藏的正方形,就必须将这个翻折四边形翻过来。我们选择沿 y 轴来翻转并将其表示为 f。请注意,实际上 $f(abcd)=1234$。这使我们注意到必须在动作群中包含

$$D_4=\langle r,f \mid f^2=r^4=e,frf=r^3\rangle。$$

观察表明,f 和 r(逆时针旋转 90°)与 z 是可交换的,因此,当以此方式对这些动作进行数学处理时,就得出小蛇的对称群是 $\mathbb{Z}_2\times D_4$。

3. 子正方形问题

现在我们来考虑普克的书中的一个有趣的阶梯网格[7],它的标记如图 6.5(a)所示。这个网格的折叠方法由下式给出:

$$\frac{a}{2}\diamond\frac{b}{6}>\frac{5}{\bar{e}}>\frac{g}{1}\diamond\frac{c}{7}>\frac{8}{\bar{h}}>\frac{f}{4}\diamond\frac{d}{3}$$

(沿着 y 轴上端用胶带固定 1 和 2 这两个正方形)。其简化结构图如图 6.5(b)所示。

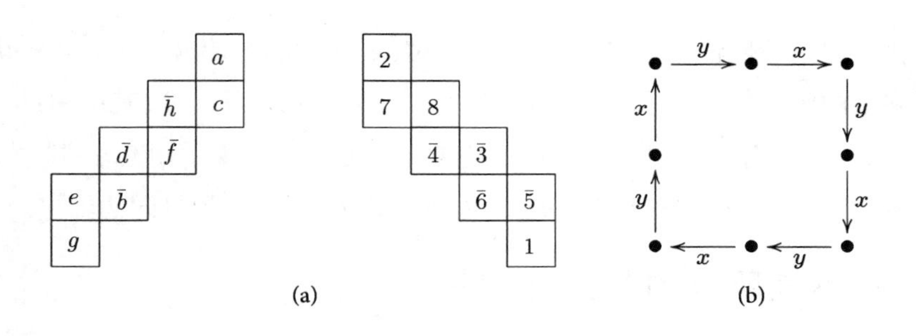

图 6.5　(a)标记的阶梯网格;(b)结构图。

这张图是一个循环,这个事实立即使我们高兴起来,因为看起来这个翻折形很可能有一个群结构。普克在他的书中声称这个翻折形有四个面,形成一个四段循环。要理解这一点,请想象一下把每个面都涂上一种颜色。例如,将包含 a、b、c、d 的那一面涂成蓝色,将包含 1、2、3、4 的那一面涂成橙色等。这样做需要四种颜色,也就是四个面。对于这个翻折形,每个状态确实只能执行一次向下翻折。从现在开始,当每种状态只有一个可能的向下翻折时,我们可以用符号 z 来表示向下翻折。那么显而易见,$z^4=e$,得出的群是$\mathbb{Z}_4$。

通过更仔细的观察会发现更多的微妙之处。从状态 $abcd$ 开始,执行四次翻折得到 $\bar{d}\bar{c}\bar{b}\bar{a}$。虽然我们看到这个状态仍然会是蓝色的,但它不是我们开始看到的状态。这说明注意子正方形的排布是很重要的。观察子正方形的排布可以发现,实际上存在着八个面,如结构图所示。因此,我们得到 $z^8=e$,而有可能受到误导而假设我们的群是$\mathbb{Z}_8\times D_4$ 或$\mathbb{Z}_8\rtimes D_4$,这取决于 D_4的元素是否与$\mathbb{Z}_8$ 可交换。

详细的探究表明,一些预期的关系确实成立,如 $fr=r^3f$,还有一些不那么明显的关系也成立,如 $rz=zr$, $z^4=r^2$,$fz=z^7f$ 及 $zf=z^4fz^3$。$z^4=r^2$ 这一关系尤为重要,因为它表明 D_4的生成元与元素 z 紧密相连。要揭示这个翻折形的群,要仔细地选择生成元 rz^2、z^3 和 f,而不是标准生成元。这些群元素的阶分别是 2、8 和 2。现在,f 和 rz^2是可交换的,但 $fz^3=z^5f=(z^3)^7f$。由于 f 与生成元 z^3不可交换,因此直积不是将群$\langle z^3\rangle$和$\langle f\rangle$结合起来的适当方法。幸运的是,半直积(记作$\rtimes$)允许群以非交换的方式结合在一起。请回忆一下，$G \rtimes_\phi H$ 由有序对 (g, h) 构成，其中 $g \in G, h \in H$，而乘法的定义使 $(g_1, h_1)(g_2, h_2) = (g_1\phi(h_1)(g_2), h_1h_2)$，其中 $\phi: H \to Aut(G)$[5]。因此，这里的动作群是出乎意料的 $\mathbb{Z}_2 \times (\mathbb{Z}_8 \rtimes_\phi \mathbb{Z}_2)$，其中同态 $\phi: \mathbb{Z}_2 \to Aut(\mathbb{Z}_8)$ 通过定义 $\phi(1)$ 为将 1 映为 7 的 $\mathbb{Z}_8$ 的自同构给出。

4. 并不是所有的翻折都相等

下一个翻折形例子有一个简明易懂的桥构形，因为其中的各对桥没有发生相互缠绕。这个例子出现在贝尔科夫和杜蒙特[1]以及普克[7]的文章中。我们结合图 6.6 中的结构图来说明它。这个网格的折叠方式由下式给出：

$$\frac{a}{7} > \frac{\bar{5}}{\bar{e}} \diamond \frac{b}{2} > \frac{1}{\bar{f}} \diamond \frac{c}{3} > \frac{4}{\bar{g}} \diamond \frac{d}{6} > \frac{\bar{8}}{\bar{h}}$$

（将 b 的右边与 $\bar{f}$ 用胶带固定）。

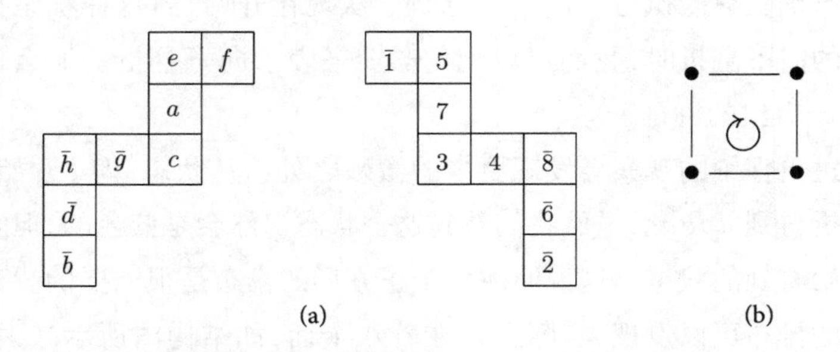

图 6.6 (a)已标记的闪电网格；(b)它的结构图。

同样，这张结构图只是一个简单的循环。与前一个例子一样，将所有向下翻折视为相等的，就得到 $z^4 = e$，从而验证了贝尔科夫和杜蒙特的观点，即这些翻折给出群 $\mathbb{Z}_4$。然而，我们注意到，仅将所有翻折表示为 z 就掩盖了水平和垂直翻折之间的物理差异。此外，我们想扩大这个群，使其包括来自 D_4 的对称。

将 x 和 y 指定为对应的沿 x 轴向下翻折和沿 y 轴向下翻折的群生成元会导致群定义中的封闭性成为一个问题。与前面的几个例子一样，任何特定状态只能执行一次向下翻折。此外，这些翻折都不能连续执行一次以上。因此,加上 $x^2=e=y^2$ 这些关系是很自然的,从而得到 $x=x^{-1}$ 和 $y=y^{-1}$。不过,这些并非不合理,因为沿 x 轴向下翻折的逆操作是沿 x 轴向上翻折,沿 y 轴向下翻折的逆操作是沿 y 轴向上翻折,正如我们在小蛇那个例子中观察到的那样。因此,没有 D_4 对称性的动作群是由 x 和 y 生成的,遵循 $x^2=y^2=e=(xy)^2$。$(xy)^2=e$ 这一关系可以从结构图中看出。仔细推敲这个关系会发现 $xy=yx$,从而揭示了由 x 和 y 生成的子群与克莱因四元群同构。

我们注意到,在这个翻折形中,翻折不会混合子正方形。因此,与阶梯那个例子不同,包含 D_4 不会导致与 x 和 y 的任何关系的瓦解。请注意,f 与 x 和 y 都是可交换的,这意味着由 f 给出的共轭是平凡的。我们对读者强调一下,x 在等式 $fx=xf$ 的一边时表示向上翻折,而在另一边时则表示向下翻折。y 的情况与此类似。这是前后一致的记号,因为我们确定了沿 x 轴向下翻折(或简称 x)就等于沿 x 轴向上翻折(或简称 x^{-1})。由 r 给出的共轭不是平凡的,但是很容易看出 $rxr^3=y$。因此这个翻折形的动作群是由 $(\mathbb{Z}_2\times\mathbb{Z}_2)\rtimes_\phi D_4$ 给出的,其中 $\phi(f)$ 是单位自同构,而 $\phi(r)$ 是 $\mathbb{Z}_2\times\mathbb{Z}_2$ 的自同构,它将第一个 $\mathbb{Z}_2$ 的生成元 x 映为第二个 $\mathbb{Z}_2$ 的生成元 y,反之亦然。

5. 哈密顿循环是不必要的

我们在这里遇到了一个例子,在其中可以对一个状态同时执行沿 x 轴向下翻折和沿 y 轴向下翻折。这就引出了对翻折作数学处理的问题。图 6.7 所示的是大蛇网格,详见文献[7]。以下描述表明了它的折叠方式:

$$\frac{f}{r}>\frac{q}{a}>\frac{b}{\overline{m}}\diamond\frac{e}{l}>\frac{\bar{j}}{\overline{n}}\diamond\frac{h}{i}>\frac{\bar{k}}{\overline{o}}\diamond\frac{g}{s}>\frac{t}{d}>\frac{c}{\overline{p}}$$

(将 h 的底边与 $\bar{o}$ 用胶带固定)。这一次,如图 6.8 所示,结构图不是一个循环。这立即引发了关于群封闭性和群元素的阶的一些问题。在前面的几个例子中,允许 x 和 y 分别对应于沿 x 轴向下翻折和沿 y 轴向下翻折以及使用关系 $x^2=y^2=e$ 是有意义的,因为没有任何翻折动作可以连续重复两次。然而，在这个翻折形中，可以连续进行两次沿 y 轴向下翻折。但是请注意，与状态 $abcd$ 相关的两个沿 y 轴翻折以完全不同的方式发挥作用。使 $fehg$ 变为 $abcd$ 的沿 y 轴翻折将翻折形从一个沿 x 轴翻折得出的状态变为允许进行一次沿 x 轴翻折的状态。这和结构图另一边的 y 的作用方式是一样的。现在，从 $abcd$ 开始的沿 y 轴翻折，将一个沿 y 轴翻折得出的状态变为一个只允许反向的沿 y 轴翻折的状态。我们称这个末态 $qrst$ 为一个死态。这些基本差异为将两个不同的群生成元分配给两个沿 y 轴向下翻折提供了一个自然的理由，正如图 6.8 中右边的简化结构图那样。

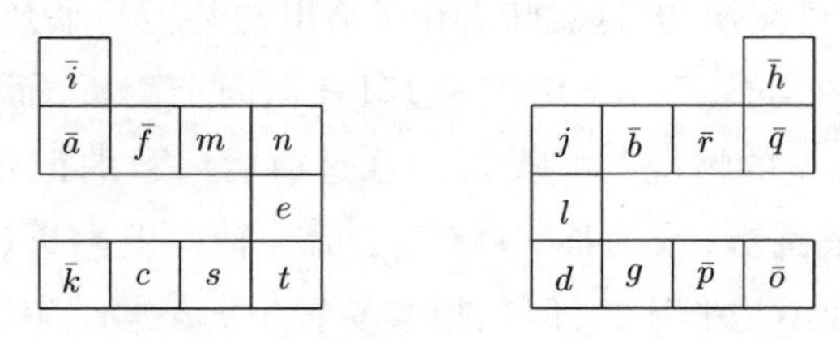

图 6.7　已标记的大蛇网格。

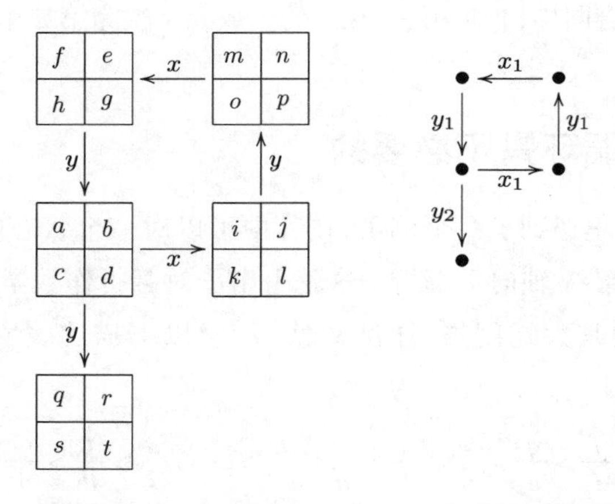

图 6.8　大蛇结构图（对于图 6.7 中的网格）。

群生成元 x_1 是沿 x 轴向下翻折。因此我们有群生成元 x_1、y_1、y_2。经过这样重新命名，可以避免连续进行两次相同的翻折，并且使得 ${x_1}^2 = {y_1}^2 = {y_2}^2 = e$ 也有意义。我们容易证明 x_1 和 y_1 是可交换的。y_1 和 y_2 是可交换

的，但这一点并无意义，因为没有任何状态同时允许 y_1y_2 和 y_2y_1 作用于它。和前面一样，下一步要考虑二面体群与这些生成元之间的组合动作。很明显，f 和 x_1 是可交换的。类似地，对于 $i=1, 2$，有 $fy_i=y_if$。请记住，y_2 在等式的一边时表示向下翻折，而在另一边时表示向上翻折。不过，由 r 给出的共轭却产生了一些意想不到的结果。请注意，$rx_1r^3=y_1$，而 $ry_1r^3=x_1$，这是翻折四边形的一个典型扭转。理解元素 ry_2r^3 要复杂得多。请认识到，旋转状态 $abcd$ 会给出状态 $bdac|$。从这个状态来看，只有一种可能的沿 y 轴翻折，如图 6.9 所示。

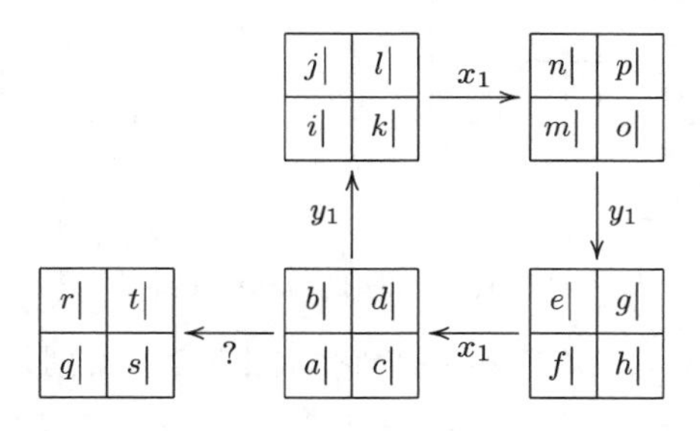

图 6.9　与状态 $bdac|$ 相关的翻折。

但是在旋转了状态 $abcd$ 之后会出现一个新的沿 x 轴翻折动作，其在图 6.9 中被标记为一个问号。由于这个新的沿 x 轴翻折基本上是由 y_2 的旋转产生的，因此将这个动作称为 x_2。现在很容易验证 $ry_2r^3=x_2$。同样，由 r 给出 x_2 的共轭得到 y_2。前面的那些关系也自然扩展到了 $x_2: {x_2}^2=e$，并且 x_2 与 x_1、y_1、y_2、f 是可交换的。

此时，我们已经知道了动作群。有四个 2 阶的可交换生成元，再加上一些典型的二面体生成元。因此这个群是 $(\mathbb{Z}_2\times\mathbb{Z}_2\times\mathbb{Z}_2\times\mathbb{Z}_2)\rtimes_\phi D_4$，其中 $\phi: D_4\to Aut(\mathbb{Z}_2\times\mathbb{Z}_2\times\mathbb{Z}_2\times\mathbb{Z}_2)$ 是如下定义的自同构。映射 $\phi(f)$ 是单位元，而映射 $\phi(r)$ 是 $\mathbb{Z}_2\times\mathbb{Z}_2\times\mathbb{Z}_2\times\mathbb{Z}_2$ 的自同构，它将这些 $\mathbb{Z}_2$ 中的两对生成元互换。如果我们假设生成元分别是 x_1、x_2、y_1、y_2，那么 $\phi(r)$ 使第一个和第三个 $\mathbb{Z}_2$ 的生成元互换，也使第二个和第四个 $\mathbb{Z}_2$ 的生成元互换。

6. 并不是所有的翻折都是可交换的

翻折形的最后这个例子是由图 6.10 中标记的环形网格构建的。这个例子表明了二面体群中的翻转并不总是与翻折动作有很好的组合关系。折叠产生的是贝尔科夫和杜蒙特所称的十字路口[1]。这种折叠的编码为:

$$\frac{1}{\bar{n}} > \frac{\bar{m}}{\bar{i}} > \frac{k}{\bar{5}} \diamond \frac{2}{h} > \frac{\bar{f}}{b} > \frac{a}{\bar{6}} \diamond \frac{3}{e} > \frac{\bar{g}}{c} > \frac{d}{\bar{7}} \diamond \frac{4}{\bar{o}} > \frac{\bar{p}}{\bar{l}} > \frac{j}{\bar{8}}$$

(将 4 的右边与 p 所在的正方形用胶带固定)。

$\bar{b}$	$\bar{a}$	$\bar{1}$	i
2			k
j			3
l	$\bar{4}$	$\bar{d}$	$\bar{c}$

m	n	6	f
$\bar{5}$			h
e			$\bar{8}$
g	7	o	p

图 6.10 已标记的环形网格。

此时的结构图如图 6.11 所示,它与图 6.7 中的那个大蛇例子不同,它不仅是闭合的,而且是一个欧拉循环。出于明显的原因,结构图上与 1234 那一面对应的点称为十字路口点(crossroad point)。

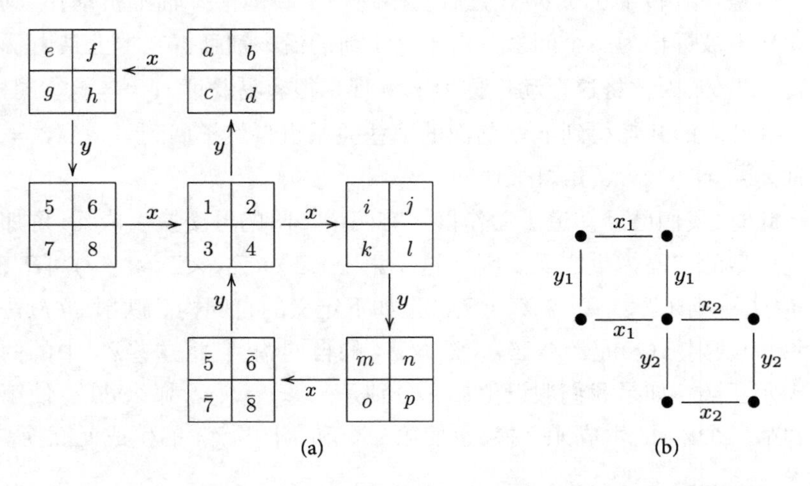

图 6.11 (a)详细的环形网格结构图;(b)简化的环形网格结构图。

尽管这一结构图看上去相对漂亮,但也立即提出了一项挑战。有时

可以进行两次沿 x 轴向下翻折,而其他时候只能进行一次沿 x 轴向下翻折。令人高兴的是,这里又有一种自然的方式来拆分和重新标记这些 x。我们用群元素 x_1 和 y_1 来表示上面那个环的沿 x 轴翻折和沿 y 轴翻折,用 x_2 和 y_2 来表示下面那个环沿 x 轴翻折和沿 y 轴翻折,如图 6. 11 所示。考虑与这个十字路口状态相关的两个沿 x 轴翻折。很明显,一个 x 使这个翻折形变为下面这个环中的状态,而另一个 x 的逆操作使这个翻折形变为上面这个环中的状态。此外,绕着这两个环的运动方向也不同,如图 6. 12(a)所示。这一发现使我们选用以下自然的方式来对这些动作进行数学处理。

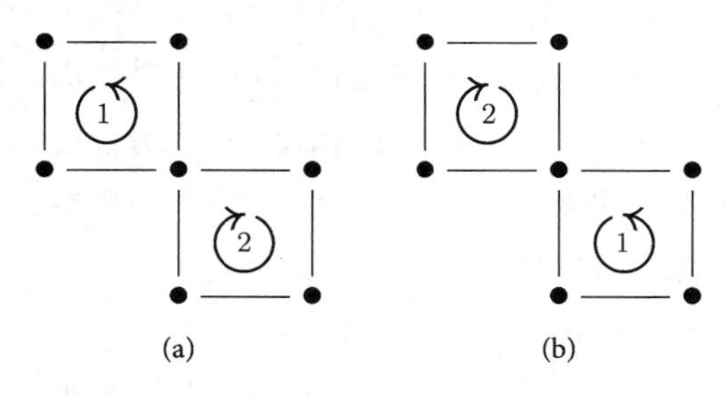

图 6.12　具有十字路口状态:(a)1234;(b)$\bar{6}\,\bar{5}\,\bar{8}\,\bar{7}$。

重复我们以前的技巧,因为没有任何翻折可以重复执行,所以我们定义关系 $x_i^2 = y_i^2 = e$。此外,也很容易验证这些翻折相互之间是可交换的。下一个挑战是完全理解 D_4 的那些生成元如何与 x_i 和 y_i 相互组合。与前文中所说的大蛇一样,很容易验证由 r 给出的共轭在 $i = 1, 2$ 时使 x_i 与 y_i 互换。为了掌握 f 的动作,请认识到翻转这个翻折形允许所有的翻折都像以前一样执行。然而,运动方向改变了,这就意味着循环 y_1, x_1, y_1, x_1 与循环 y_2, x_2, y_2, x_2 交换。图 6. 12 说明了这个问题。图 6. 12(a)是以起始状态 1234 作为十字路口而得出的。通过翻转这个翻折形,并将状态 $\bar{6}\,5\,\bar{8}\,\bar{7}$ 作为十字路口,就可以得到图 6. 12(b)。移动方向用内部箭头指示,箭头中列出了动作类型(1 或 2)。

敏锐的读者会注意到,此处 r 与这些翻折组合的方式与前一个例子相同。但是,与我们之前的所有情况不同,f 与这些翻折动作是不可交换的。现在我们明确地阐述这个群。此时的四个 2 阶的可交换生成元，我们将其按顺序 x_1, y_1, x_2, y_2 排列，而二面体群 D_4 将它们交织在一起。所以这个动作群是 $(\mathbb{Z}_2\times\mathbb{Z}_2\times\mathbb{Z}_2\times\mathbb{Z}_2)\rtimes_\phi D_4$，其中 $\phi: D_4\to Aut(\mathbb{Z}_2\times\mathbb{Z}_2\times\mathbb{Z}_2\times\mathbb{Z}_2)$ 是如下定义的自同构：自同构 $\phi(f)$ 是 $\phi(f)(x_i)=x_j$ 和 $\phi(f)(y_i)=y_j$，其中 $1\leqslant i,j\leqslant 2, i\neq j$。自同构 $\phi(r)$ 是 $\phi(r)(x_i)=y_i$ 和 $\phi(r)(y_i)=x_i$，其中 $i=1,2$。

7. 结论

在将对称群和翻折群的概念结合起来，并对翻折进行精心的数学处理之后，许多翻折形都可能具有一些有趣的群。寻找一个动作群的过程包括许多关于如何解释物质世界的选择，但在这里作出的所有选择都有其自然的原因。与先前文献中的假设相反，一个闭合的循环并不是一个群结构的必要条件。此外，也不要求有哈密顿循环或欧拉循环，尽管本文给出的许多例子都具有这样的循环。

虽然在群和翻折四边形方面确实取得了进展，但许多问题仍然存在。在这里，沿 x 轴翻折和沿 y 轴翻折通常被分为两种类型。通过将翻折四边形提升到更高维度或将其嵌入到对象更大的集合中，是否有可能找到只有一种翻折类型的群？这些翻折动作仅仅是一个更大的空间以不同方式的投影？如果是这样，那么被投影的是什么，我们又能从中学到什么？最后两个例子（分别是大蛇和环形网络）中的群所表现出的相似性是惊人的。这些例子有不同的网格和不同的结构图。在确定群结构时，哪些物理不变量是有用的？这些和那些看起来简单的翻折四边形等重大数学问题都有待进一步探索。

参考文献

[1] E. Berkove and J. Dumont. It's okay to be square if you're a flexagon. *Math. Mag.* 77 No. 5 (2004) 335 – 348.

[2] M. Gardner. Flexagons. *Sci. Am.* **195** (June 1956) 162 – 168.

[3] V. Hart. *Hexaflexagons.* https://www.youtube.com/watch?v=VIVIegSt81k (accessed August 24, 2014).

[4] P. Hilton, J. Pedersen, and H. Walser. Faces of the tri-hexaflexagon. *Math. Mag.* 70 No. 4 (1997) 243 – 251.
[5] T. Hungerford. *Algebra. Graduate Texts in Mathematics* 73. Springer-Verlag, New York, 1974.
[6] J. Pedersen. Sneaking up on a group. *Two-Year Coll. Math. J.* **3** No. 2 (1972) 9 – 12.
[7] L. Pook. *Flexagons Inside Out*. Cambridge University Press, Cambridge, 2003.

七、硬币的并行称重

霍瓦诺娃

在我很小的时候,有人考我下面这道关于如何称硬币的问题,这是我第一次听到这类问题:

> 给定9枚硬币,其中重量较轻的一枚是假币,请用一架天平通过2次称重找到这枚假币。

我以为这个问题已有几千年的历史,发明者可能是毕达哥拉斯(Pythagoras)。但是,令人惊讶的是,它最初是由谢尔(E. D. Schell)发表在1945年1月的《美国数学月刊》(*American Mathematical Monthly*)[9]上。这样看起来,毕达哥拉斯似乎不太可能知道这个问题。

这是一个大家熟知的问题,不过它对于证实后面在我的特色问题中要用到的那些方法很有用。这个问题隐含着所有真币的重量都一样,并且我们需要一种策略来确保在两次称重中找到那枚假币。2次称重是保证找到假币的最少次数。此外,要经过两次称重找到假币,最多只能有9枚硬币。我要做的不是检查9枚硬币问题的解答,而是将讨论一个有任意数量硬币的问题,这是一个有名的推广:

> 给定N枚硬币,其中一枚是假币,且重量较轻,求能保证找到假币的最少称重次数。

以下是一种思考方式:在一次称重中,把硬币分成3堆,一堆放在天平左盘,一堆放在天平右盘,还有一堆不放在天平上。显然,我们需要把同样数量的硬币放在天平的左右两盘,否则就得不到任何有意义的信息。如果天平平衡了,那么假币就在剩下的一堆里。如果天平不平衡,那么假币就在较轻的那一堆里。无论是哪种情况,假币都在这三堆硬币中的一堆里,于是我们可以再从这一小堆开始。因此,为了使称重次数最小化,我们把所有硬币分成3堆,从而使最大的一堆中的硬币数量最少。将硬币尽可能均匀地分成3堆,通过n次称重,我们可以从多至3^n枚硬币中找到假币。特别是,我们可以通过2次称重在9枚硬币中找到假币。

另一道著名的硬币益智题与前一道益智题大约出现在同一时间[3]:

有 12 枚硬币，其中一枚是假币。所有真币都一样重。假币可能比真币轻，也可能比真币重。请用一架天平通过 3 次称重找到这枚假币，并确定它是较重还是较轻。

此题的解答是众所周知的，而且相当漂亮。不出所料，关于这个问题发表的文章比 9 枚硬币问题还多[1,5,6,11]。不知道该答案的读者应该尝试一下。

在这道益智题的题设条件中，若对于任意数量的硬币，则最少称重次数是多少？请注意，我们需要假设硬币的数量大于 2 枚，否则我们根本就无法解答。

如果有 N 枚硬币，那么这道益智题就有 $2N$ 种可能的答案。我们需要准确地找到那枚假币，并判断它是较重还是较轻。每次称重将信息分成 3 个部分，所以经过 n 次称重，我们可以给出 3^n 种不同的答案。因此，预期的称重次数应该是 $\log_3(2N)$ 量级。利用在每次称重中每个盘上的硬币数量相同这一附加约束可以计算出精确答案。确切的答案是 $\lceil \log_3(2N+3) \rceil$（参见文献[2，4]）。同样，这道题通过 n 次称重可以解决的最大硬币数量是 $\frac{3^n-3}{2}$ 枚。

下面是这道益智题重要的变化形式，我们需要找到硬币，但是不需要知道它是较重还是较轻[2]。

有 N 枚硬币，其中一枚是假币。所有真币都一样重。假币可能比真币轻，也可能比真币重。用一架天平通过 n 次称重，最多能在多少枚硬币中保证找到该假币？

这道题和前一题相似。让我把前一题称为“找到并标记”（find-and-label）问题，把这道题称为“只要找到”（just-find）问题。

“只要找到”问题的答案是 $\frac{3^n-1}{2}$（参见文献[8]）。特别是，我们通过 3 次称重最多能在 13 枚硬币中保证找到假币。

请注意，对于解决 n 枚硬币的“找到并标记”问题的每种策略，我们都可以为解决 $n+1$ 枚硬币的“只要找到”问题生成一种策略，方法是添加一枚永不放上天平的硬币。事实上,使用“找到并标记”策略,在最后一次称重时,至少需要有一次称重不平衡,才能标记出假币。因此,如果最后所有称重都是平衡的,那么假币就是那枚多余的硬币。

现在让我们把注意力转移到更现代的硬币称重游戏上。我们都听说过并行计算,现在它被用于克诺普(Konstantin Knop)发明的一道益智题中。这道益智题出现在2012年乌克兰-俄罗斯益智题锦标赛上[10],以及克诺普的博客中[7]。

> 我们有N枚无法分辨的硬币。其中一枚是假币,但是不知道它比真币重还是轻,而真币的重量是一样的。有2架天平可以并行使用。每次称重持续1分钟。5分钟内最多能在数量N为多少的硬币中找到假币?

在本文中,我会将克诺普这道益智题推广到任意分钟和任意架并行天平,并给出我的解答。在第1部分中,我们描述原益智题与多盘问题之间的相似性。多盘问题是一道硬币称重的益智题,其中用到的天平不是两个盘,而是任意数量的盘。在第2部分中,我们定义硬币潜在性的概念,这是解答硬币称重益智题的一种有用的技术工具。这里还讨论了在n分钟内可以处理的、具有已知潜在性的硬币数量。在第3部分中,在我们无限供应真币的情况下,给出了并行称重问题的一种解答。在第4部分中给出了原益智题的解答,即其对任意分钟的推广形式。第5部分将这些结果推广到同时使用2架以上天平时的情况。我们在第6部分中讨论这道题对于在任意分钟的情况下的“找到并标记”的变化形式。最后,在第7部分中,我们将“找到并标记”问题与“只要找到”问题进行了比较。

1. 热身:多盘问题

克诺普的益智题令人想起另一道硬币称重问题,在相似的情况下,要求我们用一架四盘天平通过5次称重找到一枚假币。这种变化形式的答案是$5^5=3125$。把硬币分成5组,每组硬币的数量相同,把4组硬币放在天平的4个盘上。如果其中一个盘有不同(较重或较轻),那么这个盘里就有假币。例如,一个盘上有较重的硬币,那么这个盘就会比其他三个盘低。因此，我们在称重之后就知道了假币比真币重还是轻。当四个盘平衡时，剩下的一堆就包含着假币。此时的策略是把硬币尽可能均匀地分成5堆。这样，每一次称重都会将有假币的一堆减少到原来的$\frac{1}{5}$。因此，通过n次称重可以解答5^n枚硬币的问题。

我留给读者探究的问题是，除2枚硬币的情况外，任何数量大于5^{n-1}但不大于5^n的硬币都可以通过n次称重得到最佳解答。

一架四盘天平比起并行使用两架双盘天平会提供更多的信息。因此，对于相同数量的硬币，克诺普的益智题至少需要与四盘益智题相同的称重次数。因此，若使用2架天平，每架称重5次，那么克诺普那道益智题的答案就不超过3125枚硬币。但答案是什么呢？

2. 一枚硬币的潜在性

在称重硬币时，我们也许能确定一些关于硬币真伪的不完全信息。例如，我们可以排除一枚给定的硬币是假而重的可能性，而不能分辨这枚硬币是真的还是假而轻的。让我们称这种硬币为“潜在轻的”；反过来，如果一枚硬币可能是真的，也可能是假而重的，但不可能是假而轻的，那么我们就说它是“潜在重的”。

在n分钟内可以处理多少枚已知潜在性的硬币？

如果所有的硬币都是潜在轻的，那么我们可以在n分钟内从5^n枚硬币中找到假币。事实上，在本例中，使用两架天平或一架四盘天平会给我们相同的信息。较轻的盘里装的是假币。如果所有盘都平衡，那么假币就不在天平上。

如果潜在性是呈混合状态的，并且我们使用的是两架双盘天平，那么情况又会如何？我们能期待同样的答案吗？其复杂程度会提高多少？假设有5枚硬币：其中2枚是潜在轻的，3枚是潜在重的。于是我们在第一架天平上将一枚潜在轻的硬币与另一枚潜在轻的硬币进行比较。在另一架天平上，我们将一枚潜在重的硬币与另一枚潜在重的硬币进行比较。假币就可以在一分钟内确定。

直觉告诉我们,将一枚潜在重的硬币放在一个盘上与一枚潜在轻的硬币放在另一个盘上进行比较是一个坏主意。这样称重的结果如果不平衡,将不会得出任何新的信息。相反,如果我们将一枚潜在重的硬币与另一枚潜在重的硬币进行比较,那么我们就会得到新的信息。如果天平平衡,那么两枚硬币都是真的。如果天平不平衡,那么假币就是两枚潜在重的硬币中较重的那一枚。

这是否意味着我们只应该把具有相同潜在性的硬币放在同一架天平上? 实际上,我们可以将硬币混合起来。例如,假设我们在同一架天平的两个盘上分别放置3枚潜在轻的硬币和5枚潜在重的硬币。如果左盘较轻,那么左盘上潜在重的硬币和右盘上潜在轻的硬币必定都是真币。假币要么是左盘中3枚潜在轻的硬币中的一枚,要么是右盘中5枚潜在重的硬币中的一枚。

一般来说,每过一分钟,最好的希望是没有被确定为真币的数量就减少到原来的$\frac{1}{5}$。如果一架天平上的某一次称重不平衡,那么较轻盘上的潜在轻的硬币,加上较重盘上的潜在重的硬币,必定含有假币。我们不希望这个数字超过正在处理的硬币总数的$\frac{1}{5}$。所以,要把具有相同潜在性的硬币成对地拿出来,并且要将每对硬币分别放在同一架天平的不同盘上。

在一分钟内,我们可以把这堆硬币分成相等的或者几乎相等的5小堆。如果有奇数枚具有相同潜在性的硬币,那么那枚额外的硬币就不上天平。

剩下唯一要核查的事情是,当硬币数量很少时会发生什么。也就是说,我们需要核查当潜在轻的硬币数量为奇数,潜在重的硬币数量为奇数,且硬币总数不超过5时,会发生什么。在这种情况下,这一算法要求我们将2枚硬币放在一边:一枚潜在重的;另一枚潜在轻的,但放在一边的这堆硬币不能超过一枚。

在核查了一些小案例之后,我们发现只有两枚不同潜在性的硬币或者四枚硬币分为一枚和三枚不同潜在性时，我们就无法在一分钟内解决问题。但是如果可以使用一些已知是真币的额外硬币，那么这两种情况就可以解决。所以这些小案例只有发生在第一分钟时才会成为问题。于是我们得出了以下引理。

引理 1：任何已知潜在性的、数量为 $N>4$ 的一堆硬币，可以在 $\lceil \log_5 N \rceil$ 分钟内找到其中的假币。

3. 无限供应真币

我们说一枚潜在轻或潜在重的硬币具有“已知潜在性”。下面这条定理说明了为什么已知潜在性的概念在解答克诺普的益智题以及许多其他硬币称重益智题时很重要。

定理 1：在只有一枚硬币是假币的称重益智题中，任何上过天平的硬币要么是真币，要么其潜在性是已知的。

证明：如果天平平衡，那么天平上面的所有硬币都是真币。任何既出现在较重盘上，又出现在较轻盘上的硬币都是真币。否则，只上过较轻盘的硬币是潜在轻的，而只上过较重盘的硬币是潜在重的。

现在让我们回到原题，一开始我们并不知道各枚硬币的潜在性。让我们暂时增加一个额外的假设。假设无限供应我们已知其为真币的硬币。令 $u(n)$ 为我们在 n 分钟内可以处理的最大硬币数量，前提是如果我们不知道它们的潜在性，但有无限供应的真币。

引理 2：我们在 n 分钟内能处理的最大硬币数量是

$$u(n)=2\cdot 5^{n-1}+u(n-1)。$$

证明：在第一分钟之后我们会得到什么信息？这两架天平都可能平衡，这意味着假币在剩余的那堆潜在性未知的硬币中。所以我们必须去掉至多 $u(n-1)$ 枚硬币。否则的话，也可能只有一架天平不平衡。在这种情况下，这架天平上的所有硬币的潜在性都会揭晓。这些硬币的数量不可能超过 5^{n-1}，因此

$$u(n)\leqslant 2\cdot 5^{n-1}+u(n-1)。$$

我们能否成功达到这个界限？能的。在每架天平上，把 5^{n-1} 枚未知硬币

放在一盘，再从供应中把5^{n-1}枚真币放在另一个盘上。于是

$$u(n)=2\cdot 5^{n-1}+u(n-1)。$$

我们还可以看到$u(1)=3$。事实上，在每架天平的两边各放一枚硬币和一枚真币，于是剩下的硬币堆还有一枚硬币。现在使用归纳法很容易得到下面的推论。

推论1：$u(n)=\frac{5^n+1}{2}$。

因此，在无限供应真币的额外资源下，这道益智题的答案是$\frac{5^n+1}{2}$。在没有额外资源的情况下的答案显然不可能更大。但答案是什么呢？

我们假定真币的供应量是无限的。但是我们到底需要多少额外的硬币呢？额外的硬币只需要用于第一分钟，因为在第一分钟之后，至少有一架天平会平衡，因此许多硬币将被确定为真币。在第一分钟，我们需要从那堆未知的硬币中取出一些，在每架天平上放置5^{n-1}枚。这些硬币不必放在同一个盘上。困难在于硬币的数量是奇数，所以我们需要一枚额外的真币来使这个数字成为偶数。因此，我们的硬币供应量不必是无限的——我们只需要两枚额外的硬币，每架天平一枚。

4. 解答

请回想一下，$u(n)$的公式是假设真币的供应量无限。但我们已经看到，这个无限的供应量并不需要两枚以上的额外真币。

那么，我们如何才能解答那道原题呢？我们知道唯一需要调整的是在第一分钟。在这一分钟里，我们放置在天平两边的都是未知的硬币，每架天平上不超过5^{n-1}枚。由于每架天平上的硬币数量都必须是偶数，因此我们能做得最好的就是在每架天平上放置$5^{n-1}-1$枚硬币。因此，这道益智题的答案是$\frac{5^n-3}{2}$。

当然，我们永远无法在两枚硬币中找到假币。

定理2：给定两架并行使用的天平，若在恰好n分钟内能以最优化的方式在N枚硬币中找到假币，则N满足

$$\frac{5^{n-1}-3}{2} \leqslant N < \frac{5^n-3}{2}。$$

但有一个例外：$N=2$，这种情况下无法识别出假币。

在克诺普原来的那道益智题中，在5分钟内最多能在1561枚硬币中找到假币。

5. 更多天平

将“只要找到”问题推广到并行使用任意数量的天平是很简单的。假设天平的数量为k，下面这几道题可以在n分钟内解决。

已知潜在性。如果所有的硬币都具有已知的潜在性，那么小于$(2k+1)^n$的任意数量的硬币都可以解决。

无限供应真币。如果我们不知道任何硬币的潜在性，并且有无限供应的真币数量，那么可以解决的最大硬币数量由递归定义：$u_k(n)=k\cdot(2k+1)^{n-1}+u_k(n-1)$和$u_k(1)=k+1$。小于$\frac{(2k+1)^n+1}{2}$的任意数量的硬币都可以解决。

一般情况。如果我们不知道任何硬币的潜在性，并且没有额外的真币，那么从3到$u_k(n)-k=\frac{(2k+1)^n+1}{2}-k$之间的任意数量的硬币都可以解决。

请注意，如果$k=1$，那么此时的情况就是“只要找到”假币这一经典问题。因此，将$k=1$代入$\frac{(2k+1)^n+1}{2}-k$中，会得出前文中给出的答案：$\frac{3^n+1}{2}-1$。特别地，对于$n=3$，答案应该是13。事实确实如此！

6. 找到并标记

上面所叙述的这些方法可以用来解决同一背景下的另一个问题：找到假币，并说出它是较重还是较轻。当所有硬币都具有已知的潜在性时，“只要找到”问题就等价于“找到并标记”问题。

“找到并标记”问题可以用类似于“只要找到”问题的方法来解决。也就是说,我们用 $U_k(n)$ 表示有无限量供应的真币时,在 k 架并行天平上,可以在 n 分钟内解决的硬币数量。于是此时的递归式就与“只要找到”问题相同:$U_k(n)=k\cdot(2k+1)^{n-1}+U_k(n-1)$。与“只要找到”问题的区别在于起点:$U_k(1)=k$。

如果我们没有无限量供应的真币,那么此时的界限由以下定理描述。

定理3:假设有 N 枚硬币,其中一枚是假币,我们不知道它比真币重还是轻。假设有 k 架天平可供并行使用,每分钟称重一次。我们通过 n 次称重最多能从 $\frac{(2k+1)^n+1}{2}-k-1$ 枚硬币中找到并标记假币。如果 $N=2$,则问题无解。

如果 $k=1$,那么这就是“找到并标记”假币这一经典问题。因此,将 $k=1$ 代入 $\frac{(2k+1)^n+1}{2}-k-1$,会得出前文中所给出的答案:$\frac{3^n+1}{2}-2$。特别地,对于 $n=3$,我们得到12。

7. 懒散的硬币

你可能已经注意到,“只要找到”和“找到并标记”这两个问题的答案相差1。

引理3:在有一枚假币的并行称重问题中,通过 n 次称重,“只要找到”问题中能够优化解决的最大硬币数比“找到并标记”问题中能够优化解决的最大硬币数多1。

我们明确计算出的答案已经证明了这条引理。如果有一种不需要计算的简单论证就能证明它,那就太好了。如果我们把自己局限于静态策略,就会存在这样的论证。在静态策略或非自适应策略中,我们预先决定称什么。然后,根据这些称重的结果就可以找到假币,并在需要的时候标记它。

在“找到并标记”问题的静态策略中,每枚硬币都必须在某个时刻上天平称重。否则,如果有一枚硬币没有上过天平,而它又碰巧是假币时,就无法标记它。在静态策略中,对于“只要找到”问题,如果每枚硬币都上过天平,那么所有的硬币都可以被标记。假设我们增加一枚从未上过天平的额外的硬币。如果所有的称重都是平衡的,那么这枚额外的硬币就是假的。我们不能有两枚这样的硬币。事实上,如果其中一枚是假币,那么我们就无法区分它们。如果在“只要找到”问题中,所有硬币都上过天平,那么最终所有硬币都可以被标记。

如果一种策略通过给定次数的称重解决了最大数量的硬币,那么我们就把它称为最大策略。我们刚刚证明了对于“只要找到”问题,最大静态策略是必须有一枚硬币不上天平。因此,对于“只要找到”和“找到并标记”问题,两种最大静态策略之间存在双射。这两种策略的不同之处就在于一枚总是“懒散”地放在天平之外的额外的硬币中。

在动态策略或自适应策略中,下一次称重取决于前一次称重的结果。对于动态策略,事情就更加复杂了。在这种情况下不存在双射。

因此,有可能向“找到并标记”问题中的一个策略添加一枚懒散的硬币,从而获得“只要找到”问题的一个策略。但最大策略存在于所有硬币最终都能上过天平的“只要找到”这个问题之中。

例如,请考虑用一架天平通过两次称重从四枚硬币中找出一枚假币的策略。在第一次称重时,我们把第一枚硬币与第二枚硬币分别置于天平两端。如果称重结果不平衡,那么我们就知道其中之一是假币,并且知道了这两枚硬币的潜在性。在第二次称重时,我们将第一、第二枚硬币与第三、第四枚硬币分别置于天平两端。在本例中,所有硬币都可以上天平称重,通过两次称重最多可以处理四枚硬币。

可惜啊!对此不存在简单的论证,但至少我们很容易记住,这两个问题的最大策略之间相差一枚硬币。

致谢

我与克莱因(Daniel Klain)和拉杜尔(Alexey Radul)有过多次很有帮助的讨论,我感谢他们。我也非常感谢一位热情的匿名审稿人,他仔细地阅读了这篇文章,并作出了许多评论。

参考文献

[1] B. Descartes. The twelve coin problem. *Eureka* **13** (1950) 7, 20.

[2] F. J. Dyson. Note 1931—The problem of the pennies. *Math. Gaz.* **30** (1946) 231 - 234.

[3] D. Eves. Problem E712—The extended coin problem. Am. Math. Monthly **53** (1946) 156.

[4] N. J. Fine. Problem 4203—The generalized coin problem. Am. Math. Monthly **53** (1946) 278. Solution, **54** (1947) 489 - 491.

[5] R. L. Goodstein. Note 1845—Find the penny. *Math. Gaz.* **29** (1945) 227 - 229. [Erroneous solution]

[6] H. D. Grossman. The twelve-coin problem. Scripta Math. **11** (1945) 360 - 361.

[7] K. Knop. Weighings on two scales. http://blog.kknop.com/2013/04/blog-post_11.html. 2013 (in Russian).

[8] J. G. Mauldon. Strong solutions for the counterfeit coin problem. IBM Research Report RC 7476 (#31437), 1978.

[9] E. D. Schell. Problem E651—Weighed and found wanting. *Am. Math. Monthly* **52** (1945) 42.

[10] 2012 Ukraine-Russian Puzzle Tournament. http://kig.tvpark.ua/_ARC/2012/KG_12_38_12.PDF. 2012. (in Russian)

[11] Lothrop Withington. Another solution of the 12-coin problem. *Scripta Math.* **11** (1945) 361 - 363.

八、用随机图过程分析纵横字谜的难度

麦克斯威尼

纵横字谜是北美最常见的娱乐活动之一。纵横字谜与简单琐碎问题列表的不同之处在于,前者的答案是以纵横交叉的方式输入到一个网格中,因此获得的每一个正确答案都提供了关于其他答案的部分信息。答案之间的这种相互依赖关系影响着个别线索的难度与最终可获得答案的数量之间的关系。事实上,只有几个简单的答案可以直接找到,但通过这些答案能级联进一步的答案,并且通过这种级联方式,就能找到字谜中的许多或所有答案。

在本文中,我使用一个网络结构来对字谜构建模型,从而对这些动态过程进行量化。具体来说,就是确定字谜中的单元格结构与线索难度之间的相互关联如何影响字谜的可解性。这是通过将字谜看作一个网络(图)对象来实现的,其中答案表示节点,而答案交叉表示边。我为线索指定一个难度水平的随机分布,并用瓦茨(Watt)[11]开发的所谓的级联过程对解答过程构建模型。线索难度的这种随机性是一个字谜十分多变的可解性的根本原因,这也是许多解题者都非常熟悉的——一位解谜者在面对两道表面上难度相等的字谜时,可能轻易地解出其中一道,却被另一道难住。

本文的结构如下:首先,针对一类简单的高度对称网络,建立一种精确描述解答的迭代随机过程,并得到其确定性近似,由此给出一个非常简单的不动点方程来求解最终解答的比例。然后,通过对《纽约时报》(*The New York Times*)周日版上的实际纵横字谜的模拟表明,实际纵横字谜网络的某些内禀网络属性是预测字谜最终解答的大小的重要因素。在附录Ⅰ中,我还对线索难度的均值和标准差影响解答的总比例进行可视化。附录Ⅱ给出了一些实际纵横字谜网格部分解的一些结果。

1. 预备知识

本文概述使用标准英语的北美纵横字谜的基本属性和定义。当然,还有一些字谜是使用其他语言的,或者带有不遵守以下规则的额外机关,那我们就不去关注它们了(3.1 中讨论的加密纵横字谜除外)。

纵横字谜是由黑白方格组成的一个 $k \times k$ 正方形网格:《纽约时报》的典型 k 值是,工作日字谜为 15,而著名的周日字谜则为 21。白色方格也被称为单元格:每一个白色方格里只填一个字母,而黑色方格里则什么也不填。开始并终结于一个黑色方格或字谜边缘的一个不间断的水平或竖直的白色方格序列被称为一个答案:答案有两种类型,横向(A)表示水平方向,纵向(D)表示竖直方向。答案通常是一个英文单词,也可以是一个名字、首字母缩略词、短语或单词的一部分(例如后缀)。按照惯例,字谜中的每个答案的长度必须至少为 3:定义 $\ell(x)$ 为答案 x 的长度(即字母数)。

每一个答案都有自己的线索,虽然仅凭这条线索不足以找到答案。例如,如果线索是"甲壳虫乐队的成员之一",而答案的长度是 4,那么如果不是先找到一些交叉的答案,就无法确定答案是约翰(JOHN)还是保罗(PAUL)。如果找到了一个答案,就将其所有字母输入到网格中。有一个标准的方法来标记答案和线索:从左上角开始逐行扫描网格,然后在任何开始一个答案的单元格(横向、纵向或两者都有)中依次输入 1, 2, 3, …。不过,我们不关注这种编号的精确方式。请注意,每个字母(单元格)恰好是两个答案的一部分:一个横向和一个纵向。通常,白色方格比黑色方格多,尽管在后续的分析中没有必要假定这一点。经验法则告诉我们,黑色方格不应超过 1/6。

最终的解集是解谜者能够输入网格的所有答案的集合。如果每个字母都被成功输入(相当于每个答案都找到了),那么这个字谜就完全解答了。一个字谜的可解性大体上取决于三个准则:答案在网格中的排列;线索的内禀难度;以及解谜者的技能和/或知识基础。后两者显然是相互依赖且主观的。当谈论线索或字谜的难度时,应该理解为这只是针对一个特定的解谜者而言的。不同解谜者(具有不同的知识基础、模式识别能力等)应对同一个字谜时会遇到不同程度的困难。在接下来讨论的内容中,考虑一种固定的标准解题方法也许会有所帮助。这样,谜题的难度就只会由给出的线索和谜题的结构而决定。

2. 字谜作为一个网络

要量化一个解答的动态过程，一个自然的选择是用网络（或图）结构来对这个字谜构建模型：一个由节点（或顶点）构成的集合 V，以及由某些节点对之间的边（或链路）构成的集合 E。在这一分析中，我们不会给边分配权重或方向。将字谜中的每个答案都标记为网络中的一个节点。如果字谜中有两个答案交叉，就在网络中对应的两个节点 x 和 y 之间放置一条边。节点的度数定义为与该点关联的边数。在一个标准纵横字谜中，每个单元格都是两个单词的构成部分。这意味着一个节点的度数就等于单词的长度。（与此形成对比的是如图 8.3 所示的加密纵横字谜。）一个字谜以这种方式创建的网络称为该字谜的纵横字谜网络。图 8.1 中的字谜片段给出了关于如何创建这个网络的一个简单示例。

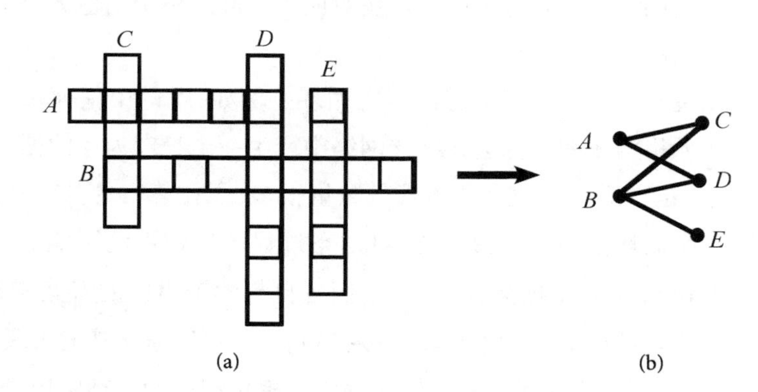

图 8.1　纵横字谜(a)被转换成一个以熟悉的节点/边表示的图(b)。答案 A 和 B 是横向的，答案 C、D、E 是纵向的。请注意，网络中的 A 和 E 之间缺少一条边，因为答案 A 和答案 E 不交叉。

下面这些图的性质是由纵横字谜生成的网络所特有的：

- 二分性。这个性质来自以下定义：任何两个相同方向的答案（横向或纵向）都不会交叉，因此横向/纵向两部分给出了 $V=A\cup D$。A 和 D 不一定大小相同，但守恒关系

$$\sum_{x\in A} \ell(x) = \sum_{x\in D} \ell(x) = \text{字谜中的单元格总数}$$

总是成立的。

- 度数的多变性。通常有一个由“主题”答案构成的小集合，这些答案比字谜中的其他答案长得多，因此纵横字谜网络的节点具有各不相同的度数。
- 模块性。这条性质很难精确地量化。从广义上讲，如果一个网络的节点集可以被划分为许多块，从而使划分出的每个块的内部有许多边，而在块与块之间则几乎没有边，那么这个网络就被定义为高度模块化。在一般的网络理论中，量化这一概念，以及为一个给定网络找到一种模块划分，是一个活跃的研究领域。在社会科学文献（如文献[3]）中这个领域被称为社团发现。不过，对于纵横字谜而言，如何合理地进行这样的划分通常是很清楚的——字谜网络模块划分中的节点块对应于字谜网格中白色方格的、不间断的大聚集。
- 聚集。纵横字谜网络有许多短循环。例如，字谜中任何 2×2 个单元格构成的块都会在字谜网络中产生一个长度为4的循环（一个“正方形”）。这些正方形的数量很多，会在答案的各状态之间产生循环依赖关系，并可能对动态过程产生定性的影响。例如，假设 x_1 和 x_2 是横向的答案，它们各自与两个纵向的答案 y_1 和 y_2 交叉。解出 x_1 可能不足以直接找到 y_1，但可以通过答案级联 $x_1\to y_2\to x_2\to y_1$ 间接找到 y_1。一个网络的聚集程度的一种常用量度是聚集系数（例如可参见文献[12]），其中要统计网络中的三角形（即诱导的 C_3 子网络）数量。当然，这个数字对我们毫无用处，因为对于这里考虑的二分网络而言，它显而易见是零。因此，我在5.1.1中提出了二分网络聚集系数的另一种定义。

3. 难度阈值和求解过程

显然，一旦找出一些交叉答案确定了一个答案的某些字母，那么就会较容易找到这个答案,而不会更难。为了建立数学模型,我们将使每一条线索 x 与一个难度阈值 $\varphi_x \in \mathbf{R}$ 相关联。让我们假定以下规则。

更新规则:当且仅当在一个答案 x 中已经找到的字母的比例大于或等于 φ_x时,就可以找到该答案。

例子:为了说明为什么考虑字母的比例(而不是比如说绝对数)是一个明智的建模假设,对一个部分已找到的答案,请考虑以下三种可能:

1. *C* ____ ____
2. *C* ____ ____ ____ ____ ____ ____ ____ ____ ____ ____
3. *CATERPILL* ____ *R*

显然,在其他所有条件都相同的情况下,其中第二个词是最难完成的$\left(\text{已知}\frac{1}{11}\text{的字母}\right)$,第一个词的难度排在其次$\left(\text{已知}\frac{1}{3}\text{的字母}\right)$,第三个词是最简单的$\left(\text{已知}\frac{10}{11}\text{的字母}\right)$。为了看出难度阈值 φ 如何参与进来,让我们关注第二个词。如果第二个词的线索是“一种动物”,那么解谜者可能需要已知一半的字母,才能推断出完整的答案(CATERPILLAR),这相当于难度阈值 φ 约为$\frac{1}{2}$。不过,如果给你的是“总部位于伊利诺伊州皮奥里亚(Peoria)的重型设备制造商”这一更简单的线索,那么也许解谜者只需要这一个字母就有把握找到正确答案,而这相当于 $\varphi \leqslant \frac{1}{11}$。

说明上述更新规则的一种等效方式是:与答案 x 交叉的答案中,已找到的比例一旦达到 φ_x,该答案就可以找到。通常 φ_x的取值范围为$[0,1]$,但允许它取其他值则会带来方便,解释见下文。请注意,我们不允许一个答案单独得到部分解答:找到的每个字母都至少是一个完全解答的答案的一部分。这种限制排除了这样的情况:解谜者可能只找到一个复合词或短语的一部分,或者可能知道正确的答案,但对其拼写并不确定。

通过这种方式表述,$\varphi_x \leqslant 0$ 的答案 x 就可以“自发地”找到,并起到在网格中用字母播种的作用。显然,如果没有阈值 $\varphi_x \leqslant 0$ 的答案,那就永远找不到答案(除非网格中以某种人工方式播种了答案)。借用流行病学

中的术语，$\varphi_x \leqslant 0$ 的答案 x 将被称为种子。在这种情况下，一粒种子相当于流行病传播过程中的"零号病人"。倘若一个答案 x 的 $\varphi_x > 1 - \frac{1}{\ell(x)}$，那么直到它的所有字母都被找到，才能找到这个答案：这样的答案被称为有抵抗力的。按照惯例，如果答案 x 的所有字母都找到了，那么这个答案就求解了，即使其难度阈值 φ_x 大于 1。请注意，如果两个有抵抗力的答案交叉，那么在它们交叉的那个单元格里的字母永远找不到。

例子： 考虑图 8.2 中的字谜片段，并假设各答案的难度阈值如下：

$$\varphi_A = -0.03, \varphi_B = 0.10, \varphi_C = 0.38, \varphi_D = 0.08, \varphi_E = 0.21。$$

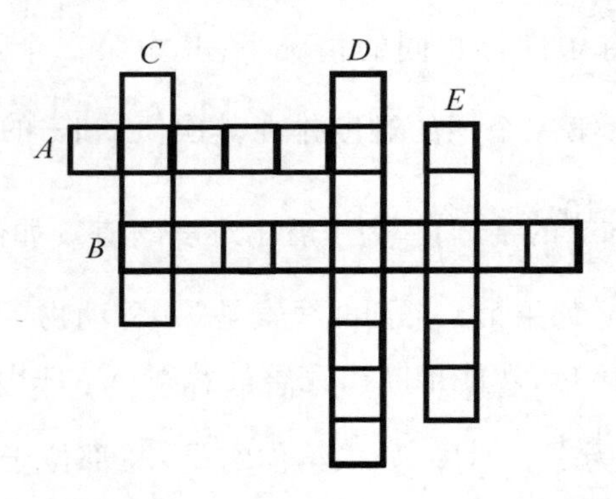

图 8.2　难度阈值 $\varphi_A = -0.03, \varphi_B = 0.10, \varphi_C = 0.38, \varphi_D = 0.08, \varphi_E = 0.21$ 的字谜片段。除了 E 之外的所有答案都可以用这些阈值找到。

于是我们有以下动态过程：

- 答案 A 可以自发地找到，因为 $\varphi_A \leqslant 0$。
- 答案 D 可以找到，因为其中已经找到的字母比例是 $\frac{1}{8}$，大于其阈值 $\varphi_D = 0.08$。请注意，答案 C 现在还无法找到，因为 $\varphi_C = 0.38 > \frac{1}{5}$。
- 现在可以通过 D 提供的字母找到答案 B，因为 $\varphi_B = 0.10 < \frac{1}{9}$。

- 答案 C 现在可以找到,因为它的两个字母已经找到,并且 $\varphi_C = 0.38 < \frac{2}{5}$。
- 在这个字谜片段中,答案 E 永远无法找到,因为 $\varphi_E = 0.21 > \frac{1}{6}$,并且没有其他单词与 E 交叉。

3.1 加密纵横字谜

前文中讨论的一些字谜属性不适用于所谓的加密纵横字谜。特别是,有许多单元格只属于一个答案,因此其网格要比普通纵横字谜稀疏得多(参见图 8.3)。因此显而易见,如果一个加密纵横字谜要找到一个完全的(或接近完全的)解答,那么平均而言其中线索的难度水平一定比标准字谜低得多。实际上,附录 I 中的图 8.7 清楚地表明了这一点。请注意,我们所说的"难度",意思并不是指解答一条线索所需要的时间或努力程度,而是一个是否可解答的二进制值(一个关于已找到多少个交叉答案的函数),而不考虑这可能会需要多少时间和创造力。事实上,许多加密的线索可能不需要交叉字母的帮助就能找到,但需要经过大量的思考。

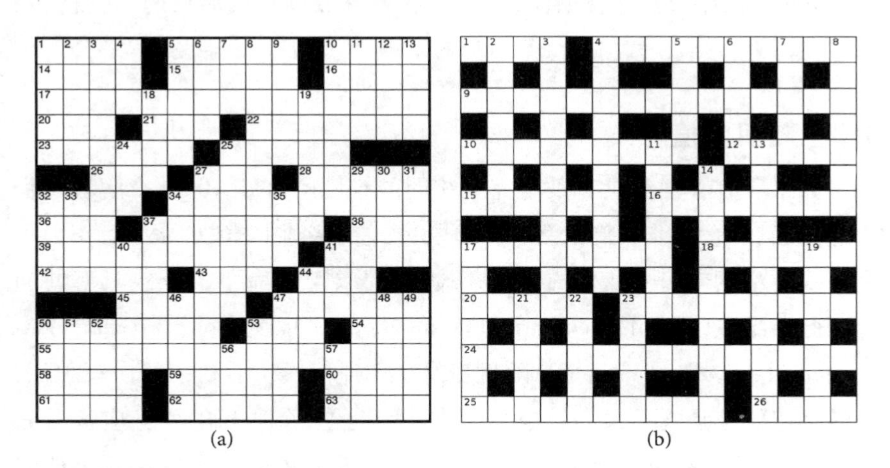

图 8.3 (a)标准纵横字谜网格;(b)加密纵横字谜网格。请注意在这道加密字谜中,存在着一些只属于一个答案的单元格。

3.2 与基于网络的流行病建模的关系

最近有很多关于网络上流行病类型的研究，其中每个节点都有一个(随时间演化的)状态，如易感染的(Susceptible，用S表示)、传染性的(Infective，用I表示)、暴露的(Exposed，用E表示)或恢复的(Recovered，用R表示)。节点的状态以一种随机的形式受到其相邻节点状态的影响。例如SIS、SIR和SI疾病模型[5,6]，或键、位点和引导渗流[1]。这些过程的一个基本问题如下：

从少量处于"受感染的"或"活跃的"(或"已解的")状态的种子节点开始，网络和疾病传播机制的哪些特性决定了该疾病是否有可能(或者有多大可能性)传播？其中传播的意思是指激活或感染大部分或全部人。在纵横字谜网络的背景下，如果一个答案已解，就认为它是活跃的。如这里所做的那样，用活跃邻点的比例作为激活的标准，我们就有一个被称为瓦特级联过程的例子[11]。用纯网络理论的术语来说，这个过程被简练地定义如下。对于一个网络 $G = (V, E)$，所有节点开始时都是不活跃的，并且给定一个函数 $\varphi: V \to \mathbf{R}$。当且仅当每个节点 x 的活跃邻点比例至少达到 φ_x 时，这些节点才被激活，并且一旦一个节点变成活跃的，它就会永远保持活跃。

3.3 随机阈值

如果所有答案都具有某个完全相同的难度阈值 $\varphi > 0$，那么解答过程永远无法开始，除非我们以某种人工的方式在字谜中播种。因此，作为一个在线索难度中引入变化的自然方式，我们取阈值 $\{\varphi_x\}$ 为一些具有共同累积分布函数(cumulative distribution function) F 的独立同分布(independent and identically distributed)随机变量。像任何娱乐活动一样，一个好的纵横字谜应该是既不太容易也不太难。因此，一个适当的字谜应该是完全可解的，除了在有抵抗力的那些答案的交叉处可能有不多的几个孤立的字母以外。它也不会太容易，因为有相当多的具有挑战性的线索。为 $\{\varphi_x\}$ 选取正态(高斯)分布似乎是一个自然的选择，因为它有较小的左右尾部，会创造出一些但不是很多的种子答案，从而使事情能够开始，并有助于形成一个令人愉悦的级联解答过程，以及几个有抵抗力的答案，后者可能使字谜无解。一个好的字谜会具有尽可能高的平均难度水平，但仍然是完全可解的。

3.4 模型的局限性

与任何数学模型一样，这个过程做了许多不切实际的简化假设，并且忽略了输出结果的一些潜在重要特性。让我们在此简要回顾这些问题。首先，在寻找答案方面，有些字母可能比其他字母更有帮助。例如，如果找到了一个交叉字母 Q，那么下一个字母很可能是 U。因为在该位置上有 Q 的可能答案很少。事实上，相邻字母对远不是均匀分布的（例如，辅音和元音往往是交替出现的）。此外，常常可以找到一个答案的一部分，但不是全部，特别是答案实际上是由几个单词组成的一个短语的那种情况。

另外，一个字谜常常基于一个主题，因此某些长答案就有一个共同的主题或者使用一种共同的语言诀窍。在这种情况下，解答出一个主题答案可能会揭示所讨论的诀窍，从而使另一个主题答案更容易找到，即使它们可能并不直接交叉。通过在字谜网络中引入额外的边来表示这些主题词之间的主题连接，就可以对此构建模型。

3.5 本文结构

如本文所述的基于网络的过程本质上是高维的：如果字谜中有 n 个答案，那么就有 n 个难度阈值要生成，该体系就有 2^n 种可能的状态，因为每个答案都可能是可解的或不可解的。由于这个原因，精确的解析答案是很难得到或不可能得到的，除非是在网络非常小或具有高度对称性的情况下。因此，我们的分析将如下进行。我们将考虑字谜是一个全白的 $m \times m$ 网格的情况（因此其网络是一个完全二分网络 $K_{m,m}$）。在这种情况下，我们就能只跟踪每个方向上的已解答案数量（而不是它们的位置），从而将问题呈现为二维的。我们推导出一个（精确的）类马尔科夫随机过程来描述其解答的演化过程，然后分析在大图极限($m\to\infty$)中作为极限情况出现的确定性过程。我们还将引用《纽约时报》周日版的一些实际纵横字谜来构建网络，并提供一些(低维)摘要性的网络统计数据，这些统计数据可能与解答过程相关。然后，我们研究对具有各种不同阈值分布的过程(用R语言)进行模拟的结果，并确定阈值分布的矩(均值和标准差)与字谜解集之间的关系。

4. 全白网格

考虑高度对称的情况，其中字谜网格是一个$m\times m$全白正方形，这意味着相关的纵横字谜网络是一个完全二分图$K_{m,m}$，因为每个横向答案都与每个纵向答案交叉。即使在这种情况下，随机阈值$\{\varphi_x\}$的最终解答大小的分布也并不明显。这里概述一种求解算法，其相应的随机过程公式允许我们洞察最终解答比例的分布。

很容易看出，一旦难度阈值$\{\varphi_x\}$确定了，字谜的(最大)最终解集并不依赖于用来解答它的算法，前提是该算法要满足明显的标准：直到找不到更多答案之时，它才会停止。算法在达到解答所需要的步骤数这一方面可能有差异，但我们对此并不关心——我们需要的只是最终解集。假设一个字谜的网格是一个全白$m\times m$正方形，它的纵横字谜网络是完全二分图$K_{m,m}$，并且其阈值$\{\varphi_x\}$是任意的。对于这样一个字谜，请考虑以下自然解答算法，其中对字谜进行交替的横向和纵向扫描。

1. 确定$\varphi_x\leqslant 0$的横向答案x的数量X_1(即横向种子的数量)。

2. 确定现在可以找到的纵向答案$y$$\left(即满足\varphi_y\leqslant\frac{X_1}{m}的答案\right)$的数量$Y_1$。

3. 如果$Y_1=0$，那就停止——找不到更多答案了。否则，若$Y_1>0$，则求X_2，即新可解的横向答案个数$\left(即其阈值\varphi_x满足0<\varphi_x\leqslant\frac{Y_1}{m}\right)$。

4. 如果$X_2=0$，那就停止。否则求Y_2，即新可解的纵向答案个数$\left(即其阈值\varphi_y满足\frac{X_1}{m}<\varphi_y\leqslant\frac{X_1+X_2}{m}\right)$。

5. 以这种方式继续下去，令 $X_i(Y_i)$ 为第 i 次经过该方向时的横向（纵向）发现的答案个数。一旦 X_i 或 Y_i 中的一个为 0，就再也找不到答案了。如果此时 $\sum X_i = m$ 或 $\sum Y_i = m$，那么字谜完全得解。

如果阈值 $\{\varphi_j\}_j$ 是具有共同累积分布函数 $F(t)=P(\varphi_j \leqslant t)$ 的独立同分布随机变量，那么我们可以设置以下过程来给这些转换一个确切描述。这个过程不会是严格马尔科夫的，因为它不是“无记忆的”。不过，它确实是一个局限的记忆——参见下面的递归式(1)。定义

$$S_i := \sum_{j=1}^{i} X_j \text{ 和 } T_i := \sum_{j=1}^{i} Y_j$$

为部分和序列（即到第 i 次经过给定方向结束时已解得的答案的总数）。为了便于以后的讨论，定义 $T_{-1} := -\infty$，$S_0 = T_0 := 0$。并将已解得的横向和纵向答案的最终数量分别表示为 $S_\infty := \sum_{i>1} X_i$ 和 $T_\infty := \sum_{i\geqslant 1} Y_i$。如果 S_∞ 或 T_∞ 等于 m，那么这个字谜就完全得解了。

我们用 $X \sim \mathrm{Bin}(n, p)$ 来表示 X 是一个二项式分布的随机变量，它具有参数 n（试验次数）和 p（每次试验成功的概率）。

对于 $i \geqslant 1$，以下分布递归成立：

$$X_1 \sim \mathrm{Bin}(m, F(0)),$$

$$Y_1 \mid \{X_1\} \sim \mathrm{Bin}\left(m, F\left(\frac{X_1}{m}\right)\right),$$

$$X_i \mid \{S_{i-1}, T_{i-1}, T_{t-2}\} \sim \mathrm{Bin}\left(m - S_{i-1}, \frac{F(T_{i-1}/m) - F(T_{i-2}/m)}{1 - F(T_{i-2}/m)}\right), \tag{1}$$

$$Y_i \mid \{T_{i-1}, S_i, S_{i-1}\} \sim \mathrm{Bin}\left(m - T_{i-1}, \frac{F(S_i/m) - F(S_{i-1}/m)}{1 - F(S_{i-1}/m)}\right)。$$

这些递归可以解释：例如，在横向第 i 步时，还有 $m - S_{i-1}$ 个横向答案尚未得解。一个给定的答案是新可解答案的概率，是 T_{i-2} 个与之交叉的纵向答案不足以找到，但 T_{i-1} 个这样的答案就足以找到。因此这就是它的阈值小于 $\frac{T_{i-1}}{m}$ 的概率，条件是它不小于 $\frac{T_{i-2}}{m}$。选择 T_{-1}、S_0 和 T_0 的值只是为了使这些递归式适用于 $i=1$ 和 $i=2$，并且我们当然定义 $F(-\infty) := 0$。

对于按比例缩放过程 $\tilde{X}_i = \dfrac{X_i}{m}$、$\tilde{Y}_i = \dfrac{Y_i}{m}$、$\tilde{S}_i = \dfrac{S_i}{m}$和 $\tilde{T}_i = \dfrac{T_i}{m}$，递归式显得更整洁一些：

$$\tilde{Y}_1 \mid \{\tilde{X}_1\} \sim \frac{1}{m}\mathrm{Bin}(m, F(\tilde{X}_1)), \tag{2}$$

$$\tilde{X}_i \mid \{\tilde{S}_{i-1}, \tilde{T}_{i-1}, \tilde{T}_{i-2}\} \sim \frac{1}{m}\mathrm{Bin}\left(m(1-\tilde{S}_{i-1}), \frac{F(\tilde{T}_{i-1}) - F(\tilde{T}_{i-2})}{1-F(\tilde{T}_{i-2})}\right), \tag{3}$$

$$\tilde{Y}_i \mid \{\tilde{T}_{i-1}, \tilde{S}_i, \tilde{S}_{i-1}\} \sim \frac{1}{m}\mathrm{Bin}\left(m(1-\tilde{T}_{i-1}), \frac{F(\tilde{S}_i) - F(\tilde{S}_{i-1})}{1-F(\tilde{S}_{i-1})}\right)。 \tag{4}$$

当 $m \to \infty$ 时，我们有理由预期上面这些随机过程能很好地用它们的确定性形式来近似表示，我们取

$$\tilde{x}_1 = E[\tilde{X}_1],$$

$$\tilde{y}_1 = E[\tilde{Y}_1 \mid \tilde{X}_1 = \tilde{x}_1],$$

$$\tilde{x}_i = E[\tilde{X}_i \mid \tilde{S}_{i-1} = \tilde{s}_{i-1}, \tilde{T}_{i-1} = \tilde{t}_{i-1}, \tilde{T}_{i-2} = \tilde{t}_{i-2}], i = 2, 3, \cdots,$$

$$\tilde{y}_i = E[\tilde{Y}_i \mid \tilde{T}_{i-1} = \tilde{t}_{i-1}, \tilde{S}_{i-1} = \tilde{s}_{i-1}, \tilde{S}_{i-2} = \tilde{s}_{i-2}], i = 2, 3, \cdots。$$

通过计算这些表达式，我们得到一个简单的递归体系：

$$\begin{aligned}
\tilde{x}_1 &= F(0), \\
\tilde{y}_1 &= F(\tilde{x}_1) &&= F(\tilde{s}_1), \\
\tilde{x}_2 &= F(\tilde{y}_1) - F(0) &&= F(\tilde{t}_1) - F(0), \\
\tilde{y}_2 &= F(\tilde{x}_1 + \tilde{x}_2) - F(\tilde{x}_1) &&= F(\tilde{s}_2) - F(\tilde{s}_1), \\
\tilde{x}_3 &= F(\tilde{y}_1 + \tilde{y}_2) - F(\tilde{y}_1) &&= F(\tilde{t}_2) - F(\tilde{t}_1), \\
&\cdots
\end{aligned}$$

精简该体系，得出以下非常简单的方程组：$\tilde{s}_0 = | \tilde{t}_0 = 0$，以及

$$\tilde{s}_i = F(\tilde{t}_{i-1}), \quad \tilde{t}_i = F(\tilde{s}_i),$$

或者

$$\tilde{s}_i = F(F(\tilde{s}_{i-1})), \quad \tilde{t}_i = F(F(\tilde{t}_{i-1})), \quad \tilde{s}_0 = 0, \quad \tilde{t}_0 = F(0)。 \tag{5}$$

由于 F 是一个递增函数，因此序列 $\tilde{s}_i$ 和 $\tilde{t}_i$ 都在递增，并且由于它们的上

界为 1，因此它们都收敛到 F 的最小不动点，称之为 s_*：

$$s_* = \min\{s:F(s)=s\} = \min\{s:G(s)=0\}, \tag{6}$$

其中我们定义 $G(x):=F(x)-x$。对于随机阈值 $\{\varphi_x\}$，其累积分布函数 F 满足对于一切 x 有 $F(x)<1$（或者对于一切 x，其密度 $f_\varphi(x)>0$）。例如对于我们在大部分情况下会使用的高斯分布，我们有 $s_*<1$，因此已解得的答案的（渐近）比例会小于 1。不过，这是可以预料到的，因为（比如说）会存在着正比例的有抵抗力的交叉答案，这就排除了完全解答的可能性。

图 8.4 显示了过程(2)—(4)的一些精确随机模拟结果。其中有两种有趣的情况背离了式(6)的确定性预测：

- 如果存在着某个 u_* 小于并远离 s_*，从而对于 $G(x)$，$G(u_*)$ 达到一个足够小的局部最小值。在这种情况下，在 mu_* 附近的那些值处的实际进程很可能会消失，即使理论预测最终的解集在 ms_* 附近。因此，我们可能会预期最终解答的大小分布呈双峰分布，聚集在 ms_* 和 mu_* 附近（图 8.4，左上）。在这种情况下，随机性产生了一些解的大小比确定性预测的结果要小。这里的关键是，只要这个过程在一个时间步长上稳定下来，它就会永远保持不变：这是这个过程的非马尔科夫性的表现之一。
- 如果 s_* 的值使得 $|G(s_*)|\ll 1$，那么在 s_* 处几乎存在着 G 的一个二重根，并且 G 还会有一个更大的根 $v_*>s_*$。在这种情况下，$\{s_i\}$ 和 $\{t_i\}$ 可能由于随机效应而跳过 s_* 处的根，收敛于 v_* 附近的一个值。在这种情况下，仍然是双峰分布（图 8.4，右上），但是有些值超过了确定性预测的结果。

将这两种情况结合起来，我们可以说，如果 G 有一个拟双根 u_*（即一个点 $u_*\in[0,1]$，使得 $|G(u_*)|$ 和 $|G'(u_*)|$ 都很小），那么我们就能预测到最终解答的大小分布有一个双峰分布。

图 8.4 显示了在一个 100×100 网格上运行(2)—(4)的 500 个独立实例的最终解答大小分布，以及阈值独立同分布 $\varphi_x\sim\text{Normal}(\mu,\sigma)$，其中 μ、σ 的值标注在图中。请注意，下面一行与式(6)的理论预测一致，上

面一行显示了讨论过的两种接近临界情况下的双峰分布。

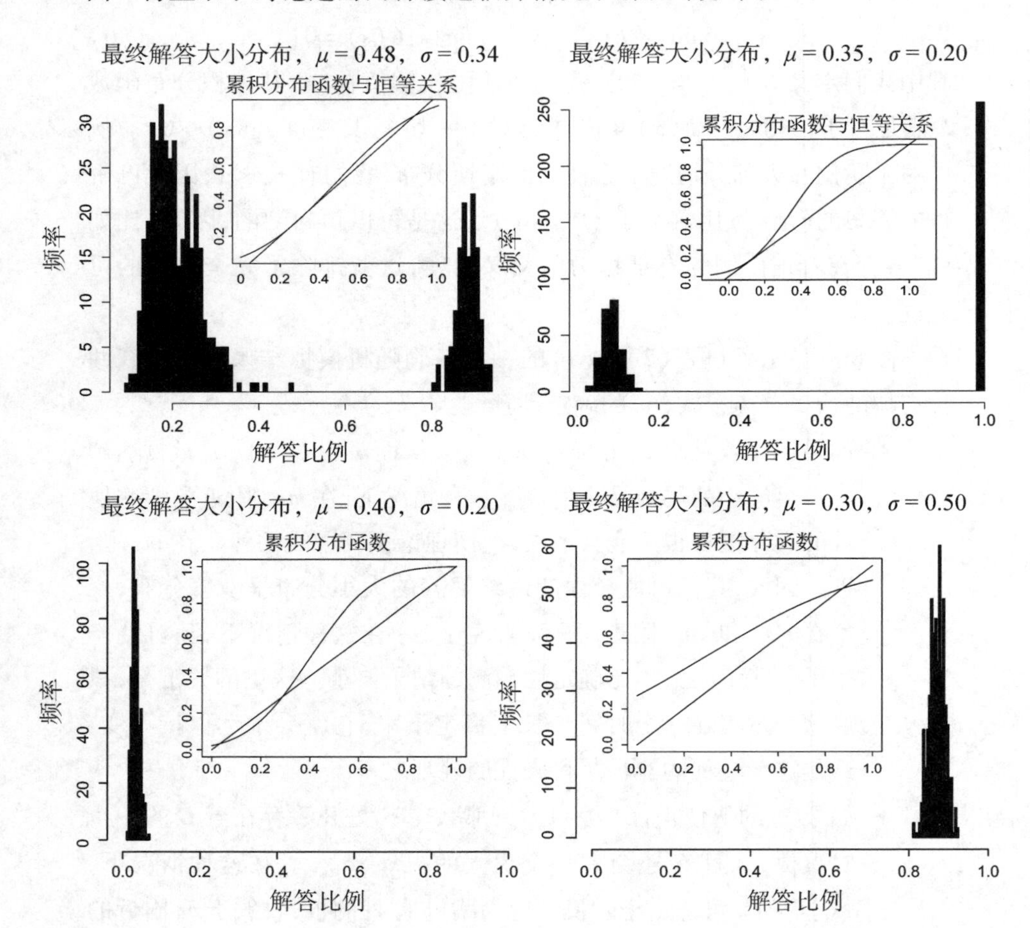

图 8.4　在一个 100×100 网格上用正态分布 Normal$(\mu,\ \sigma)$ 阈值运行 500 次模拟所得的最终解答比例分布，μ 和 σ 的值标注在图中。嵌入小图是对应的正态累积分布函数 F 与恒等的图线比较——在上面的两种情况中，$F(x)-x$ 都有一个小的拟双根(一个实际根在左上)，并且在两种情况下，我们都看到了一个双峰分布。下面的两种情况远非临界状态，因此模拟结果与确定性预测相符。

这些结果与格利森(Gleeson)和卡哈兰(Cahalane)的发现相似，这两位作者在这篇论文[4]中还为树状网络上的级联建立了一个定点方程，用于确定被激活节点的最终比例。

因此,要找到已解得的答案在 $K_{m,m}$ 中的最终分布,如果 m 很小,我们就应该用(2)—(4)给出的转换来模拟随机过程,如果 m 很大,就简单地用数值方法来解不动点方程(6)。请注意是否存在 $G(x)$ 的拟双根。

5. 网络特征和对实际字谜的模拟

这里将引用《纽约时报》周日版的真实字谜[10],建立它们的纵横字谜网络,然后显示在网络上运行级联解答过程的结果,难度阈值 φ_x 取为独立的正态分布 Normal(μ, σ)随机变量,其中的 μ、σ 取各种不同的值。首先,我们将描述几种预期与解答大小相关的网络统计数据。然后,我们将实际字谜网络上的模拟结果与不同网络上的结果(这些结果仍然保留了原始网络的一些特征)作比较,以此来研究那些网络统计数据解释了输出结果的那些特征。

5.1 实际纵横字谜网络汇总统计

这里我们描述几种很可能与预测最终解答的大小相关的(低维)网络统计数据。

5.1.1 聚集。网络的聚集系数是衡量网络拥挤程度的一个量度。一般网络的聚集系数 C 通常的定义是

$$C:=3\frac{n_{\triangle}}{n_3},\tag{7}$$

其中,$n_{\triangle}$ 为三角形的数量;n_3 为网络中有序连接的三元组(即长度为 2 的路径)数量[8]。对于任何完全的网络,这个量 C 为 1,其中每对节点都有链路连接,而任何(无序的)三元组构成一个三角形。对于任何没有循环的网络(即树),C 为 0。但对于像二维晶格这样的网络,C 也为 0。事实上,对于所有的二分网络,C 都显然为 0。因此对于所有的纵横字谜网络,C 都为 0。所以我们需要修改定义(7)来得到一些对我们有用的东西。最近有人提出了关于二分网络聚集系数的各种定义[7,13],每种定义都有其自身的优点和复杂程度。为了简单起见,我们将自己局限于网络的(定标)正方形统计:如果一个二分图包含可能达到的最多的正方形(即长度

为 4 的循环),那么它就是高度聚集的。这个量的优点在于易于计算:如果 $\boldsymbol{A}$ 是网络的邻接矩阵,$\boldsymbol{d}_i=\sum_{j=1}^{n}A_{ij}$ 是节点 i 的度数,则正方形□的数量为

$$n_{\square}:=\frac{1}{8}\sum_{i=1}^{n}\left((A^4)_{ii}-d_i^2-\sum_{j\neq i}(A^2)_{ij}\right)。$$

对此可以解释如下。$(A^4)_{ii}$这一项计算从 i 开始到 i 结束的、长度为 4 的路径数量。不过,并不是所有这些都是真正的正方形:我们要减去形式为 $i\to j\to i\to k\to i$ 的路径数,这样的共有 ${d_i}^2$ 条(j 和 k 可以是 i 的任何邻点,并且可以彼此相等):我们还要减去形式为 $i\to j\to k\to j\to i$ 的路径,这些路径的数量就是从 i 开始到其他地方结束的长度为 2 的路径数。最后,$\frac{1}{8}$ 这个因子是为了避免从不同的节点或不同的方向开始计算同一个正方形。这里使用的聚集系数 γ_4 是

$$\begin{aligned}\gamma_4:&=\frac{n_{\square}}{\frac{1}{2}\binom{n_a}{2}\binom{n_d}{2}}\\&=\frac{1}{n_a(n_a-1)n_d(n_d-1)}\sum_{i=1}^{n}\left((A^4)_{ii}-d_i^2-\sum_{j\neq i}(A^2)_{ij}\right),\end{aligned}\tag{8}$$

其中 n_a和 n_d分别是横向答案和纵向答案的个数。$\left(\frac{1}{2}\right)\binom{n_a}{2}\binom{n_d}{2}$这个因子计算出可能的正方形总数,因此 $\gamma_4\in[0,1]$。

5.1.2 模块化。回顾之前的内容,如果一个网络的节点可以划分为几个子集,每个子集的内部有很多边,但是在各个子集之间则几乎没有边,那么这个网络就具有高模块性。有许多方法可以为网络的模块性分配一个标量值,在这里我们不会讨论这类问题的细节。我们简单地使用了 R 语言的 igraph 包中的函数 fastgreedy. community,该函数基于克劳塞特(Clauset)等的贪婪社团发现算法,返回 0 到 1 之间的模块化值。我们鼓励读者参阅文献[2]以了解详细信息。就我们的目的而言,只要注意到模块化得分越大,网络就越模块化,这就足够了。

5.1.3 度数分布。我们记录每个网络的度数分布的均值和标准差

（即答案长度的分布）。这些分布通常呈双峰分布，有一个或两个较大的值表示主题答案的长度，其余的聚集于4附近。

5.2 模拟经过修改的网络

为了能够确定哪些网络统计数据是最相关的，我对那些实际的纵横字谜网络运行了级联过程，并对这些网络进行了修改，删除了原始网络的一些属性，然后在经过修改的网络上也运行了级联过程。我分析的网络是：

- 来自《纽约时报》周日版的纵横字谜游戏[10]的两个网络 G_1 和 G_2。每个字谜的网格都是 21×21 的正方形。
- 保持与 G_i 相同的度数序列，但对各边按照莫莉（Molloy）和里德（Reed）[9]的所谓"配置模型"网络形式随机重新连线，由此得到的重连网络 G_1' 和 G_2'。描述这个过程的一种方法如下。我们将每条边从中间切断，于是留下的每个节点都有一定数量的残端。然后我们随机地将残端配对，形成一个新的网络。这样，每个节点的度数都保持不变，但网络不一定还是二分的，并且可能会丢失很多聚集和模块性。
- 与 G_1 具有相同平均度数的埃尔德什-雷尼（Erdös-Rényi）随机网络 E。我们可以把 E 想象成按照以下过程构成：从 G_1 中移除所有的边，并将每条边重新连接到随机选择的一对新顶点上。这与重新连线有类似的效果，同时也稍稍降低了度数的变化。这个网络还引入了孤立节点，除非它们的阈值 $\leqslant 0$，否则这些节点的答案永远无法找到。
- 来自图8.3中的加密纵横字谜网络 C。

表8.1给出了来自5.1中的网络统计数据。最后一行中的 μ_{max} 表示在数个难度阈值分配下（对于某个 σ 值）仍然允许完全解答字谜的最大平均难度阈值。理想的字谜应该尽可能难，但同时又仍然是完全可解的。按照这一理念，这个 μ_{max} 就应该是一位字谜构造者应该力争的理想平均线索难度。

表 8.1　样本纵横字谜的网络统计

参数	G_1	G'_{12}	G_2	G'_2	E	加密字谜 C
横向答案和纵向答案的数量	64,74	—	63,74	—	—	16,14
答案总数 n	138	138	140	140	138	30
$\gamma_4 \times 10^3$	0.195	—	0.165	—	—	0.235
度数均值	5.246	5.246	5.300	5.300	5.246	7.4
度数标准差	2.733	2.733	2.752	2.752	2.616	2.222
模块化得分	0.702	0.379	0.618	0.407	0.386	0.582
μ_{max}	0.25	0.32	0.28	0.33	0.08	0.13

注:上表所示的网络统计数据分别对应于:从《纽约时报》周日版字谜生成的纵横字谜网络 G_1、G_2;对它们进行重新连线的配置模型形式 G'_1 和 G'_2;具有相同平均度数的埃尔德什-雷尼随机网络 E;来自图 8.3(b)左侧网格的加密纵横字谜网络 C。5.1 中解释了这些网络统计数据;式(8)给出了 γ_4 的定义;5.1.2 中讨论了模块化得分。图 G'_1、G'_2 和 E 不是二分的,我们既无法定义"横向"和"纵向"节点,也无法定义二分聚集系数 γ_4,这就是这些条目没有值的原因。

5.3　模拟结果

使用 R 语言中的 igraph 包,我在 5.2 中提到的网络 G_1、G'_1、E 和 C 上生成了级联解答过程。对于每一个字谜,我为难度阈值选择了一个正态的 Normal(μ, σ)阈值分布,其中的 μ 和 σ 都有一定的取值范围。我为每一对已找到的(μ, σ)确定答案的比例。附录 I 的图 8.5—图 8.7 中的区域分别表示如下含义。

- 1:已找到 100% 的答案。
- 2:已找到 90% 到 99% 的答案。在这些情况下,除了具有异常高阈值的一个小的聚集或几个孤立答案之外,字谜已经完全得解。
- 3:已找到 50% 到 90% 的答案。
- 4:已找到 5% 到 50% 的答案。
- 5:已找到的答案不到 5%。在这种情况下,也许能找到极少的一些答案具有较低难度阈值,但是由于平均阈值太高,因此不允许任何形式的解答级联。

图 8.5—图 8.7 和附录Ⅰ中展示了这些区域。纵轴是阈值均值 μ,横轴是其标准差 σ。μ 和 σ 的范围都是[0,0.5],间隔为 0.005(即 100 × 100 个数据点)。

5.4 解答示例

附录Ⅱ中的图 8.8—图 8.12 显示了一个带有几种不同阈值分布的字谜网格:已找到答案的网格部分用灰色填充。熟练的纵横字谜玩家可能会从他们无法完成的顽固字谜中辨认出一些已部分解答的模式!

5.5 解释结果

比较图 8.5 中的前两张图,我们可以看到,通过消除解答过程无法达到的紧密连接聚集的可能性,重新连线网络中模块化降低,从而增大了可能存在完全解答的区域。这种效应可以在图 8.8 的网格中清楚地看到。事实上,对于低模块化的连接网络,我们会预期节点保持非活动状态主要是因为其阈值较高,而不是因为与活动节点聚集断开连接。

对于图 8.6(b)中的埃尔德什-雷尼网络,极少见到完全的解答,这仅仅是因为该模型允许孤立节点,它们只在一开始就是种子的情况下才能被激活。不过,接近完全解答比例(区域 2)的轮廓与重新连线网络的轮廓相似,这表明原始网络的度数分布变化似乎没有发挥重要作用(除了允许出现度数为 0 的节点之外)。

最后,图 8.7(b)所示的加密字谜的图显示,只有当平均线索难度相当低(最多在 10% 左右)时,加密字谜才是可解的。当然,这是意料之中的,因为在加密字谜中,一个答案中的字母数通常严格大于交叉答案数。

6. 结论

毫无疑问,任何一位纵横字谜爱好者都有过这样的经历:某一天能够轻松地解出一个字谜,但第二天(或下一周)对一个看起来难度相当的字谜却几乎束手无策。是解谜者突然失去了解答纵横字谜的本领,还是说发生这样的事情是预料之中的,能不能定量地解释它们?为了解释这种现象,我们试图量化纵横字谜解答的动态过程,特别是确定字谜结构和线索难度如何相互影响,从而确定整道字谜的难度。

至关重要的是,这个模型有一个随机元素,以解释两位不同解谜者在如何感知一条线索的难度时,他们之间不可避免的差异。这种随机性反过来又导致在这些字谜的解答中可以观察到的不可预测的行为。纵横字谜网格结构用一个网络或图对象表示,其中交叉答案表示相互连接的节点,并使用受流行病学分析或趋势扩散分析启发而建立的随机级联模型来描述解答在字谜中的扩展。

我们首先考虑一个没有黑色方格的虚构字谜的情况,因此这是一个简单的、基本上是完全的二分网络。在这种情况下已经证明,可以找到的答案比例可以通过一个包含线索难度阈值分布函数的简单不动点方程的解得到很好的估计,除非这个不动点处于接近临界的情况,在这种情况下,线索难度的随机性对最终解答的大小分布有明显影响。

真实的纵横字谜具有复杂的结构,不可能有如此工整的解析解。相反,解答过程是在实际字谜上的模拟,并且我们确定一个真正的字谜也许是完全可解的,即使为了找到一个答案,平均需要出现25%左右的字母。将实际字谜的结果与其经过修改的形式的结果进行比较,我们发现原字谜的模块化是实现完全解谜的关键障碍。例如,图8.9中的模拟解答就证明了这一点,其中由紧密连接的答案所构成的模块阻碍了解答在字谜其余部分中的扩展。

通过这样的模拟,我们能够确定线索难度分布与最终找到的答案的比例之间的关系。从字谜构造者的角度来看,这有助于表明对于一些理想化的解谜者,要使线索达到希望的整体字谜难度有多么困难。相反,从解谜者的角度来看,这表明了他或她可以预期能解答的字谜难度范围。

致谢

感谢北卡罗来纳州研究三角园统计与应用数学科学研究所2010—

2011 年复杂网络项目的组织者和参与者,他们为本项目提供了灵感。同样感谢匿名的审稿人提供了许多有用的意见,极大地提高了本文的清晰度和流畅性。

附录 I　对(μ, σ)参数空间的模拟

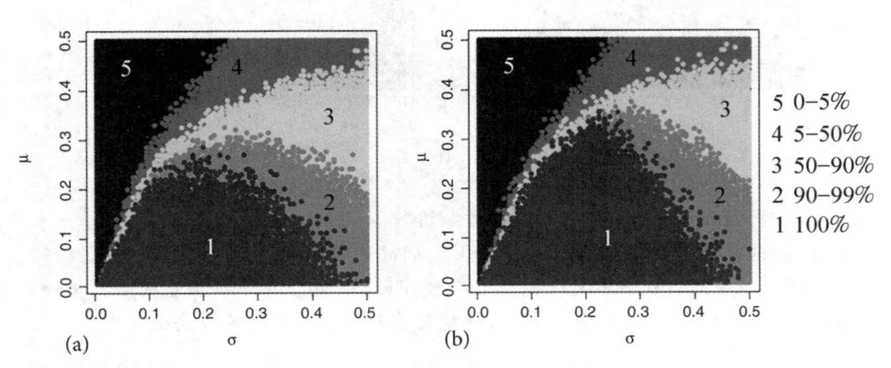

图 8.5　对 Normal(μ, σ)阈值的级联过程进行 10 次模拟的平均解答比例,每一对(μ, σ)值的范围为 $0\leqslant\mu\leqslant0.5$, $0\leqslant\sigma\leqslant0.5$,间隔为 0.005。(a)标准 21×21《纽约时报》周日版字谜 G_1;(b)5.2 中所述的重新连线的配置模型网络 G_1'。当这个重新连线的网络参数范围更大时,有可能获得一个完全解答,这是因为原网络的大量模块性已经被去除。

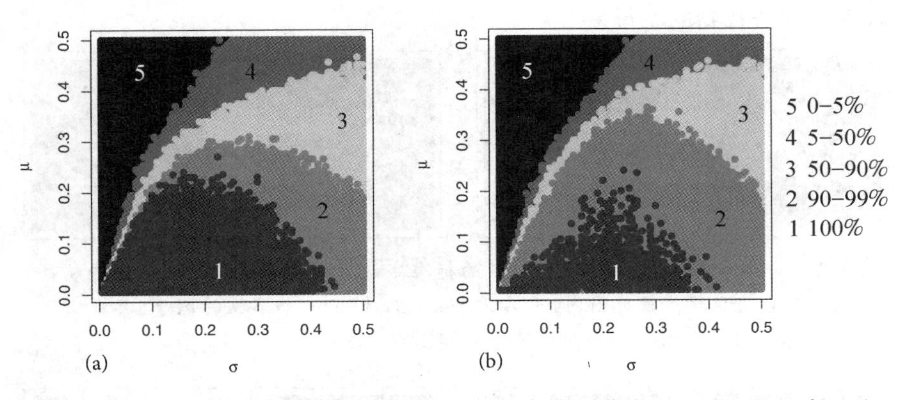

图 8.6　对 Normal(μ, σ)阈值的级联过程进行 10 次模拟的平均解答比例,每一对(μ, σ)值的范围为 $0\leqslant\mu\leqslant0.5$, $0\leqslant\sigma\leqslant0.5$,间隔为 0.005。(a)标准 21×21《纽约时报》周日版字谜;(b)具有相同边数的埃尔德什-雷尼随机网络 E(如 5.2 所述)。埃尔德什-雷尼网络中的孤立节点甚至可能在参数能使字谜变得容易的情况下阻止产生完全解答。不过,埃尔德什-雷尼网络的区域 2 较大,这是因为模块性已经降低,正如图 8.5 中重新连线的网络那样。

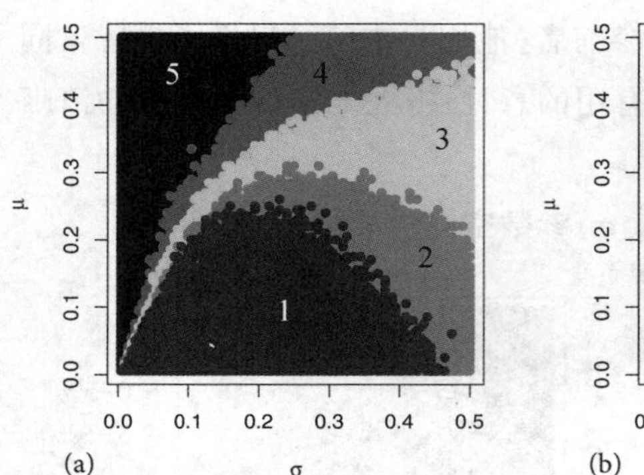

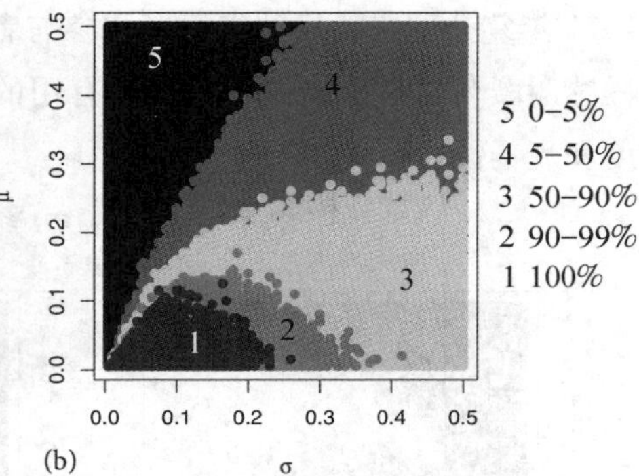

图 8.7　对 Normal(μ, σ)阈值的级联过程进行 10 次模拟的平均解答比例，每一对(μ, σ)值的范围为 $0\leqslant\mu\leqslant0.5$，$0\leqslant\sigma\leqslant0.5$，间隔为 0.005。(a) 标准 21×21《纽约时报》周日版字谜；(b) 图 8.3 中的加密纵横字谜 C。由于这个加密字谜比较稀疏，因此正如预期的那样，我们可以看到，能找到完全解答的参数集合要小得多。

附录 II　部分解答网格的可视化

正如 5.4 中提到的，下面这些图形表示一个《纽约时报》周日版字谜对于各种不同难度阈值参数的最终解答，每组参数都有四个解答实例。黑色方块就是原字谜中的黑色方格，灰色方块是答案已解的字母，白色方块则是无法找到的字母。

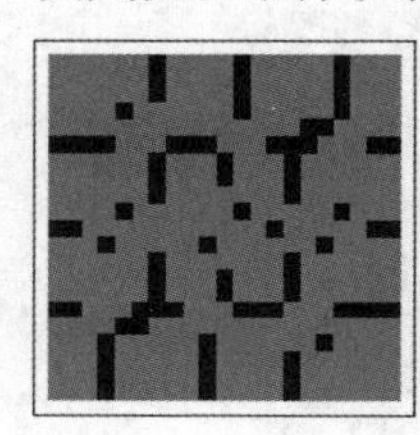
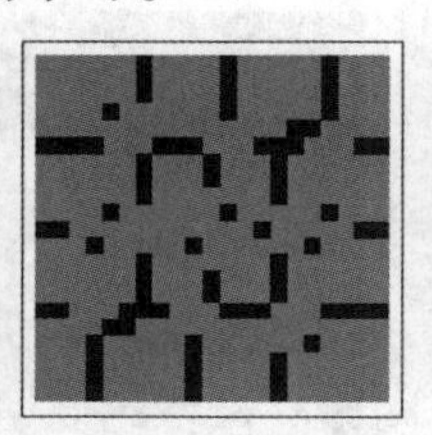
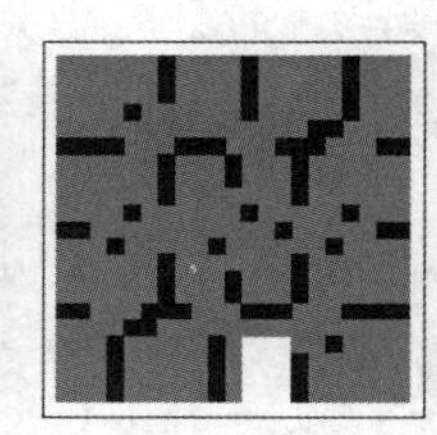
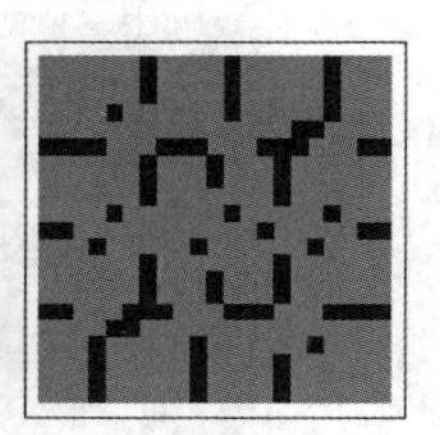

图 8.8　一个 Normal(0.2, 0.23) 阈值的标准字谜上的四个解答实例。这些参数值游刃有余地位于可解范围内，而第三个字谜提供了一个罕见的例子，其中出现的顽固答案聚集(白色区域)阻碍了完全解答的出现。

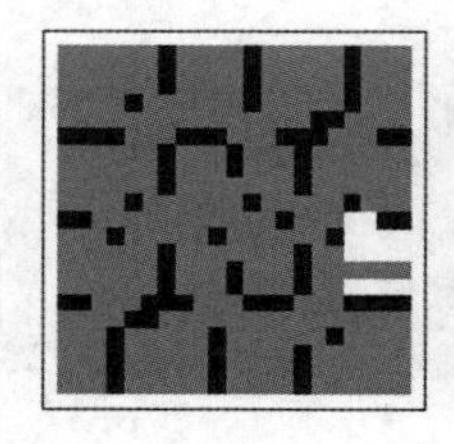
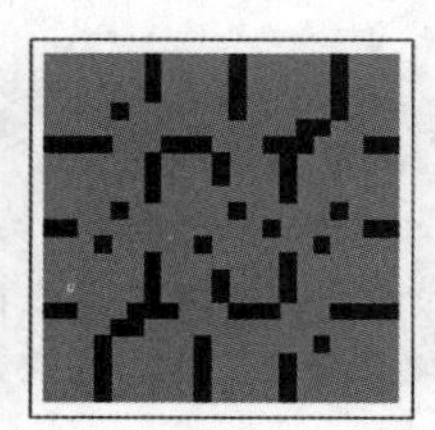
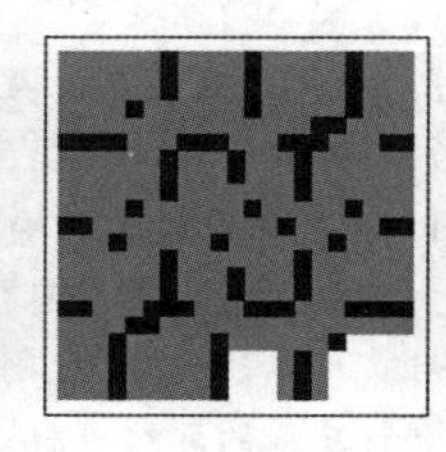
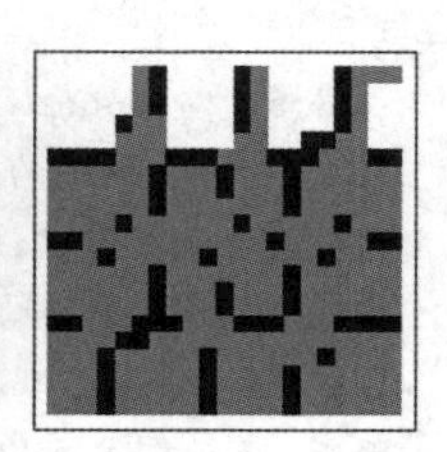

图 8.9　一个 Normal(0.2, 0.23) 阈值的标准字谜上的四个解答实例。这些字谜大部分可解，但以上情况很好地说明了网络模块化的影响：有一些答案的孤立小区域(可假定其阈值很高)中的解答不发生传播(白色)，这是因为这些孤立小区域与字谜其余部分的联系很弱。

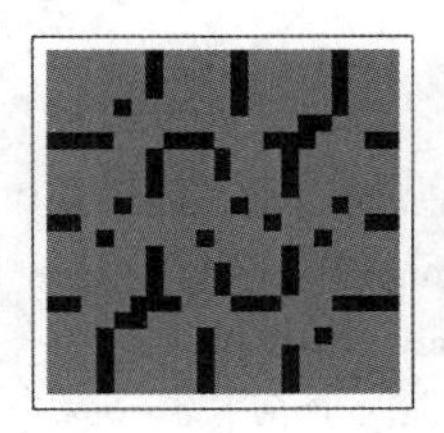 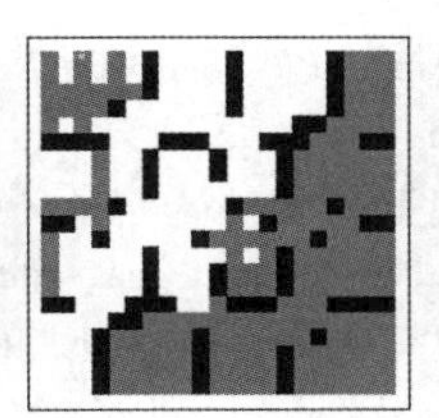 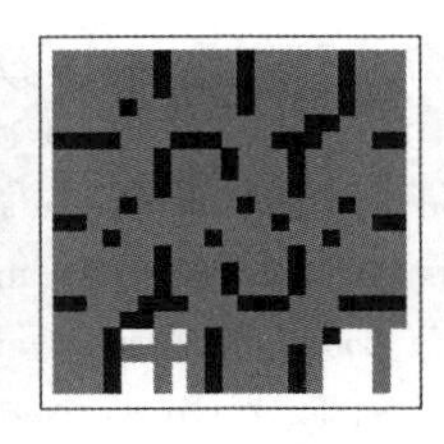 

图 8.10　一个 Normal(0.3, 0.23)阈值的标准字谜上的四个解答实例。请注意在这种情况下,找到的答案的数量差异很大,这表明这些参数接近一个临界阈值。

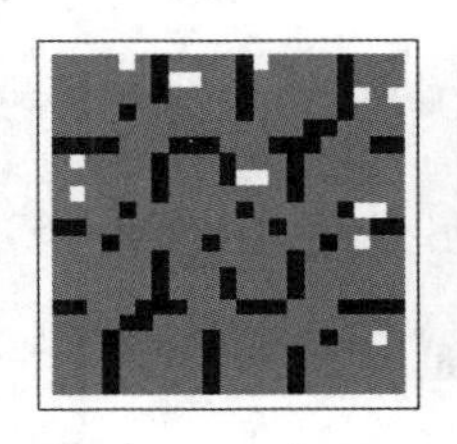 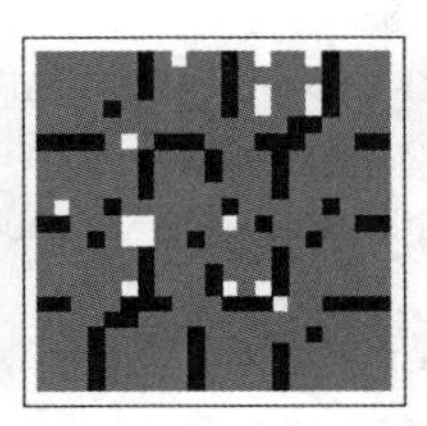 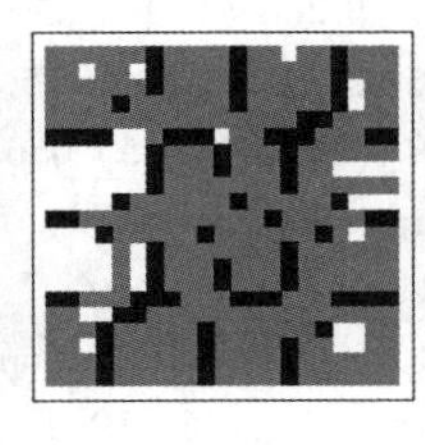 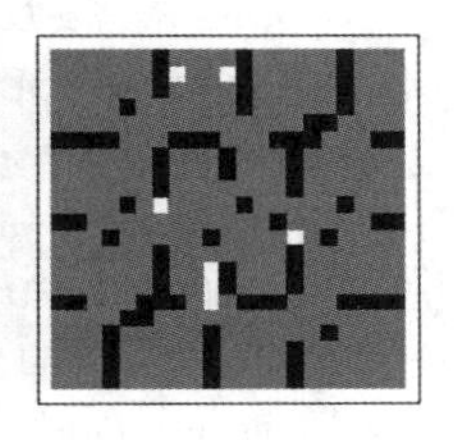

图 8.11　一个 Normal(0.25, 0.5)阈值的标准字谜上的四个解答实例。与图 8.9 中一样,这些字谜大部分已解答,但是阻碍出现完全解答的障碍是不同的。在图 8.9 中,网络的模块化是主要问题。请注意这里的许多孤立白色方块:因为在 $\sigma=0.5$ 时,阈值标准差很大,因此有数量显著的答案,它们的阈值如此之高,以至于即使只缺失一个字母也无法找到它们。

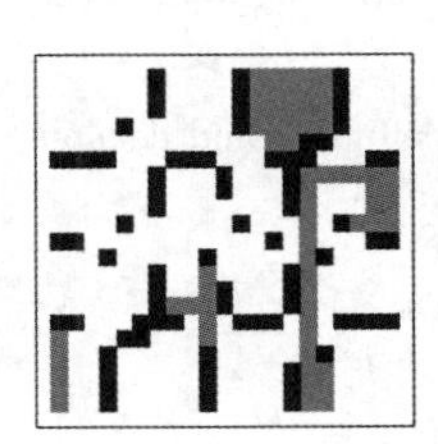 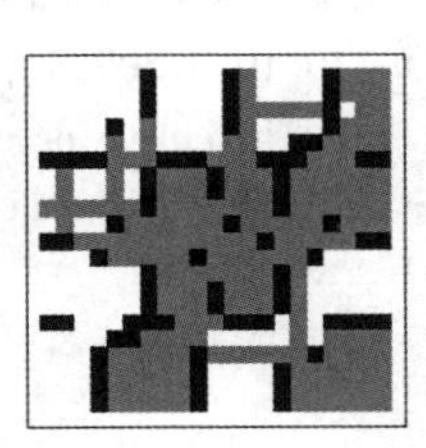  

图 8.12　一个 Normal(0.4, 0.23)阈值的标准字谜上的四个解答实例。总的说来,这种情况下的线索太难,但是请注意,找到的答案在数量上有很大的差异。在第二个例子中,一开始找到了足够多的简单种子答案,从而提供了覆盖网格一半以上的答案级联。而在第四个例子中,种子答案太少,它们交叉的地方又太少,因此解答完全没有发生级联。(在流行病学背景下,这正是人们希望出现的情况!)

参考文献

[1] J. Balogh and B. G. Pittel. Bootstrap percolation on the random regular graph. *Rand. Struct. Alg.* (December 2006) 257 – 286.

[2] A. Clauset, M. E. J. Newman and C. Moore. Finding community structure in very large networks. *Phys. Rev. E* **70** (2014) 066111.

[3] S. Fortunato. Community detection in graphs. *Phy. Rep.* **486** No. 3 – 5 (2010) 75 – 174. DOI: 10.1016/j. physrep. 2009. 11. 002.

[4] J. P. Gleeson and D. Cahalane. An analytical approach to cascades on random networks, in J. Kerstész, S. Bornholdt, and R. N. Mantegna, editors, *Proc. SPIE Noise and Stochastics in Complex Systems and Finance*, Florence, Italy, 66010W, 2007.

[5] M. J. Keeling and K. T. D. Eames. Networks and epidemic models. *J. R. Soc. Interface* **2** (2005) DOI: 10.1098/rsif. 2005. 0051.

[6] M. J. Keeling. The effects of local spatial structure on epidemiological invasions. *Proc. R. Soc. Lond. B* **266** (1999) 859 – 867.

[7] P. G. Lind, M. C. González and H. J. Herrmann. Cycles and clustering in bipartite networks. *Phys. Rev. E* **72** (2005) 056127.

[8] M. E. J. Newman. Random Graphs with Clustering. *Physical Review Letters* **103** (2009) 058701.

[9] M. Molloy and B. Reed. A critical point for random graphs with a given degree sequence. *Rand. Struct. Algor.* **6** (1995) 161 – 180.

[10] W. Shortz, editor. *Everyday Sunday Crossword Puzzles*. St. Martin's Griffin, New York, (2006).

[11] D. J. Watts. A simple model of Global cascades on random networks. *PNAS* **99** No. 9 (2002) 5766 – 5771.

[12] D. J. Watts and S. H. Strogatz. Collective dynamics of "small-world" networks. *Nature* **393** No. 6684 (1998) 409 – 10. DOI: 10.1038/30918.

[13] P. Zhang, J. Wang, X. Li, Z. Di and Y. Fan. The clustering coefficient and community structure of bipartite networks. *Physica A* **387** (2008) 27.

九、由外而内：推广的斯洛瑟伯-格拉茨玛-康韦难题的求解

史密斯

斯洛瑟伯-格拉茨玛-康韦（Slothouber-Graatsma-Conway）益智游戏要求你将 6 块 $1\times2\times2$ 的积木和 3 块 $1\times1\times1$ 的积木组合成一个 $3\times3\times3$ 的立方体，如图 9.1 所示。这个益智游戏在一开始就可能很难解答：立方体的对称性决定了它只有一个解。相比之下，著名的 $3\times3\times3$ 索玛立方体（Soma Cube）会有 240 种不同的解。

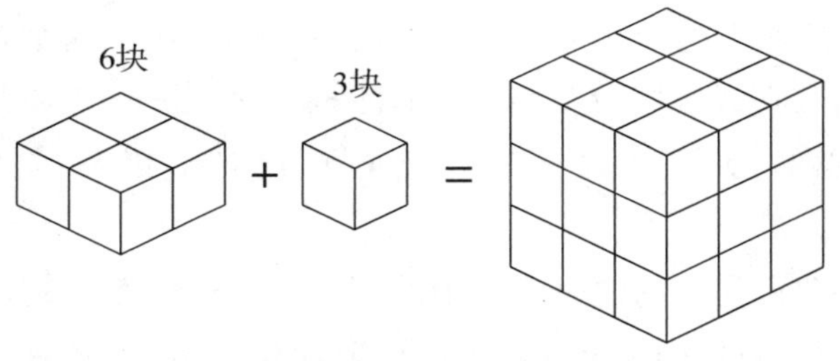

图 9.1　你能解答这个益智游戏吗？

如果你从未尝试过解答这个益智游戏，那么请立即停止阅读并尝试一下！你当地的五金店或消闲品商店可以提供木制立方体和胶水，或者你可能会发现，这道益智题也并不太难，又或者你也许可以在你最喜欢的益智游戏商店或大型在线商店找到这个益智游戏。

斯洛瑟伯-格拉茨玛-康韦益智游戏已被推广到更大的立方体，而本文的重点正是刘（Andy Liu）传递给我们的这种益智游戏的一个无限系列。我们的主要结果如下。

定理 1：对于任意奇正整数 $n=2k+1$，不计对称性，只有一种方法可以将 n 个 $1\times1\times1$ 小立方体和尺寸分别为

$$\begin{gathered}1\times\quad 2k\quad\times2,\\ 2\times(2k-1)\times2,\\ 3\times(2k-2)\times2,\\ \vdots\\ k\times(k+1)\times2\end{gathered}$$

的长方体（其中每种尺寸各6个）组合成一个 $n\times n\times n$ 的立方体。

根据佩尔科维奇（Perković）[8]，并结合各种文献中提到的该益智游戏的各种原始资料，我们将（$k=1$）$3\times3\times3$ 益智游戏称为斯洛瑟伯-格拉茨玛-康韦益智游戏。当然，出现在由建筑师格拉茨玛（Graatsma）和斯洛瑟伯（Slothouber）撰写的《立方体：立方体结构纲要》（*Cubics: A Cubic Constructions Compendium*）[7]书中的第82—83、108—109页的那些图形展示了如何组装这个立方体，虽然他们书中的这些内容并不是作为益智游戏而特别给出的。伯利坎普等[3]书中的第736—737页描述了这个益智游戏，书中未对该游戏命名，但将其归功于该书的作者之一，其中将那几块 $1\times1\times1$ 的积木视为其他6块组合后留下的空洞。这个益智游戏在不同的书籍和在线益智游戏资料中有不同的名字——比如"斯洛瑟伯-格拉茨玛-益智游戏"[4]，"康韦的奇异立方体"[5]以及"把它装进去"（Pack It In）™。

不要将我们讨论的这个系列中的（$k=2$）$5\times5\times5$ 益智游戏与另一种由康韦而得名的 $5\times5\times5$ 填装益智游戏相混淆，后者有各种各样的名称："盒子里的积木"（Blocks-in-a-Box）[3]、"康韦益智游戏"（Conway's puzzle）[4]和"康韦的被诅咒的立方体"（Conway's Cursed Cube）[5]。那个益智游戏是康韦还在剑桥大学求学期间，连同我们这个 $3\times3\times3$ 益智题一起创造的，包括3根 $1\times1\times3$ 的棒，1个 $1\times2\times2$ 的长方体，1个 $2\times2\times2$ 的立方体，以及13块 $1\times2\times4$ 的长方体。我们的 $5\times5\times5$ 益智游戏也被归功于康韦[9]，但是康韦认为他应与奥贝恩（O'Beirne）[6]分享这一殊荣。这款益智玩具以"量身定做"（Made to Measure）和"承运人的困境"（Shipper's Dilemma）的名字生产和销售。有好几款益智游戏都取后一个名字。2008年2月，比勒费尔德（Ben Bielefeld）在《数学视野》（*Math Horizons*）的问题部分的第213题给出了这个益智游戏[2]。根据9月份的那一期《数学视野》[1]给出的一个提示，内布拉斯加州达纳学院（Dana College）的马克·桑德专题班（Mark Sand Special Topics class）找到了唯一解，这个班用奎茨奈（Cuisenaire®）色棒创建的模型表明了该解（图9.2）。

图 9.2　5×5×5 立方体的解。

我们这个系列中的 7×7×7 益智游戏在斯洛克姆(Jerry Slocum)的《机械益智游戏集》中被归功于康韦和蒂森(Thiessen)。

下面将描述一种解决这个系列中每种益智游戏的方法,并解释为什么不存在其他解答。最后将介绍几个相关的尚未解决的问题。

1. 放置部件

图 9.3 中的两幅图取自刺果(BurrTools),这是罗孚(Andreas Röver)开发的一个非常棒的免费软件包,可以解答各种类型的填装益智游戏。这两幅图从两个不同的视角展示了 9×9×9 益智游戏的解,展示了所有解中出现的三重旋转对称和对映对称。

图 9.3　9×9×9 立方体解答的两个视图。

那条主要定理是通过一系列引理来证明的,这些引理限制了某些部件的放置方式,从最小、最薄的开始。我们从限制那些 1×1×1 的小立方体(*tiny cube*)的放置方式开始证明。我们将 $n \times n \times n$ 立方体的一片

($slice$)定义为与该立方体六个外表面之一具有固定距离的、由 $n\times n$ 个单元格构成的正方形。例如,图9.4中用棋盘格显示了一个 $5\times5\times5$ 立方体中到左后方那个表面的距离为2的一片。

引理1(片):每一片都恰好包含一个小立方体。

证明:此立方体的每一片都是一个大小为 $n\times n$ 的正方形。由于 n 是奇数,因此一片中包含奇数个单元格。请注意,除了小立方体之外,该益智游戏的每个部件都有2条边长是偶数,因此无论它相对于各片的方向如何,它都必定与每一片相交于偶数个单元格。例如,图9.4中的 $2\times2\times3$ 部件与一片相交于一个 2×2 的正方形。因此,既然每一片都必定包含奇数个小立方体,那么它就必定包含至少其中的一个。由于只有 n 个小立方体可供分配,所以每一片中必定恰好有一个小立方体。

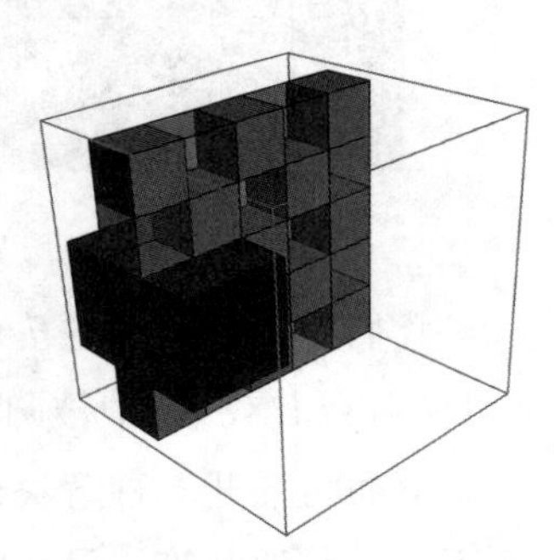

图9.4 一个 $5\times5\times5$ 立方体中的一块 $2\times3\times2$ 部件与棋盘格着色的一片相交。

虽然证明的其余部分并不需要,但请注意,除了小立方体外,任何部件与棋盘格着色的一片相交的部分中,着色单元格和不着色单元格的数量必定相同。例如,图9.4中的 $2\times3\times2$ 部件与两个着色单元格和两个不着色单元格相交。这进一步限制了每个小立方体的放置方式,因为在棋盘格着色的整个立方体中,它占据的单元格必须与包含它的每一片上的角单元格颜色相同。

下一步是将那6块平的 $1\times2k\times2$ 部件限制在该立方体的外表面。

引理2(平):立方体的每个面都恰好有一块 $1\times2k\times2$ 部件平躺在上面。

证明:根据引理1,在距离6个外表面第二近的每片中都有一个小立方体。在这个小立方体与外表面之间只有一个单元格,而这个单元格仅能用一块 $1\times2k\times2$ 部件填充:它不可能用另一个小立方体填充(这样做会把两个小立方体放在同一片中),而其他部件又太厚。

最后,我们可以在立方体最外层的片中放置一对小立方体。

引理3(角):在立方体最外层的各片中,仅有的两个小立方体位于该立方体的对角。

证明:没有任何一个小立方体可以位于最外层片的内部或其各边的中间。为了理解这一点,请考虑图9.5(a),在这张俯视图中,一个小立方体试图占据一个任意大小立方体的底部那一片上的灰色单元格。哪些部件可以占据标记为a、b、c、d的这些相邻单元格?根据引理1,任何其他小立方体不能做到。根据引理2,这四个单元格中至多有一个可以被平躺在底面上的一个$1\times2k\times2$部件占据。因此,其他三个标记的单元格必须由底面上高度至少为2的部件所占据。但是这样就会在这个灰色小立方体的正上方留下一个无法填充的单元格。

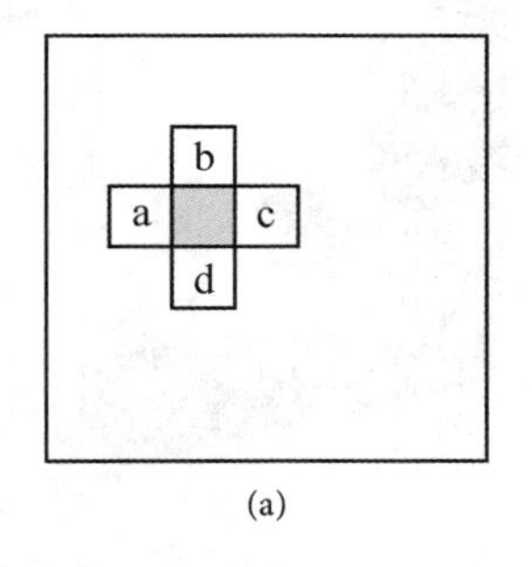

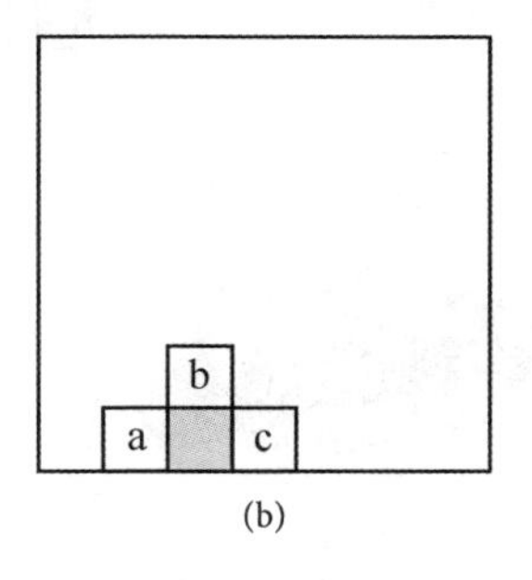

图9.5 在这两张俯视图中,灰色小立方体正上方的单元格无法填充。(a)底部片内;(b)底部片的边上。

图9.5(b)中也应用了同样的推理方法,这个小立方体试图占据边上的灰色单元格。在这种情况下,a和c这两个单元格之一可能是一个$1\times2k\times2$部件的一部分,这个部件靠着南表面平躺着。但是与前面的情况一样,这仍然会导致灰色小立方体上方有一个无法填充的缺口。

由于两个角单元格现在已被小立方体所占据,因此我们可以放置所有的$1\times2k\times2$部件了。

引理4(螺旋桨):两个对角小立方体各自被3个$1\times2k\times2$部件围绕,如图9.6(b)所示。

证明:两个对角小立方体各有三个相邻单元格。如果一个比$1\times2k\times2$部件更厚的部件占据了这三个单元格中的一个,那么另两个单元中最多只能有一个被占据(必须是被一块 $1\times 2k\times 2$ 部件占据)。所以这三个相邻的单元格必须被三块 $1\times 2k\times 2$ 部件占据,它们靠着这个立方体的三个不同的外表面平躺着。

对于 $k>1$ 的情况,不计对称情况,这三块部件各自都只有两种可能的放置方式,而图 9.6(a)显示了为什么其中一种方式不奏效:这块部件与右前方那个面之间的单元格无法填充,因为与对角上的小立方体相邻的三块 $1\times 2k\times 2$ 部件中,没有一个能够到达这个单元格。于是,图 9.6(b)中显示的螺旋桨形状是唯一可能的构形(不计对螺旋桨方向的反射情况)。

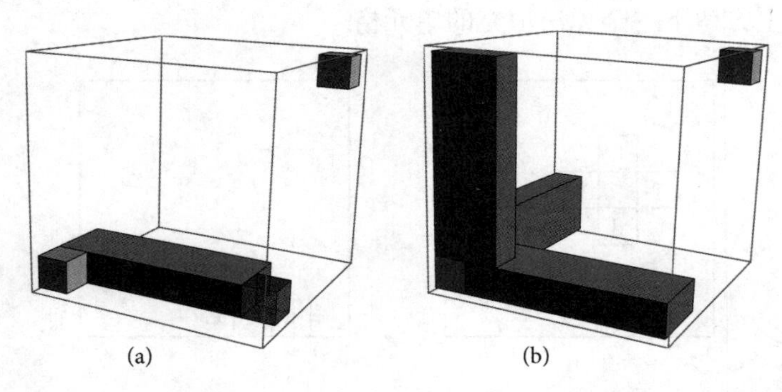

图 9.6 只有一种正确方式来将一块 $1\times 2k\times 2$ 部件放置在一个顶角小立方体旁边。(a)不奏效;(b)正确放置方式。

当 $k=1$ 时,$1\times 2k\times 2$ 部件为 $1\times 2\times 2$,因此此时比 $k>1$ 时的对称性更高。于是只有一种(而不是两种)方法可以把这样一块部件放在一个顶角小立方体旁边。将 6 块部件以这种方式全部放置好,并将最后一个小立方体放入中心单元格,这样就完成了 $3\times 3\times 3$ 益智游戏。

对于 $k>2$ 的情况,我们还不能把三块 $1\times 2k\times 2$ 部件构成的螺旋桨放在另一个顶角小立方体的旁边,因为我们还没有排除它的两个可能方向之一。无论哪个方向是正确的,都强制我们再放置两个小立方体,如图 9.7(a)所示,因为没有其他剩余的部件可以填充这两个单元格中的任何一个,而不会在附近的三个外表面之一旁边留下宽度为 1 的一个无法填充的间隙。当 $k=2$ 时,第二个螺旋桨的方向相对于第一个螺旋桨的方向必须是恰好相反的，从而使 6 个 $2\times3\times2$ 部件能（仅一种方式）填充这两个螺旋桨之间的那些单元格，这样就完成了这个 $5\times5\times5$ 益智游戏。

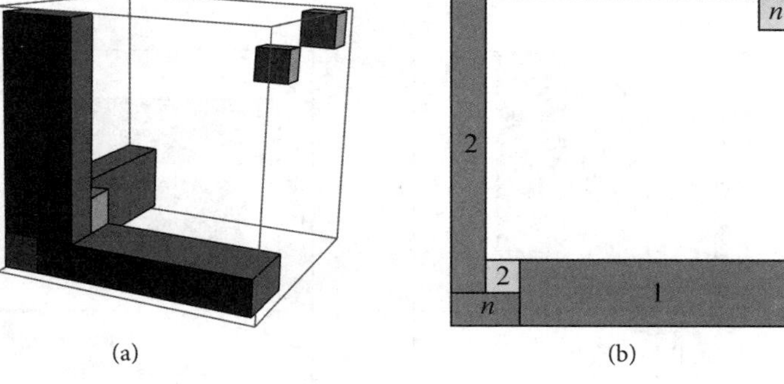

图 9.7 在引理 5 之前强制放置的各部件的两个视图。(a) 三维视图；(b) 俯视图。

接下来的几张图以俯视图的形式给出，以便更容易地显示各重要部件的可能放置方式。部件上的标记是高于底面的高度，在一块标记的部件下方的所有单元格都已被占据。图 9.7(b) 的右上角有一个 n，这是因为无论为围绕着这个小立方体的螺旋桨选择哪个方向，该单元格下方的柱体现在都已被占据。

在最后一条引理中，我们放置那 6 块 $3\times(2k-2)\times2$ 的部件，然后放置那 6 块 $2\times(2k-1)\times2$ 的部件。随后我会解释为什么这条引理基本上就是我们所需要的最后一条引理。

引理 5（三）：对于 $k>2$ 的情况，立方体的每个外表面都有一块 $3\times(2k-2)\times2$ 的部件。该部件的取向使其高度到那一面的距离为 3，并且它与一块已经放置好的 $1\times2k\times2$ 部件邻接。这也强制了那些 $2\times(2k-1)\times2$ 的部件的放置方式。

证明：根据引理 1，在距离外表面第 4 近的所有片中存在着一个小立方体。由于已经放置了四个小立方体，因此这个小立方体必须位于内部的 $(n-4)\times(n-4)\times(n-4)$ 立方体中。这个小立方体和外表面之间的三个单元格只能用一块 $3\times(2k-2)\times2$ 部件填充：其余所有部件的尺寸要么大于 3，要么是偶数。

这块 $3\times(2k-2)\times2$ 部件位于底面的什么位置？不在图 9.8 所示的四种放置方式中：这些放置方式在用 x 标记的空间中留下了宽度为 1 的无法填充的间隙。

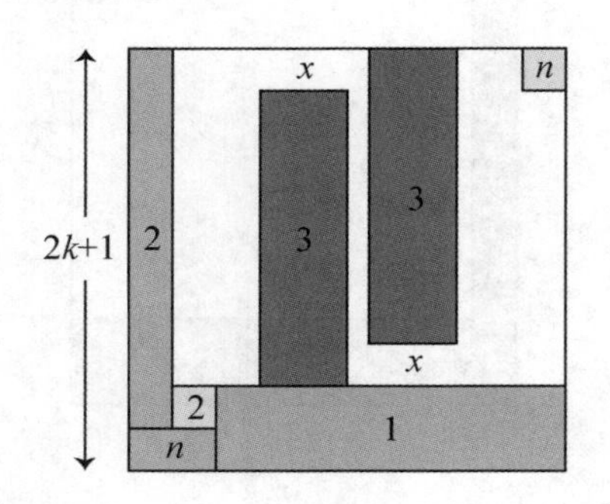

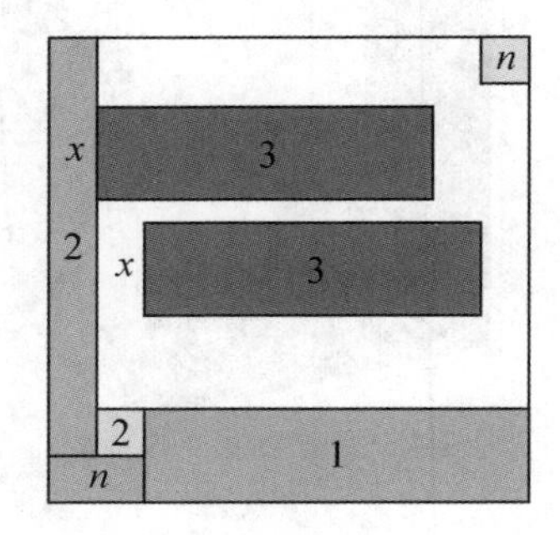

图 9.8　$3\times(2k-2)\times2$ 的那些部件不能放在这些位置上。

因此，$3\times(2k-2)\times2$ 部件唯一可能放置的方式是靠着右壁，如图 9.9(a)所示。注意最左边高度 2 以上的宽度为 3 的间隙：这个间隙只能用另一块 $3\times(2k-2)\times2$ 部件填充，必须将它放在用虚线勾勒的位置，以避免出现宽度为 1 的无法填充的间隙。

用虚线勾勒的那块 $3\times(2k-2)\times2$ 部件位于一块 $1\times2k\times2$ 的部件之上。已经放置好的各部件的对称性强制了所有 $3\times(2k-2)\times2$ 部件都以同一种方式与那些 $1\times2k\times2$ 部件邻接。图 9.9(b)中显示了两块这样的部件。

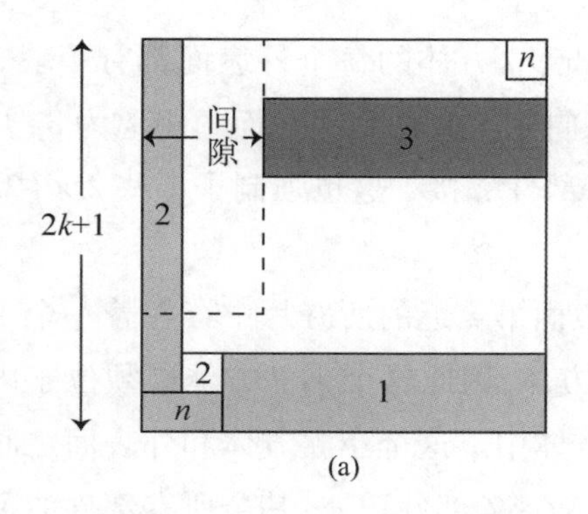

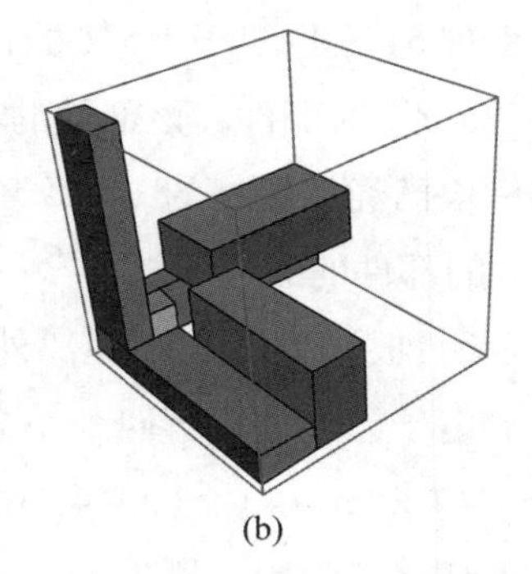

图 9.9　$3\times(2k-2)\times2$ 部件必须与 $1\times2k\times2$ 部件邻接。

现在既然这些 $3\times(2k-2)\times2$ 部件已经放置就位，那么填充它们所构成的间隙的唯一方法就是用小立方体和图 9.10 所示的那些 $2\times(2k-1)\times2$ 部件。

当 $k=3$ 时，用剩下的那块小立方体填充立方体的中心单元格，并且为对角选取对映方向是完成 $7\times7\times7$ 立方体的唯一方法。当 $k=4$ 时，对映方向也是允许用 6 块 $4\times(2k-3)\times2$ 部件填充 $9\times9\times9$ 立方体的唯一取向。

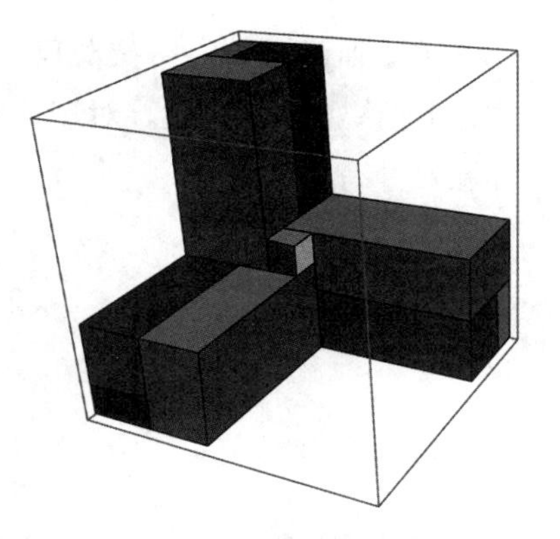

图 9.10　三种最薄的部件现在已经放置就位。

最后是完成定理 1 的证明的绝妙之处：将引理“三”复制为引理“五”，然后再复制为引理“七”，以此类推，直到引理“k”（如果 k 是奇数）或引理“$k-1$”（如果 k 是偶数）。复制过程中只需在整条引理中简单地将数字 3 都替换为数字 5，然后替换为数字 7，以此类推。（当然，你还需要在每个步骤中将相关的数字加上 2。）此时的要点是，已经放置就位的那些部件构成了更粗的螺旋桨，从而允许在这条引理的每个后续形式中采用完全相同的论证。例如，在引理“五”的证明中，$5\times(2k-4)\times2$ 部件被强制与已经放置就位的 $3\times(2k-2)\times2$ 部件相邻，而 $4\times(2k-3)\times2$ 部件会填充间隙。

2. 益智游戏继续

我立刻想到了几个悬而未决的问题。是否还存在其他有趣的填装益智游戏无限系列，其解答以一种不显见的方式具有唯一性？在我们这个系列的益智游戏中使用的部件，是否有一些可以被细分，而不计对称性的话，游戏仍然只允许一个解答？对于刚才给出的唯一性结果，是否有一种更酷的证明？这里有一个很好的事实：如果把 $n\times n\times n$ 立方体的解答的外层单元格都切掉，那么剩下的就是 $(n-2)\times(n-2)\times(n-2)$ 立方体的唯一解。但是到目前为止，我还不能用这种想法来作为一种可供选择的证明的基础，因为那种证明是由内而外的，而不是由外而内的。

关于斯洛瑟伯－格拉茨玛－康韦益智游戏还有一种进一步的推广形式，即允许边长为偶数。对于 $n>2$ 的情况，用 n 块尺寸为 $1\times1\times1$ 的部件和尺寸分别为

$$1\times(n-1)\times2,$$
$$2\times(n-2)\times2,$$
$$3\times(n-3)\times2,$$
$$\cdots$$
$$(n-1)\times1\times2$$

的长方体（其中每种尺寸各 3 个）来构建一个 $n\times n\times n$ 的立方体。

请注意，当 n 为奇数时，这些部件与前文考虑的那个系列中的部件完全相同。当 n 为偶数时，你得到的大部分部件都有 6 块，但尺寸为 $\left(\frac{n}{2}\right)\times\left(\frac{n}{2}\right)\times2$ 的部件只有 3 块。我们对奇数 n 作出的唯一性证明并不适用于偶数 n：关于片的那条引理不再成立，因为现在各片都有偶数个单元格，而且其中半数可以与其他各片相交于奇数个单元格。对于每个 n 不再有唯一解。刺果显示，不计对称性，$4\times4\times4$ 的解有 43 个，而 $6\times6\times6$ 的解有 173 个。要是能知道解的个数如何随着 n 的增大而增加就好了。

致谢

感谢比勒费尔德向我们介绍 $5\times5\times5$ 的益智游戏：感谢刘向我介绍了推广到奇数 n 的情况。还要感谢卡特勒（Bill Cutler）和他的解谜软件几年前就令我确信了 $7\times7\times7$ 益智游戏只有一个解。

参考文献

[1] Anon. Hint in Problem Section. *Math Horizons* **16** No. 1 (2008) 33.

[2] B. Bielefeld. Problem 213 in Problem Section. *Math Horizons* **15** No. 3 (2008) 32.

[3] E. R. Berlekamp, J. H. Conway, and R. K. Guy. *Winning Ways for Your Mathematical Plays*. Academic Press, Waltham, MA, 1982. (The second edition of *Winning Ways* was published by A K Peters in 2004.)

[4] S. T. Coffin. *The Puzzling Word of Polyhedral Dissections*. Recreations in Mathemat-

ics. Oxford University Press, Oxford, 1990.

[5] S. T. Coffin. *Geometric Puzzle Design.* A K Peters/CRC Press, Boca Raton, FL, 2007.

[6] J. H. Conway. Private communication, 2007.

[7] W. Graatsma and J. Slothouber. *Cubics: A Cubic Constructions Compendium.* Cubics Constructions Centre, Heerlen, the Netherlands, 1970.

[8] M. S. Perković. *Famous Puzzles of Great Mathematicians.* American Mathematical Society, Providence, RI, 2009.

[9] P. van Delft and J. Botermans. *Creative Puzzles of the World.* Key Curriculum Press, Berkeley, CA, 1993.

第三章　玩牌

十、高卢分为四部分

卡尔金、马尔卡希

深情缅怀富有远见的出版商克彼得斯(Klaus Peters),他是趣味数学的坚定支持者。他总是富有洞察力和实践精神,也始终支持好的想法和年轻的天才。他还愉快地提供了这篇论文的标题。

2003年,本文第二作者发现了某种移动一叠牌的方法,当按照这种方法重复四次时,牌就会回到初始的排列。也就是说,这种移动的"周期为四"。这种移动对牌产生了一些有趣的效果,尤其是当移动只应用了三次时[1]。在当时,解释这种移动是如何发生作用的最简单的方法是将牌分拆成三个部分。

十年后,人们偶然发现了一系列推广形式,它们的周期也是四,只应用两次就会产生有趣的结果。在本文第二作者撰写的《数学牌戏:52种新效果》(*Mathematical Card Magic: Fifty-Two New Effects*)[2]一书第九章中揭晓和应用了这些推广形式。然而,这本书只针对一种极限情况给出了证明,它不是对传统的证明进行扩展,而是使用了将牌分拆成三部分的一种不同的方式。

在这里,我们提出一种涵盖所有情况的统一证明。它将牌分成四部分。

1. 冰淇淋把戏及其背后的东西

我们首先回顾一下,在神奇的"有猫腻的三次发牌"(Low-Down Triple Dealing)[1]中,这种移动方式在2003年最初出现时的背景。

> 将一副牌的四分之一交给一位观众,并邀请她任意洗牌。要求她大声说出她最喜欢的冰淇淋口味。让我们假设她说的是"巧克力"。将这些牌拿回来放在一只手中,牌面朝下。用另一只手一张一张地抽牌(因此它们的顺序就反了),对应于"巧克力"(chocolate)的每一个字母,就取下一张牌,代表舀了一勺冰淇淋,然后把剩下的牌放在最上面(作为"浇料")。
>
> 将这一套拼写/取牌动作——有效地反转了一些牌的顺序并将它们切到底部——再重复两遍,即总共执行三遍。强调这些牌现在必定有多么随机,因为在你处理它们之前,观众已经洗过牌了,而且你对说定的冰淇淋味道也没有任何控制权。
>
> 最后让这位观众用力压住最上面的那张牌,要求她用魔法把它变成你指定的一张特定的牌,比如说方块4。当它被翻过来的时候,观众会发现它就是你指定的那张牌。

这是"有猫腻的三次发牌"中的第一个效应的一种受控形式,它发表在MAA.org[1]网站的《纸牌科尔姆》(*Card Colm*)首期专栏上,以祝贺加德纳90岁生日。在那篇专栏文章中,拼出的牌被发到一张桌子上。

很明显,你事先就知道哪张牌最后会在最上面。这怎么可能呢?答案很简单:这张牌一开始在最底下,因此当你从观众手中拿回这张牌后,必须要偷看一眼。要在不引起怀疑的情况下做到这一点,最简单的方法或许是把那四分之一副牌在桌子上轻敲以摆放整齐,轻敲时的角度要让你(而且只有你)能瞥到底牌。

剩下的完全是数学问题了:经过三轮拼写和取牌后,总是会将一开始在最底下的那张牌移到最上面,而这只需要一个很容易满足的条件。四分之一副牌的张数与拼出的单词长度之间有一个关键的联系:如果这叠牌中至少有一半已经拼出,并且因此顺序相反了,那么就会出现所声称的效果。

因此,如果四分之一副牌中包含了 12 到 14 张牌,那么任何 7 到 10 个字母给出的口味[比如说永远受欢迎的香草(vanilla)、巧克力(chocolate)或草莓(strawberry)]效果都很好。不过,如果只使用 11 张牌的话,那么最好避免 10 个字母的单词[例如草莓(strawberry),读者能看出其中的原因吗],而如果使用 15 张牌的话,那么香草(vanilla)就会出现问题。另一种可选的展示方式是,先询问想要的冰淇淋口味,然后再相应地选择牌的数量。如果观众挑了桃子(peach),那么理想情况下,这叠牌应该有 8 到 10 张。但是如果观众挑了薄荷巧克力碎片(mint chocolate chip),那么就要使用常规的 52 张牌中的大约一半。

更一般地说,假设我们从 n 张牌开始,从上到下编号为 1 到 n。确定 $k \geqslant \frac{n}{2}$,出于表演的种种原因,我们会假设 $k \leqslant n-2$。从这叠牌

$$\{1,2,\cdots,k-1,k,k+1,k+2,\cdots,n-1,n\}$$

中取出 k 张(从而使其逆序排列),并将最底下的 $n-k$ 张牌作为一个单位放在最上面,就会得到重新排列过的牌

$$\{k+1,k+2,\cdots,n-1,n,k,k-1,\cdots,2,1\}。$$

从这个角度来看,我们还完全不清楚为什么将这个过程再重复两遍就会将一开始放在最底下的牌 n 移到最上面。

设 $n=13$ 而 $k=9$,并且假设我们从按顺序排列的方块开始,使牌面朝下。图 10.1 显示了这些牌正面朝上从左到右摊开时的样子。

图 10.1　A-K◇正面朝上从左到右摊开。

如果将 9 张牌逆序并切到最底下,就会得到如图 10.2 所示的结果。

请注意,在所有这样的展示中,显示在左边的牌表示它们在这叠牌的最上面。在表演过程中,这叠牌会被收拢并且牌面朝下。

图 10.2 A-K◇,将9张牌逆序排列并切牌后。

将从1到k的前k张牌分成两部分会有所帮助。用T(top)表示上面的牌,长度为$n-k$。用M(middle)表示中间的牌,长度为$k-(n-k)=2k-n\geqslant 0$。(如果$n=2k$,也就是说如果每次处理的恰好是这叠牌的一半,那么M不存在,这不成问题。)用B(bottom)表示最后$n-k$张牌,从而整叠牌被匀称地分拆为T、M、B三部分:

$$T=\{1,\ 2,\ \cdots,n-k\},$$

$$M=\{n-k+1,n-k+2,\cdots,k\},$$

$$B=\{k+1,k+2,\cdots,n\}。$$

在上面那个例子中,我们有$T=\{1,2,3,4\}$,$M=\{5,6,7,8,9\}$,$B=\{10,J,Q,K\}$。

一般来说,我们不难看出,发k张牌,并把另外$n-k$张放在上面,就相当于作以下变换

$$T,M,B\to B,\overline{M},\overline{T},$$

其中字母上方的横线表示这一部分牌完全逆序。第二轮计数和发牌导致$B,\overline{M},\overline{T}\to\overline{T},M,\overline{B}$,因为其中一部分牌的两次逆序使其恢复到了初始顺序。第三轮的结果是$\overline{T},M,\overline{B}\to\overline{B},\overline{M},T$,于是一开始在最底下的牌就移到了最上面,而这正是前文所说的。通过更仔细的观察,我们发现原来那叠牌中至少有半数——最底下的k张牌,即M和B一起——最终移到了最上面,但顺序相反。

显然,再经过一轮拼写(即计数)和发牌,就会将原来最上面的牌放回最底下。实际上还有更多情况成立:在这样移动4次后,我们得到$\overline{B}$,

$\overline{M}, T \to T, M, B$，现在整叠牌的顺序与它一开始的顺序相同，因此我们所讨论的这种移动的周期是4。

现在我们用稍微不同的语言将其形式化。我们在上面提到的将剩余的牌放在最上面的操作，现在替换为将逆序的牌切到下面的等效操作。

从下到上和周期4原理：由 n 张牌构成的一叠，如果使其最上面的 k 张牌逆序排列，其中 $k \geqslant \frac{n}{2}$，然后将这 k 张牌切到这叠牌的最底下，那么再这样移动三次后，这叠牌中的每一张牌都会回到原来的位置。总共这样做三次，就会把原来在最底下的 k 张牌以相反的顺序移到最上面。

在这条原理的最初呈现形式中[2]，用首字母缩略词"COAT"来指代这种从上到下"数出和转移"(Counting Out And Transferring)牌。但在接下来的内容中，我们会忽略这一点，而是希望保留"c"这个字母来表示切牌。

使一部分纸牌顺序相反的一种非常快的方法就是把它作为一个单位翻折。中间穿插切牌动作，结果会得到一叠混合面朝上和面朝下的牌。马尔卡希[2]进行过相关的讨论。

我们很自然地会问，上面这些结果是否能以任何方式推广到周期为4的相关移动，以及是否存在相应的移动能在做三次的情况下将原来最上面的那张牌(如果不是更多牌的话)移到最底下。这些问题将在下文中讨论。

2. 多逆序，少切牌

我们之前的做法是，固定由 n 张牌构成一叠，选择某个 $k \geqslant \frac{n}{2}$，将这叠牌中最上面的 k 张牌逆序排列，然后再将它们全都切到最底下。现在，让我们考虑(就地)逆转 k 张牌，然后只将其中的 $n-k$ 张牌切到最底下。这是一个不那么流畅的移动，因为它毫无疑问地分为两个不同的阶段，而且还隐含着要求完全了解这叠牌的张数①。

① 当每次至少拼出一半的牌时，冰淇淋戏法中使用的招数就会起作用，我们不需要确切知道有多少张牌构成浇料。——原注

将一叠牌$\{1,2,\cdots,n\}$中最上面的k张牌就地逆序排列，然后从上到下切$n-k$张牌，就得到了下面这叠牌：

$$\{2k-n,2k-n-1,\cdots,2,1,k+1,k+2,\cdots,n-1,n,k,k-1,\cdots,\\ 2k-n+2,2k-n+1\}。$$

我们不讨论$k=n$的情况，因为此时没有牌被切，也不讨论$k=\frac{n}{2}$的情况，在这种情况下$n-k=k$：这些都是“有猫腻的三次发牌”的特殊情况。

让我们来看一个具体的例子。再次假设$n=13, k=9$，并从牌面朝下、按顺序排列的方块开始。将最上面的9张牌就地逆序排列，然后将最上面的4张牌切到最底下，结果如图10.3所示，显示的是这些牌正面朝上从左到右摊开时的样子。

图10.3　A-K◇，在将9张牌逆序排列并切了4张牌以后。

重复这一过程得到图10.4：一开始在最上面的五张牌又回到了原位。第三轮移动后得到图10.5。

图10.4　A-K◇，在经过第二轮将9张牌逆序排列并切了4张牌以后。

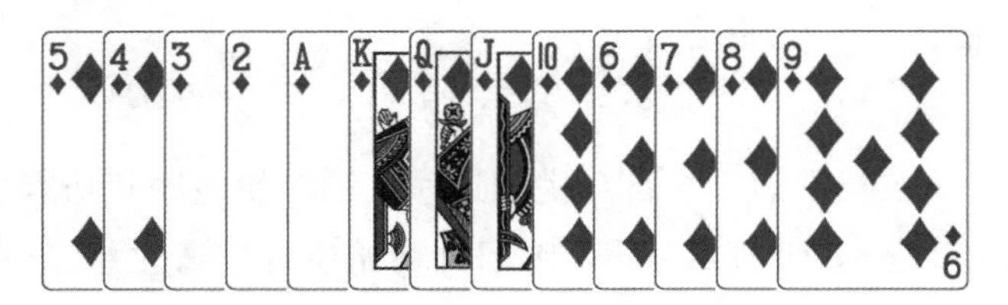

图10.5　在经过第三轮将9张牌逆序排列并切了4张牌以后。

与将所有 9 张逆序的牌都切到最底下的情况不同,我们看到正是在经过两轮(而不是三轮)修改过的移动后,我们得到了一些具有神奇潜能的东西。好消息是,经过第四轮移动,整叠牌都会恢复到初始状态:现在看来,经过两轮逆序和切牌后,可以从上述牌叠的状态之中推断出一些东西。

马尔卡希将这种修改过的移动称为"COAT(ML)ing"[2],意思是"数出和分别转移(较多和较少牌)"[Counting Out And Transferring (More and Less cards, respectively)]。这里的"较多"和"较少"(即 k 和 $n-k$)之和等于这叠牌的张数。

为了理解正在发生什么,我们采用与前面不同的方法来分拆这叠牌。给定由 n 张牌(从 1 到 n)构成的一叠和某个固定的 $k \geqslant \frac{n}{2}$,写出

$$\begin{aligned} n &= k + (n-k) = (k-(n-k)) + (n-k) + (n-k) \\ &= (2k-n) + (n-k) + (n-k), \end{aligned}$$

并将该叠牌分成 X、Y、Z 三部分,它们分别有 $2k-n$、$n-k$ 和 $n-k$ 张牌,如下所示:

$$\begin{aligned} X &= \{1, 2, \cdots, 2k-n-1, 2k-n\}, \\ Y &= \{2k-n+1, 2k-n+2, \cdots, k-1, k\}, \\ Z &= \{k+1, k+2, \cdots, n-1, n\}。 \end{aligned}$$

引用恺撒(Julius Caesar)的话:高卢分为三部分。最小的 X 可以是 $\{1\}$,这是当且仅当 $n+1=2k$ 且 n 为奇数时发生的情况。当 n 是偶数时,X 至少是 $\{1,2\}$。在上面这个例子中,我们有 $X=\{1,2,3,4,5\}$,$Y=\{6,7,8,9\}$,$Z=\{10,\mathrm{J},\mathrm{Q},\mathrm{K}\}$。

一般来说,不难看出把最上面的 k 张牌就地逆序排列,然后把其中的 $n-k$ 张牌切到下面,就相当于变换

$$X, Y, Z \to \overline{X}, Z, \overline{Y},$$

其中字母上方的横线表示这部分完全逆序。第二轮逆序和切牌后得到了 $X, \overline{Y}, \overline{Z}$,从而使最上面的 $2k-n$ 张牌回到初始位置。请注意,这里可以多达 100% 地保持这叠牌,因为不仅 $2k-n$ 可以很大,而且在 $k=n-1$ 的极

端情况下，我们看到 X 包含 $n-2$ 张牌，而 Y 和 Z 各包含一张牌。因此，两轮移动后的最终状态 $X,\overline{Y},\overline{Z}$ 与初始状态 X,Y,Z 是一样的。

第三轮移动把 $X,\overline{Y},\overline{Z}$ 变成 $\overline{X},\overline{Z},Y$，第四轮移动则又回到初始排列 X,Y,Z。因此，我们得到以下结果。

从上到上和周期 4 原理：由 n 张牌构成的一叠，使其最上面的 k 张牌就地逆序排列，其中 $k>\frac{n}{2}$，然后将其中 $n-k$ 张牌切到这叠牌的最底下，再这样移动三次后，这叠牌中的每一张牌都会回到原来的位置。总共只这样做两次，就会使原来在最上面的 $2k-n$ 张牌（如果不是更多牌的话）回到最上面，并按顺序排列。

3. 罗马人为我们做过什么

现在我们知道，如果我们反复地把最上面的 9 张牌就地逆序排列，然后把 9 张或 4 张牌切到最底下，那么这 13 张牌会发生什么。我们很自然地会问，如果我们每次逆序排列 9 张牌，但切某个其他固定中间数的牌，比如 7 张，那又会发生什么。

对于 $n=13,r=9,c=7$ 的情况，再次从牌面朝下、按顺序排列的方块开始，将最上面的 9 张牌就地逆序，然后将其中的 7 张牌切到最底下。图 10.6 表明了这一结果，其中显示的是这些牌正面朝上从左到右摊开时的样子。

重复这个步骤得到的结果如图 10.7 所示。这一次，我们看到原来在最上面的两张牌又回到了它们一开始的位置。第三轮移动后得到图 10.8。

图 10.6　A-K◇中，在将 9 张牌逆序排列并切 7 张牌以后。

图 10.7 在经过第二轮将 9 张牌逆序排列并再切 7 张牌以后。

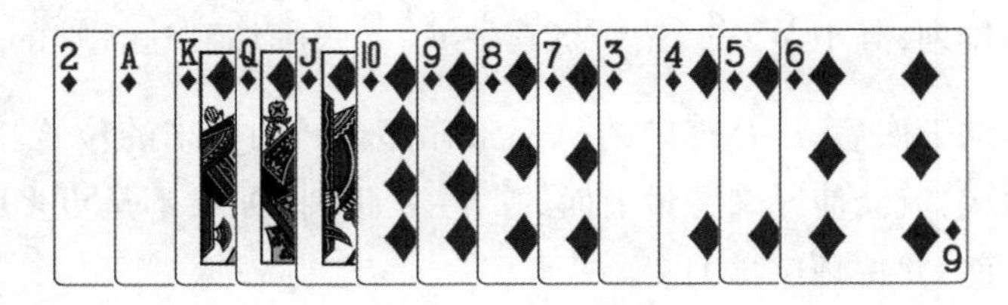

10.8 在经过第三轮将 9 张牌逆序排列并切 7 张牌以后。

第四轮移动后,整叠牌恢复到初始状态,这应该不足为奇。这有力地证实了下面这个马尔卡希陈述过但没有给出证明的结果[2]。

一般的周期 4 逆序和切牌原理:由 n 张牌构成的一叠,如果使其最上面的 r 张牌就地逆序排列,其中 $r \geqslant \frac{n}{2}$,然后将其中 c 张牌切到最底下,其中 $n-r \leqslant c \leqslant r$,那么当再这样移动三次后,这叠牌中的每一张都会回到原来的位置。如果 $r>\frac{n}{2}$,那么总共只这样做两次,就会使原来在最上面的 $2r-n$ 张牌(如果不是更多牌的话)回到最上面,并按顺序排列。如果 $r=\frac{n}{2}$,那么经过三次这样的移动后,原来最底下的那张牌会移到最上面。

上述针对 $c=n-r$ 的情况给出的牌叠分拆和证明并不容易适用于任何满足 $n-r<c<r$ 的 c 的情况,更不用说当 $c=r$ 时。当然,最后一种特殊情况是在原来的"有猫腻的三次发牌"的背景下,对此已经给出了一种不同的分拆和证明。

我们现在提供了一种全新的分拆牌叠 $1-n$ 的方法,从而允许在所有情况下都使用一种统一的证明。秘密是把牌叠分成四部分——这是"高卢分为四部分"的一种情况:

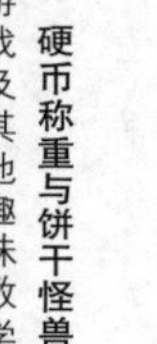

$$S=\{1,2,\cdots,r-c\},$$
$$P=\{r-c+1,\cdots,n-c\},$$
$$Q=\{n-c+1,\cdots,r\},$$
$$R=\{r+1,\cdots,n\}。$$

请注意,S 的长度是 $r-c$,Q 的长度是 $(r+c)-n$,而 P 和 R 的长度都是 $n-r$。此外,S、P、Q 共同构成了在第一轮中逆序的牌,而 P 和 Q 共同(逆序的)构成随后被切的牌。

这里,当 S 不存在时,恰好有 $r=c$:这就是"有猫腻的三次发牌",其中 P、Q、R 就是前文中所说的第一种(匀称)分拆 T、M、B。此外,当 Q 不存在时,恰好有 $r+c=n$,此时 S、P、R 就是前文中所说的第二种(非匀称)分拆 X、Y、Z。

在 $n=13,r=9,c=7$ 的例子中,我们有

$$S=\{1,2\},\quad P=\{3,4,5,6\},\quad Q=\{7,8,9\},\quad R=\{10,\mathrm{J},\mathrm{Q},\mathrm{K}\}。$$

为了更加清晰地说明,我们将(就地)逆转 r 张牌和随后切最底下的 c 张牌分成如下两个阶段。

$$S,P,Q,R\to\overline{Q},\overline{P},\overline{S},R,\to\overline{S},R,\overline{Q},\overline{P}。$$

因此,在第二次这样的复合移动之后,我们得到

$$\overline{S},R,\overline{Q},\overline{P}\to Q,\overline{R},S,\overline{P}\to S,\overline{P},Q,\overline{R}。$$

而第三次这样的复合移动后给出

$$S,\overline{P},Q,\overline{R}\to\overline{Q},P,\overline{S},\overline{R}\to\overline{S},\overline{R},\overline{Q},P。$$

最终,在第四次之后,我们得到

$$\overline{S},\overline{R},\overline{Q},P\to Q,R,S,P\to S,P,Q,R。$$

有关这些扩展原理在纸牌魔术中的应用,请参见文献[2]。

4. 二元论——这完全取决于你如何对它进行分组

让我们回到之前没有回答的问题:是否存在一种周期为 4 的移动,在完成三次时会将原来最上面的那张牌(如果不是更多牌的话)移到最底下? 当然有! 其中一种方法——不用采取诸如操纵牌叠底部的牌之类的笨拙动作——是在将一些结果在最上面的牌就地逆序排列之前,先从上

到下切牌,而不是反过来。不过,一开始要切的牌数需要相应调整。

从由 n 张牌构成的一叠开始,并且 k 满足 $k \geqslant \frac{n}{2}$,首先从上到下切 $n-k$ 张牌,然后将新得到的最上面 k 张牌就地逆序排列。通过一个小小实验就可以表明,这样做三次就能把原来最上面的 k 张牌经过适当逆序排列后移到最底下,而第四次这样做就会回到初始状态。

类似地,先前考虑过的"有猫腻的三次发牌"的其他变化形式也适应这种情况。之前用于先逆序后切牌情况下的牌叠分拆和证明全都可以按需要进行修改,从而给出下列结果。

从上到下和周期 4 原理:由 n 张牌构成的一叠,如果将最上面的 $n-k$ 张牌切到这叠牌的最底下,其中 $k \geqslant \frac{n}{2}$,然后将结果得到的最上面 k 张牌就地逆序排列,那么当再这样移动三次后,这叠牌中的每一张都会回到原来的位置。总共只这样做两次,就会使原来在最上面的 k 张牌(如果不是更多牌的话)回到最上面,并按逆序排列。

第二从上到上和周期 4 原理:由 n 张牌构成的一叠,如果将最上面的 k 张牌切到这叠牌的最底下,其中 $k \geqslant \frac{n}{2}$,然后将结果得到的最上面 k 张牌就地逆序排列,那么当再这样移动三次后,这叠牌中的每一张都会回到原来的位置。总共只这样做两次,就会使原来在最上面的 $2k-n$ 张牌(如果不是更多牌的话)回到最上面,并按顺序排列。

一般的周期 4 切牌和逆序原理:由 n 张牌构成的一叠,如果将最上面的 c 张牌切到最底下,其中 $r \geqslant \frac{n}{2}$ 且 $n-r \leqslant c \leqslant r$,然后将结果得到的最上面 r 张牌就地逆序排列,那么当再这样移动三次后,这叠牌中的每一张都会回到原来的位置。如果 $r > \frac{n}{2}$,那么总共只要这样做两次,就会使原来在最上面的 $2r-n$ 张牌(如果不是更多牌的话)回到最上面,并按顺序排列。如果 $r = \frac{n}{2}$,那么总共经过三次这样的移动后,原来最上面的 r 张牌会移到最底下，并按逆序排列。

还有另一种方法来理解为什么在遵循上述 n、c、r 的条件的情况下，当我们先切牌然后再逆序时得到的周期也是4，这只是由于在先逆序后切牌时已经证明周期为4。切牌和逆序都是很容易撤销的操作，因此它们都是排列（即 n 个对象的所有可能排列构成的大代数群的元素）。如果我们用 C 来表示切 c 张牌，用 R 来表示将 r 张牌逆序排列（到位），那么我们之前表明的是，CR（先逆序后切牌）是周期为 4 的排列，即 $(CR)(CR)(CR)(CR)=I$ 是单位排列（不改变任何东西）。因此，$C(RC)(RC)(RC)R=I$，$C(RC)(RC)(RC)(RC)=C$，由此可知 $(RC)(RC)(RC)(RC)=I$。因此，RC（先切牌后逆序）的周期也是4。

我们留一个问题给读者：是否有一种自然的移动（排列）可得到从下到下和周期4原理？

参考文献

[1] C. Mulcahy. "Low-Down Triple Dealing," Card Colm, MAA online. http://www.maa.org/community/maa-columns/past-columns-card-colm/low-down-tripledealing (accessed July 2015).

[2] C. Mulcahy. *Mathematical Card Magic: Fifty-Two New Effects*. A K Peters/CRC Press, Boca Raton, FL, 2013.

十一、无心扑克

兰菲尔、塔尔曼

1. 顺子、同花还是满堂红

在标准的五张牌扑克中，有些扑克组合明显比其他组合好。即使是新手也很容易意识到炸弹是令人兴奋的，而一对就相对较弱了。不过，可能偶尔需要提醒有些玩家，满堂红、同花和顺子中哪个最有价值。如果不计算概率，就无法立即看出这三手牌中哪种可能性最小，因而排位最高。在一副有13个等级(2－10,J,Q,K,A)和4个花色(黑桃、红桃、梅花、方块)的普通扑克牌中，这几手牌的排位如图11.1所示。

图11.1　顺子是按等级顺序排列的五张牌。同花是同个花色的五张牌。满堂红是一个等级的三张牌加另一个等级的两张牌。这些牌的图片和布局来自恩克(Encke)[2]。

计算必要的概率并不难。要构成一手满堂红，你必须选择一个等级，随后在那个等级中选择三张牌。然后你必须选择第二个等级，随后在那个等级中选择两张牌。由于在一副标准纸牌中有13个可能的等级和4种可能的花色(红桃、梅花、黑桃和方块)，因此构成一手满堂红的方式共有$\binom{13}{1}\binom{4}{3}\cdot\binom{12}{1}\binom{4}{2}=3744$种。如果我们用可能构成一手满堂红的种数除以可以构成一手牌的总种数$\binom{52}{5}=2\ 598\ 960$，就可以看出从一副标准纸牌中发出一手满堂红的概率是$\frac{6}{4.165}\approx 0.001\ 44$。

通过类似的一些计算,就会得到表11.1所示的这张著名的关于各种扑克组合的频率和概率的列表。请注意,每种扑克组合在这张表中只出现一次。例如,请回想一下,同花顺是所有牌都是同一花色的顺子,而同花大顺是由10、J、Q、K、A构成的同花顺。于是,同花的数量不包括同花顺在内,同花顺的数量也不包括同花大顺。最后一列是一个给定扑克组合的频率除以排位比它高一位的扑克组合的频率所得的比值。例如,满堂红那一行中的6表明出现满堂红的可能性是炸弹的6倍。类似地,一位玩家拿到炸弹的可能性是拿到同花顺的17.33倍。

表11.1 标准五张牌扑克中各种组合的频率和概率

扑克组合	计算	频率	概率	比例
同花大顺	$\binom{4}{1}$	4	0.000 001 54	—
同花顺	$\binom{10}{1}\binom{4}{1}-\binom{4}{1}$	36	0.000 013 85	9
炸弹	$\binom{13}{1}\binom{4}{4}\cdot\binom{48}{1}$	624	0.000 240 10	17.333
满堂红	$\binom{13}{1}\binom{4}{3}\cdot\binom{12}{1}\binom{4}{2}$	3744	0.001 440 58	6
同花	$\binom{13}{5}\binom{4}{1}-\binom{10}{1}\binom{4}{1}$	5108	0.001 965 40	1.364
顺子	$\binom{10}{1}\binom{4}{1}^5-\binom{10}{1}\binom{4}{1}$	10 200	0.003 924 65	1.997
三条	$\binom{13}{1}\binom{4}{3}\cdot\binom{12}{2}\binom{4}{1}^2$	54 912	0.021 128 45	5.384
两对	$\binom{13}{2}\binom{4}{2}^2\cdot\binom{11}{1}\binom{4}{1}$	123 552	0.047 539 02	2.25
一对	$\binom{13}{1}\binom{4}{2}\cdot\binom{12}{3}\binom{4}{1}^3$	1 098 240	0.422 569 02	8.889
散牌	所有其他组合	1 302 540	0.501 177 39	1.186

注:这些比例是近似值。

人们常常混淆满堂红、同花和顺子的级别高低,这是可以理解的,因为发到一手顺子的概率只是发到一手同花的 1.997 倍,而发到一手同花的概率只是发到一手满堂红的 1.364 倍。要用图表方式理解这一点,请参见图 11.2 中所示的各手牌出现频率的对数定标图。与其他各手牌的概率相比,图中与拿到满堂红、顺子和同花的概率相对应的那几个点基本持平。这是因为拿到这三手牌的概率相对接近。这种聚集提示我们在本文中重点关注这三手牌。另请注意,图中显示拿到一对的概率与拿到散牌的概率也很接近。

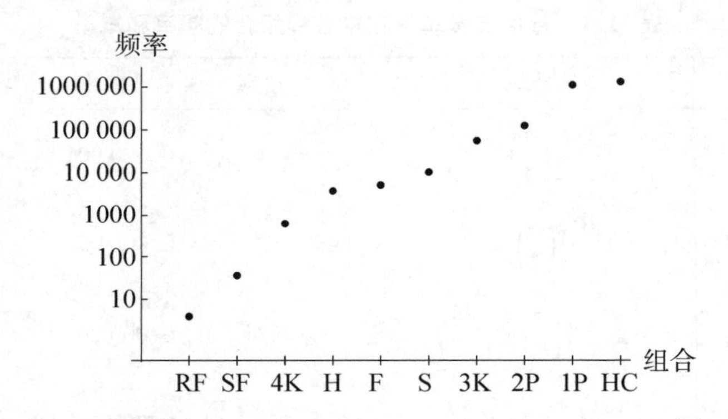

图 11.2　各种扑克组合的对数图。各手牌的缩写:RF 表示同花大顺(royal flush);SF 表示同花顺(straight flush);4K 表示炸弹(four of a kind);H 表示满堂红(full house);F 表示同花(flush);S 表示顺子(straight);3K 表示三条(three of a kind);2P 表示两对(two pair);1P 表示一对(one pair);HC 表示散牌(high card)。

2. 或多或少:广义扑克中各种组合的频率

玩扑克时通常使用的是一副标准纸牌,共有 52 张,分为 13 个等级和 4 个花色。通过更改各种规则,比如发多少张牌,可以交换多少张牌,以及是否有什么百搭的牌,就可以创造出扑克的许多变化形式。我们也可以改变这副牌本身,比如说在开始时移除某些牌。

例如,无心扑克(Heartless Poker)游戏是使用一副标准纸牌,将所有红桃都移除。一副牌中只有 3 个花色和 39 张牌,这就改变了不同类型组合的概率,或许还改变了它们的排位。在只有 3 个花色的情况下,我们会预期在无心扑克中拿到一手同花比在常规扑克中拿到一手同花要容易得多。此外,由于每个等级只有 3 张牌,因此我们可能会预期拿到顺子会比通常更难。事实上,我们马上就会看到,在无心扑克中,同花和顺子的排位与它们通常的排位是相反的:无心扑克中的顺子比同花更有价值,如图 11.3 所示。

图 11.3　在无心扑克中,同花和顺子的相对排位反过来了。

我们也可以通过增加一副牌的数量来修改扑克游戏。例如,市面上出售的加量(Fat Pack)扑克牌有标准的 13 个等级,但每个等级都有 8 个花色(常见的花色:黑桃、红桃、梅花和方块,再加上新的花色:三叉戟、玫瑰、斧头和鸽子)。每个等级都有这么多张牌,我们可能预期拿到一手顺子会容易得多,事实上也确实如此。有趣的是,正如我们马上就会看到的,在加量扑克中拿到一手满堂红相对容易,但是拿到一手同花相对较难。换句话说,在加量扑克中,满堂红和同花的排位与它们通常的排位反过来了,如图 11.4 所示。

图 11.4　在加量扑克中,同花和满堂红的相对排位颠倒了。

通过基本的计数论证,就得到了表 11.2 中的各种扑克组合的频率,其中用 s 表示一副牌中的花色数、r 表示等级数。顺子和同花顺的条目只适用于 $r \geqslant 6$ 的情况,因为在 $r=5$ 时,唯一可能的顺子是 A 2 3 4 5(无论认为 A 的等级是高还是低)，而对于 $r<5$ 的情况，是不可能构造出一手顺子的。请注意，由于有可能在 $s\geqslant5$ 时拿到五条这种无效扑克组合，因此组合总数为 $\binom{rs}{5}-\binom{r}{1}\binom{s}{5}$。请注意，二谷(Futatsuya)等[3] 研究了广义扑克组合的另一个问题。具体地说，对于一副有 r 个等级、s 个花色的牌，并且每手牌有 h 张的情况，他们研究了拿到散牌的概率，其中允许循环形式的顺子(因此 K,A,2,3,4 算一手顺子)。

表 11.2　每副牌有 s 个花色、每个花色有 r 个等级的情况下，各种可能的(5 张牌)扑克组合的频率

扑克组合	可能的组合数	首项
同花大顺	$\binom{s}{1}$	s
同花顺	$\binom{r-3}{1}\binom{s}{1}-\binom{s}{1}$	rs
炸弹	$\binom{r}{1}\binom{s}{4}\binom{rs-s}{1}$	r^2s^5
满堂红	$\binom{r}{1}\binom{s}{3}\binom{r-1}{1}\binom{s}{2}$	r^2s^5
同花	$\binom{r}{5}\binom{s}{1}-\binom{r-3}{1}\binom{s}{1}$	r^5s
顺子	$\binom{r-3}{1}\binom{s}{1}^5-\binom{r-3}{1}\binom{s}{1}$	rs^5
三条	$\binom{r}{1}\binom{s}{3}\binom{r-1}{2}\binom{s}{1}^2$	r^3s^5
两对	$\binom{r}{2}\binom{s}{2}^2\binom{r-2}{1}\binom{s}{1}$	r^3s^5
一对	$\binom{r}{1}\binom{s}{2}\binom{r-1}{3}\binom{s}{1}^3$	r^4s^5
散牌	$\left[\binom{r}{5}-(r-3)\right]\left[\binom{s}{1}^5-s\right]$	r^5s^5

表 11.2 所示的一般频率公式使我们能够证明一个小的初步结果。

定理 1:对于一副有 r 个等级、s 个花色的牌,顺子、同花和满堂红的排位顺序会出现所有可能的排列。

只要简单地将表 11.2 中的频率公式应用于表 11.3 中的六个 (r,s) 的例子,就立即得到定理 1。第一行是常见的 4 个花色、13 个等级的扑克牌,第二行是 3 个花色、13 个等级的无心扑克牌,第三行是 8 个花色、13 个等级的加量扑克牌。

表 11.3 每副牌有 s 个花色、每个花色有 r 张牌的情况下,顺子(S)、同花(F)和满堂红(H)的频率和排位举例

(r,s)	顺子(S)	同花(F)	满堂红(H)	排位
(13,4)	10 200	5108	3744	S < F < H
(13,3)	2400	3831	468	F < S < H
(13,8)	327 600	10 216	244 608	S < H < F
(25,15)	16 705 920	796 620	28 665 000	H < S < F
(30,7)	453 600	997 353	639 450	F < H < S
(33,9)	1 771 200	2 135 754	3 193 344	H < F < S

注:频率最低的组合排位最高。

3. 顺子、同花、满堂红会打平吗

现在我们来讨论本文的主要问题:是否存在任何广义扑克牌,使得无论是成对比较还是一起比较,结果会发现顺子、同花和满堂红这些组合具有相同的频率?我们先比较这个问题,之后再处理成对比较的问题。

从表 11.2 最后一列的各首项中,我们可以看出,随着 r 的增大,然后随着 s 的增大,满堂红和同花的相对排位会无限频繁地切换。不过,满堂红和顺子的相对排位情况却并不是这样。虽然在标准扑克中,满堂红的排位高于顺子,但我们将看到这种情况只在有限的几种情况下发生。为了帮助我们寻找出现各手牌打平的等级数量和花色数量对 (r,s),我们来探究三条曲线和它们的交点。

定义 1:对于 $r \geqslant 6$、$s \geqslant 1$ 的情况,定义三条曲线:

$$c_{SF}(r,s): r(r-1)(r-2)(r-4)=120s^4,$$

$$c_{SH}(r,s): r(r-1)s(s-1)(s-2)=12(r-3)(s+1)(s^2+1),$$

$$c_{FH}(r,s): r(r-1)(r-2)(r-3)(r-4)$$
$$=120(r-3)+10r(r-1)s(s-1)^2(s-2)。$$

将表 11.2 中的顺子(S)和同花(F)的频率设为相等并化简,就得到方程 $c_{SF}(r,s)$。这意味着,当且仅当在一副有 r 个等级和 s 个花色的广义扑克牌中,顺子与同花的频率相等时,点(r,s)位于曲线 $c_{SF}(r,s)$上。类似地,c_{SH} 描述了顺子与满堂红(H)频率相同的牌,而 c_{FH} 描述了同花与满堂红频率相同的牌。

图 11.5 显示了当 $6 \leqslant r \leqslant 50$, $1 \leqslant s \leqslant 20$ 时,$c_{SF}(r,s)$、$c_{SH}(r,s)$、$c_{FH}(r,s)$ 的曲线图。递减曲线为 $c_{SH}(r,s)$,两条递增曲线中较陡的一条是 $c_{SF}(r,s)$,剩下的那条曲线是 $c_{FH}(r,s)$。由这些曲线界定的区域表示一手牌的等级在

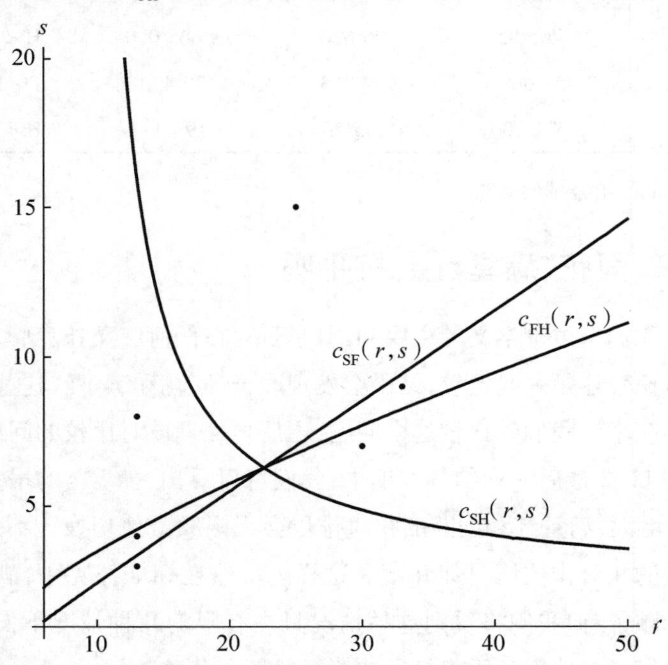

图 11.5　曲线 $c_{SF}(r,s)$、$c_{SH}(r,s)$和 $c_{FH}(r,s)$恰好相交于一点。

何处高于另一手牌。例如,图中的6个点代表了表11.3中的6个例子。

图11.5中三条曲线相交的那一点表示S、F、H的频率公式都相等时的(r,s)值。换言之,对于这个(r,s)的值,拿到顺子、同花、满堂红的概率都是相等的。我们的第一个结果是只有一个这样的点,并且它具有非整数坐标值。

定理2:若$r \geqslant 6, s \geqslant 1$,则恰好存在一个同时满足$c_{SF}(r,s)$、$c_{SH}(r,s)$、$c_{FH}(r,s)$的点$(r,s)$,并且该解满足$22<r<23, 6<s<7$。因此,不存在具有$r$个等级和$s$个花色的广义扑克牌,其中顺子、同花、满堂红全都具有同等的排位。

证明:请回忆一下,在$c_{SF}(r,s)$上的任一点处,拿到顺子的概率等于拿到同花的概率,而在$c_{SH}(r,s)$上的任一点处,拿到顺子的概率等于拿到满堂红的概率。所以同时在这两条曲线上的任意一点处,顺子的频率必定等于同花和满堂红的频率。于是这三手牌的频率必定相同。因此,证明只有一个(r,s)同时满足$c_{SH}(r,s)$和$c_{SF}(r,s)$就足够了。对$c_{SF}(r,s)$求隐微分得

$$480s^3 \frac{\mathrm{d}s}{\mathrm{d}r} = \frac{\mathrm{d}f}{\mathrm{d}r},$$

其中$f(r) = r(r-1)(r-2)(r-4)$。显而易见,当$r \geqslant 6$时,$\frac{\mathrm{d}f}{\mathrm{d}r}>0$,并且根据假设有$s \geqslant 1$,因此对于$c_{SF}$上的点$(r,s)$,我们有$\frac{\mathrm{d}s}{\mathrm{d}r}>0$。

对于$g(r) = \frac{r(r-1)}{12(r-3)}$,当$r \geqslant 6$时,我们有$g'(r) = \frac{r^2-6r+3}{12(r-3)^2}>0$。因此,对于这样的$r$,$g(r)$是递增的,于是当$6 \leqslant r \leqslant 20$时,有$g(r) \leqslant g(20) \approx 1.86$。现在,对于$c_{SH}(r,s)$上的$(r,s)$,我们有

$$g(r) = h(s) = \frac{(s+1)(s^2+1)}{s(s-1)(s-2)},$$

所以当$6 \leqslant r \leqslant 20$时,对于这样的$(r,s)$,有$h(s) \leqslant g(20) < 1.863$。通过简单的计算可知$h(s) \leqslant 1.863$,这意味着

$$6.589s^2 + 1 \leqslant 0.863s^3 + 2.726s。$$

这个不等式显然不适用于 $s=1$ 和 $s=6$ 的情况。当 $s\geqslant 1$ 时，这两个多项式分别是下凹的和递增的。现在，当 $1\leqslant s\leqslant 4.874$ 时，$0.863s^3+2.726s$ 的导数小于 $6.589s^2+1$ 的导数，而当 $4.874\leqslant s$ 时，$0.863s^3+2.726s$ 的导数大于 $6.589s^2+1$ 的导数。此外，当 $s=4.874$ 时，我们有

$$6.589s^2+1>0.863s^3+2.726s。$$

于是，既然当 $s=6$ 时也有

$$6.589s^2+1>0.863s^3+2.726s,$$

那么该式必定对于一切 $1\leqslant s\leqslant 6$ 都满足。由此可得，当 $s\leqslant 6$ 时，有 $h(s)>1.863$。所以当 $r\leqslant 20$ 时，我们必有 $s>6$。不过，如果 $r\leqslant 20$ 的点 (r,s) 也在 $c_{\mathrm{SF}}(r,s)$ 曲线上，那么我们必有

$$s=\left(\frac{r(r-1)(r-2)(r-4)}{120}\right)\leqslant\left(\frac{20\cdot 19\cdot 18\cdot 16}{120}\right)\approx 5.49。$$

所以我们必有 $r\geqslant 20$。根据与上面相同的论证，我们也必有 $s\geqslant 5.49$。

对 $c_{\mathrm{SH}}(r,s)$ 求隐微分的结果表明 $\frac{\mathrm{d}s}{\mathrm{d}r}$ 等于

$$\frac{12(s+1)(s^2+1)-(2r-1)s(s-1)(s-2)}{\begin{bmatrix}r(r-1)(s-1)(s-2)+r(r-1)s(s-2)+r(r-1)s(s-1)\\-12(r-3)(s^2+1)-24(r-3)(s+1)s\end{bmatrix}}。$$

当 $s\geqslant 5$ 时，有 $3(s+1)<\frac{39}{6}(s-2)$ 和 $4(s^2+1)<6s(s+1)$，由此可得，当 $s\geqslant 5$ 时，$\frac{\mathrm{d}s}{\mathrm{d}r}$ 的分子小于 0。对于分母，如果 $j(s)=\frac{3s^2+2s+1}{3s^2-6s+2}$，那么当 $s\geqslant 5$ 时，有 $j'(s)=\frac{-24s^2+6s+8}{(3s^2-6s+2)^2}<0$。于是 $j(s)$ 是递减的，因此当 $s\geqslant 5$ 时，$j(s)\leqslant j(5)=1.83$。请回想一下，上一段中的 $g(r)$ 在 $r\geqslant 20$ 时至少为 1.86，因此当 $r\geqslant 20$ 和 $s\geqslant 5$ 时，必有 $g(r)>j(s)$。于是我们得到

$$\frac{r(r-1)}{12(r-3)}>\frac{3s^2+2s+1}{3s^2-6s+2},$$

将上式重写为

$$r(r-1)((s-1)(s-2)+s(s-2)+s(s-1))$$
$$>12(r-3)((s^2+1)+2s(s+1))。$$

因此,对于这样的 r 和 s,$\frac{\mathrm{d}s}{\mathrm{d}r}$的分母是正的,所以对于 $c_{SH}(r,s)$ 上的点(r,s),有$\frac{\mathrm{d}s}{\mathrm{d}r}<0$。

因此,$c_{SF}(r,s)$和 $c_{SH}(r,s)$最多有一个交点,图 11.5 所示的点显然就是这个交点。

4. 永不打平:丢番图方程在扑克中的应用

我们的主要结果是,在任何广义的扑克游戏中,顺子、同花和满堂红都有不同的频率。对此的证明主要运用初等数论和一些初等分析。不过,丢番图方程理论中的一个相当深入的结果也是必需的。下面这条定理由永格伦(Ljunggren)[4]给出,并由本内特(Bennett)和德韦格(DeWeger)[1]推广。

定理 3(Bennett/DeWeger/Ljunggren):设 n、m 为整数。当 x 和 y 取正整数时,方程

$$|nx^4-my^4|=1$$

最多有一个解。

关于丢番图方程的各结果,在数论之外似乎很少有应用。不过,定理 3 在以下的证明中起着至关重要的作用。

定理 4:当 $r\geqslant6$ 且 $s\geqslant1$ 时,没有任何一对整数(r,s)能满足 $c_{SF}(r,s)$、$c_{SH}(r,s)$和 $c_{FH}(r,s)$中的任何一个。因此,在任何有 r 个等级、s 个花色的广义扑克牌中,顺子、同花或满堂红都不可能两两有相同的排位。

证明:我们要证明,当 $r\geqslant6$ 且 $s\geqslant1$ 时,这三个方程都没有整数 $r\geqslant6$ 和 $s\geqslant1$ 的解。先从 $c_{FH}(r,s)$开始。假设(r,s)是 $c_{FH}(r,s)$的一个整数解,并考虑 $c_{FH}(r,s)$对 $r-1$ 取模的方程。这就得到 $0\equiv-240\pmod{r-1}$,意味着 $240=2^4\cdot3\cdot5$ 能被 $r-1$ 整除。相比之下,考虑 $c_{FH}(r,s)$对 r 取模的方程,我们有 $0\equiv-360\pmod{r}$,意味着 $360=2^3\times3^2\times5$ 能被 r 整除。由于 r 和 $r-1$ 是互素的,这就意味着 $2^4\times3^2\times5=720$ 能被 $r(r-1)$整除。因此 $r(r-1)\leqslant720$,于是我们得到

$$r^2-r-720\leqslant 0。$$

根据二次方程可得 $r\leqslant 27$。当 $6\leqslant r\leqslant 27$ 时，满足 $r|360$ 和 $(r-1)|240$ 的整数只有 $r=6$ 和 $r=9$。

当 $r=6$ 时，方程 $c_{\mathrm{FH}}(r,s)$ 变成

$$720=360+300s(s-1)^2(s-2),$$

由此得到 $\frac{6}{5}=s(s-1)^2(s-2)$。这个方程对整数 s 没有解，当 $r=9$ 时，方程 $c_{\mathrm{FH}}(r,s)$ 是

$$15\,120=720+720s(s-1)^2(s-2),$$

化简得 $20=s(s-1)^2(s-2)$。显然，这个方程的正整数解必须满足 $s>2$。此外，当 $s>2$ 时，$f(s)=s(s-1)^2(s-2)$ 是递增的，并且由于 $f(2)=0$，$f(3)=12$，$f(4)=72$，因此没有任何整数 s 满足 $f(s)=20$。

现在我们把注意力转移到 $c_{\mathrm{SH}}(r,s)$，我们证明仅对于有限对正整数 (r,s)，满堂红的排位在顺子之上。特别是，我们证明当 $r\geqslant 23$ 且 $s\geqslant 7$ 时，有

$$r(r-1)s(s-1)(s-2)>12(r-3)(s+1)(s^2+1),$$

然后再探究 r 和 s 较小的情况。首先请注意，当 $r\geqslant 24$ 时，我们有 $r(r-1)>r(r-3)\geqslant 24(r-3)$。现在证明 $2s(s-1)(s-2)>(s+1)(s^2+1)$ 就足够了。此式等价地写成

$$\frac{(s+1)(s^2+1)}{s(s-1)(s-2)}=1+\frac{4s^2-s+1}{s^3-3s^2+2s}<2。$$

当 $g(s)=s^3-7s^2+3s-1>0$ 时，我们有 $s^3-3s^2+2s>4s^2-s+1$。当 $s\geqslant 7$ 时满足这样的情况，这是因为 $g'(s)$ 在 $s\geqslant 5$ 时为正，且 $g(7)=20>0$。

为了证明 $c_{\mathrm{SH}}(r,s)$ 没有整数解，现在只需要证明对于 $s\in\{1,\cdots,6\}$ 和 $r\in\{6,\cdots,22\}$ 的情况，这个方程不成立。$s=1,2$ 的情况是显而易见的。当 $s=3$ 时，方程 c_{SH} 变成

$$(r-1)6=80(r-3),$$

或者等价地写成 $r^2-81r+240=0$，这个方程没有整数解。$s=4,5,6$ 的情况也相似。请注意，当 $r=6$ 时，方程 c_{SH} 变成

$$5s(s-1)(s-2)=6(s+1)(s^2+1),$$

或者等价地写成 $s^3+21s^2-4s+6=0$,这个方程对于任何 s 都没有整数解,这是因为对于一切 s,都有 $s^3+4s^2-4s+6>0$。$r=7,\cdots,22$ 的情况可以用类似的方法证明。

最后,我们必须证明由

$$r(r-1)(r-2)(r-4)=120s^4$$

给出的方程 $c_{SF}(r,s)$ 没有满足 $r\geqslant 6$ 且 $s\geqslant 1$ 的整数解[即在任何一种广义的(r,s)扑克游戏中,顺子和同花顺都不能打平]。这里我们将用到丢番图方程得出的结果(定理3)。如果(r,s)是一对满足 $r(r-1)(r-2)(r-4)=120s^4$的正整数,那么我们可以写成

$$r=\alpha u^4,r-1=\beta v^4,r-2=\gamma z^4,r-4=\delta w^4,$$

其中 $\alpha,\beta,\gamma,\delta,u,v,z,w$ 都是正整数,且 $\alpha\beta\gamma\delta=120=2^3\times 3\times 5$。由此给出以下丢番图方程组:

$$\alpha u^4-\beta v^4=1,$$
$$\beta v^4-\gamma z^4=1,$$
$$\alpha u^4-\gamma z^4=2,$$
$$\gamma z^4-\delta w^4=2,$$
$$\beta v^4-\delta w^4=3,$$
$$\alpha u^4-\delta w^4=4。$$

我们证明不可能存在任何能整除 $2^3\times 3\times 5$ 并满足上述条件的整数 α。

首先请注意,如果 $2^3\mid\alpha$,那么我们的丢番图方程组中的第三个就隐含着 γz^4是偶数。既然 $\alpha\gamma\mid 2^3\times 3\times 5$,那么这就意味着 γ 是奇数,于是 z^4是偶数,因此 z 也是偶数。那么对于某个 $z'\in\mathbb{Z}$,有 $z^4=2^4z'^4$。因此,第三个方程意味着

$$2=\alpha u^4-\gamma z^4=2^3\alpha' u^4-2^4\gamma z'^4,$$

所以 $1=2^2\alpha' u^4-2^3\gamma z'^4$,这就产生了一个矛盾,因为该等式的右边是偶数。由此可得 $2^3\nmid\alpha$。

类似地,如果 $2^2\mid\alpha$,那么就可以推出 γ 必定是偶数,因此 β 和 δ 就必

定是奇数。

为了处理其余的情况，我们反复应用了一些要点。其中第一个是注意到对于任意 $a \in \mathbb{Z}$，我们有

$$a^4 \equiv 1 \text{ 或 } 0 \pmod 3 \text{ 和 } a^4 \equiv 1 \text{ 或 } 0 \pmod 5。\tag{1}$$

第二个要点是定理3，这是丢番图方程理论的一个经典结果。

假设 $3 \mid \alpha$。于是我们有

$$\alpha \in \{3, 2\times 3, 2^2\times 3, 3\times 5, 2\times 3\times 5, 2^2\times 3\times 5\}。$$

将第一个方程对3取模，我们得到 $\alpha u^4 - \beta v^4 \equiv 1 \pmod 3$，因此 $-\beta v^4 \equiv 1 \pmod 3$。因此我们有 $-\beta \equiv 1 \pmod 3$，所以 $\beta \equiv 2 \pmod 3$。我们可以对方程

$$\alpha u^4 - \delta w^4 = 4 \text{ 和 } \alpha u^4 - \gamma z^4 = 2$$

做同样的事情，得到 $\delta \equiv 2 \pmod 3$ 和 $\gamma \equiv 1 \pmod 3$。另请注意，$\beta v^4 - \delta w^4 \equiv 3 \pmod 5$。再把这一点与 $\alpha\beta\gamma\delta = 2^3 \times 3 \times 5$ 结合起来，我们可以看到，有序的整数四元组 $(\alpha, \beta, \gamma, \delta)$ 只能是以下几种情况之一

$$(3, 2^3, 1, 5), (3, 2^2\times 5, 1, 2), (2^2\times 3, 5, 1, 2), (3, 5, 2^2, 2)。\tag{2}$$

由式(1)可知，这些四元组中的第一个表示 $z^4 - 5w^4 = 2$。将该式对5取模得 $z^4 \equiv 2 \pmod 5$，这就产生了一个矛盾。第二个四元组给出 $3u^4 - 2^2 \times 5v^4 \equiv 1 \pmod 5$，这意味着 $3u^4 \equiv 1 \pmod 5$，所以 $u^4 \equiv 2 \pmod 5$。这又产生了一个矛盾。我们在前文证明过，如果 $2^2 \mid \alpha$，那么 γ 必定是偶数，因此我们可以立即排除第三个四元组。

定理3隐含着当 v、z 为正整数时，方程

$$\beta v^4 - \gamma z^4 = 1$$

最多有一个解。对于式(2)中的第四个四元组，$\beta = 5$ 和 $\gamma = 2^2$，而且我们有解 $v = z = 1$。根据定理3，当 v、z 为正整数时，不可能有更多的解。现在，同时考虑 $v = z = 1, \beta = 5, \gamma = 2^2$，这就意味着 $r = 6$，于是方程 $c_{\mathrm{SF}}(r, s)$ 简化为 $s^4 = 2$，这个方程没有整数解。因此，我们不可能有这种情况，于是就排除了式(2)中的第四个四元组。因此我们有 $3 \nmid \alpha$。

现在假设 $5 \mid \alpha$。于是

$$\alpha u^4 - \beta v^4 \equiv 1 \pmod 5$$

就意味着 $-\beta v^4 \equiv 1 \pmod 5$，并且根据式(1)，我们有 $\beta \equiv 4 \pmod 5$。因此，β 只可能是 4 和 24。请注意，

$$\alpha u^4 - \beta v^4 = 1$$

意味着 $(\alpha, \beta) = 1$，并且由于 $3 \nmid \alpha$，因此我们必有 $\alpha = 5$。如果 $\beta = 4$，那么

$$|\alpha u^4 - \beta v^4| = 1$$

有解 $u = v = 1$，根据定理 3，当 u、v 为正整数时，没有任何其他解。因此我们有 $r = \alpha u^4 = 5$，于是 $c_{SF}(r, s)$ 简化为没有整数解的方程 $2s^4 = 1$。因此 $\beta \neq 4$，于是 $\beta = 24$ 就是 β 唯一可能的值。因此唯一可能的常量值由四元组 $(\alpha, \beta, \gamma, \delta) = (5, 2^3 \cdot 3, 1, 1)$ 给出。于是我们的丢番图方程组中的第四个就变成了

$$z^4 - w^4 = 2。$$

但是根据式(1)，我们知道 z^4 和 w^4 只能与 0 或 1 关于模 5 同余，因此 $z^4 - w^4$ 只能与 0、1 或 4 关于模 5 同余。因此我们必有 $5 \nmid \alpha$。

我们现在只剩下 α 是 1、2 或 2^2 其中之一的情况。如果 $\alpha = 2^2$，那么如前所述，γ 是偶数，而 β、δ 是奇数。如果 $|\alpha - \beta| = 1$，那么根据定理 3，我们必有 $u = v = 1$，因此 $r = \alpha u^4 = 4$。由于 $r \geqslant 5$，因此这不可能发生，并且由此可得 $\beta \neq 3, 5$。因此，β 只可能是 1 或 15。如果 $\beta = 15$，那么 $\alpha u^4 - \beta v^4 \equiv 1 \pmod 5$ 给出 $4u^4 \equiv 1 \pmod 5$，这又与式(1)矛盾。所以我们必有 $\beta = 1$。但是现在我们有

$$\alpha u^4 - \beta v^4 = 1 = 4u^4 - v^4 = (2u^2 - v^2)(2u^2 + v^2),$$

或者等价地写成 $2u^2 + v^2 = 1$，它只有解 $u = 0, v^2 = 1$。这意味着 $r = 0$，由此产生了矛盾。因此 $\alpha \neq 2^2$。

现在来考虑 $\alpha = 2$ 的情况。如果 $3 \mid \beta$，那么考虑方程 $2u^4 - v^4 = 1 \pmod 3$。我们得到 $2u^4 \equiv 1 \pmod 3$，所以 $u^4 \equiv 2 \pmod 3$，这就给出了一个矛盾。因此 $3 \nmid \beta$，并以类似的方式将此方程对 5 取模，我们就得到 $5 \nmid \beta$。对于 δ 可以用方程 $2u^4 - \delta w^4 = 4$ 做同样的事情，得到 $3, 5 \nmid \delta$。因此我们必有 $3 \times 5 \mid \gamma$。根据第二个丢番图方程 $\beta v^4 - \gamma z^4 = 1$，我们得到 $\beta v^4 \equiv 1 \pmod 3$ 和 $\beta v^4 \equiv 1 \pmod 5$。因此我们有 $\beta \equiv 1 \pmod 3$ 和 $\beta \equiv 1 \pmod 5$。但是由于 $3, 5 \nmid \beta$，于是 β 只能是 1、2 或 2^2 之一，并且只有当 $\beta = 1$ 时它与 1

才关于模 5 同余。但此时方程 $\alpha u^4-\beta v^4=1$ 变成了 $2u^4-v^4=1$。根据定理 3,这个方程只有一解,即 $u=v=1$。这意味着 $r=2$,但是根据假设,我们有 $r\geqslant 5$。所以我们必有 $\alpha\neq 2$。

最后,如果 $\alpha=1$,那么考虑方程 $u^4-\gamma z^4=2$。由于 $u^4\equiv 0$ 或 $1(\mathrm{mod}\ 3$ 或 $5)$,因此我们有 $\gamma z^4\equiv 1$ 或 $2\ (\mathrm{mod}\ 3)$ 和 $\gamma z^4\equiv 3$ 或 $4(\mathrm{mod}\ 5)$。由此可得 $\gamma\equiv 1$ 或 $2(\mathrm{mod}\ 3)$ 和 $\gamma\equiv 3$ 或 $4(\mathrm{mod}\ 5)$。因此,γ 只可能是 2^2 或 2^3,所以我们有 $3\times 5\mid\beta\delta$。如果 $5\mid\delta$,那么我们取方程 $\gamma z^4-\delta w^4=2(\mathrm{mod}\ 5)$,得到 $\gamma\equiv 2(\mathrm{mod}\ 5)$。然而这对于 $\gamma=2^2$ 或 2^3 不可能成立,所以我们必有 $5\nmid\delta$,进而 $5\mid\beta$ 必定会发生。取 $\beta v^4-\gamma z^4=1\ (\mathrm{mod}\ 5)$,我们得到 $\gamma\equiv 4\ (\mathrm{mod}\ 5)$,因此 $\gamma=2^2$ 是唯一的可能性。因为 $\alpha=1,\gamma=2^2$ 和 $5\mid\beta$,所以 δ 只可能是 1、3 或 6。不过,取方程 $\beta v^4-\delta w^4=3(\mathrm{mod}\ 5)$,我们得到 $\delta\equiv 2(\mathrm{mod}\ 5)$。因此,这里讨论的所有可能性都行不通,从而 $\alpha\neq 1$。

这样就详尽无遗地讨论了 α 的所有可能性。因此,曲线 $c_{\mathrm{SF}}(r,s)$ 不可能有整数解。

参考文献

[1] M. A. Bennett and B. M. M. DeWeger. On the Diophantine equation $|ax^n-by^n|=1$. *Math. Comp.* **67** No. 221 (1998) 413 - 438.

[2] O. Encke. LATEX file poker. sty, copyright 2007 - 2008. www. encke. net (accessed November 20, 2012).

[3] K. Takahasi and M. Futatsuya. On a problem of a probability arising from poker. *J. Japan Statist. Soc.* **14** No. 1 (1984) 11 - 18.

[4] W. Ljunggren. Einige Eigenschaften der Einheitenreeler quadratischer und rein biquadratischer Zahlkörper mit Anwendung auf die Lösung einer Klasse von bestimmter Gleichungen vienten Grades. *Det Norske Vidensk. Akad. Oslo Skuifter I* **12** (1936) 1 - 73.

十二、吉尔布雷思数简介

瓦林

1958 年,加州大学洛杉矶分校数学专业的本科生吉尔布雷思(Norman Gilbreath)在国际魔术师兄弟会的正式出版物《连环》(*The Linking Ring*)上发表了一篇文章[4],他在其中描述了一种纸牌魔术。简单地说,这个魔术可以这样表演:递给观众一副牌,让他/她把这副牌切几次,然后让他/她把最上面的 N 张牌归成一叠。这位观众拿起两叠牌(手里的牌和桌上的牌),把它们交错洗牌。魔术师现在把牌藏起来(也许是藏在一块布下面,也许是藏在背后),接下去不断地拿出一对又一对牌,每一对都是一黑一红。

这个魔术的关键是,在发牌之前,这些牌就是按黑/红间隔排列的。切牌不会改变这种排列。当把最上面的 N 张牌归成一叠时,黑/红奇偶性仍然存在,但是这叠牌的顺序颠倒了。然后需要用数学归纳法证明,无论如何交错洗牌,连续的牌对仍然保持相反的颜色。让我们看一个包括 8 张牌的小例子(图 12.1)。下标指的是在原来那副牌中的第一张、第二张、第三张等,R 代表红色,B 代表黑色。这个过程如图 12.1 所示。

如果从这副牌的顶部或底部一次取两张牌,那么我们就得到由一红一黑组成的牌对。

原始顺序	切牌后	两叠	洗牌后
B_1	B_5	B_1	R_8
R_2	R_6	R_2	B_7
B_3	B_7	B_3	B_1
R_4	R_8	R_4	R_6
B_5	B_1		R_2
R_6	R_2	R_8	B_5
B_7	B_3	B_7	B_3
R_8	R_4	R_6	R_4
		B_5	

图 12.1 吉尔布雷思魔术的八张牌形式。

有趣的是，具有两类特征的模式这一点并不重要。如果牌是按花色排列的（如梅花、红桃、黑桃、方块），并且在洗牌后一次发四张牌，这个魔术也会有效。

让我们从数学上来分析这种行为。对于任何非空集 S，S 上的排列是从 S 到其自身的双射。我们只关注数集上的排列，从有限集 $\{1,2,3,\cdots,N\}$ 开始，最终到具有一种特定属性（在下文描述）的、一般而言的自然数。将我们的排列表示为 π，对于任意 j，$\pi(j)$ 是指在该排列中第 j 位的数字（而不是数字 j 的位置）。因此，如果我们交换 $\{1,2,3,4,5\}$ 得到 $\{3,4,5,2,1\}$，就有 $\pi(1)=3$ 和 $\pi(5)=1$。

让我们重复图 12.1 所示的过程，但这次使用的是数字而不是纸牌（图 12.2）。既然我们不是在表演一个魔术，因此切牌（这给观众造成一种随机的错觉）就不必要了。

原始顺序	两“叠”	“洗牌后”
1	5	5
2	6	4
3	7	6
4	8	7
5	9	3
6	10	8
7		2
8	4	9
9	3	1
10	2	10
	1	

图 12.2　吉尔布雷思排列的例子。

我们可以将洗牌的结果表示为 $\{1,2,3,\cdots,N\}$ 上的一个排列。在图 12.2 所示的例子中，我们得到

$$\{5,4,6,7,3,8,2,9,1,10\}。$$

用这种方法得到的排列称为吉尔布雷思排列（Gilbreath permutation）。

并不是所有的排列都是吉尔布雷思排列。其实，尽管在 $\{1,2,3,\cdots,N\}$ 上有 $N!$ 种排列，但只有 2^{N-1} 种是吉尔布雷思排列。这个事实，以及

下面的终极吉尔布雷思原理(Ultimate Gilbreath Principle,告诉我们哪些排列是吉尔布雷思排列),在迪亚科尼斯(Diaconis)和格雷厄姆的书中得到了证明[2]。

定理1(终极吉尔布雷思原理):对于$\{1,2,3,\cdots,N\}$的任何排列π,以下各说法是等价的。

1. π是一个吉尔布雷思排列。

2. 对于每个j,前j个值

$$\{\pi(1),\pi(2),\cdots,\pi(j)\}$$

都与互不相同的数关于模j同余。

3. 对于满足$jk\leqslant N$的每个j和k,值

$$\{\pi((k-1)j+1),\pi((k-1)j+2),\cdots,\pi(kj)\}$$

都与互不相同的数关于模j同余。

4. 对于每个j,前j个值构成了$1,2,3,\cdots,N$中的j个连续数字的一个(可能不按顺序的)排列。

性质3使魔术奏效。这条性质意味着,无论你从一副牌中一次取出两张(红/黑)或四张(梅花、红桃、黑桃、方块),只要这副牌一开始设置正确,魔术师就会每种类型各拿到一张牌。我们目前的兴趣在于第4条性质。这条性质意味着,即使这j个数字目前不是按顺序写出的,它们也会在$\{1,2,3,\cdots,N\}$中按顺序出现。因此,例如$\{2,3,1,4\}$和$\{3,4,2,1\}$是$\{1,2,3,4\}$的吉尔布雷思排列,而$\{3,4,1,2\}$则不是。

1. 连分式

我们感兴趣的是用连分式的形式来表示吉尔布雷思排列。因此,我们现在来讨论连分式的一些基本性质。

定义1:设a_i(其中$i=0,1,2,3,\cdots$)表示一个(可能是有限的)正整数集合①。一个简单连分式具有以下形式:

① 有些参考文献使用带有整数系数的复数。——原注

$$a_0+\cfrac{1}{a_1+\cfrac{1}{a_2+\cfrac{1}{a_3+\cdots}}}$$

为了简化符号,我们把这个连分式表示为

$$[a_0;\ a_1,a_2,a_3,\cdots]$$

各个 $a_0,a_1,a_2,\cdots$称为该连分式展开的偏商(partial quotient)。

奥尔兹(Olds)有一本关于连分式的很好的通用参考书[5]。在接下来的内容中,我们只关注在单位区间内表示数字。

例 1:有限简单连分式[2;3,6]表示数字

$$2+\cfrac{1}{3+\cfrac{1}{6}}=2+\cfrac{1}{\cfrac{19}{6}}=2+\frac{6}{19}=\frac{44}{19}。$$

反过来,比如说我们可以取分数$\frac{32}{15}$,然后写成

$$\frac{32}{15}=2+\frac{2}{15}=2+\cfrac{1}{\cfrac{15}{2}}=2+\cfrac{1}{7+\cfrac{1}{2}}。$$

因此$\frac{32}{15}=[2;7,2]$。

例 1 将有理数表示为连分式的动作肯定会终止。请注意,在这个除法过程(32 ÷ 15,然后 15 ÷ 2)中,在下一步中变成分母的余数是严格递减的。因此,余数必须在某一点变成 1,从而有理数的连分式就完成了。

如果 x 是一个正无理数,那么存在一个最大整数 a_0,使得 $x=a_0+\frac{1}{x_1}$,其中 $0<\frac{1}{x_1}<1$。请注意,我们有

$$x_1=\frac{1}{x-a_0}>1,$$

这是一个无理数(因为 x 是无理数而 a_0是整数)。

重复这个过程,这次从 x_1开始。我们找到 a_1,即满足

$$x_1=a_1+\frac{1}{x_2}$$

的最大整数，$0<\frac{1}{x_2}<1$。如此继续下去，我们就生成了 x 的连分式：

$$[a_0;a_1,a_2,a_3,\cdots]。$$

这一次，这个序列 a_i 不会终止。

例 2：我们可以把$\sqrt{3}$表示成

$\sqrt{3}=[1;1,2,1,2,1,2,\cdots]$，或者更方便的写法是$[1;\overline{1,2}]$。

这个连分式展开式可以通过解方程

$$x=1+\cfrac{1}{1+\cfrac{1}{2+(x-1)}}$$

得到验证，其中$(x-1)$是我们这个连分式的循环部分。

二次无理数指的是一个具有以下形式的数：

$$\frac{P\pm\sqrt{D}}{Q},$$

其中 P、Q、D 是整数，$Q\neq 0$，D 是一个满足 $D>1$ 的非平方数。1779 年，拉格朗日（J. Lagrange）证明了任何二次无理数的连分式展开式最终都会变成周期性的。后来，欧拉证明其逆定理。如果一个连分式最终是周期的，那么它的值就可以表示为一个二次无理数。

也有不循环的无限简单连分式。一个例子是

$$\pi=[3;\ 7,15,1,292,1,1,\cdots]\ 。$$

我们知道这个分式不能结束或循环，因为 π 是一个超越数（即它不是一个整系数多项式的解）。

现在我们将注意力转向渐近分式。

定义 2：设 x 有简单连分式展开（有限或无限）$[a_0;a_1,a_2,a_3,\cdots]$。渐近分式是有限简单连分式序列中的元

$$c_0=a_0,c_1=a_0+\frac{1}{a_1},c_2=a_0+\cfrac{1}{a_1+\cfrac{1}{a_2}},\cdots。$$

表示为一般形式，$c_n=[a_0;a_1,a_2,a_3,\cdots,a_n]$。

通常，下一步是用有理数的形式表示这些渐近分式。例如，我们可以

写成

$$c_0 = a_0 = \frac{p_0}{q_0},$$

$$c_1 = a_0 + \frac{1}{a_1} = \frac{p_1}{q_1},$$

$$c_2 = a_0 + \frac{1}{a_1 + \frac{1}{a_2}} = \frac{p_2}{q_2},$$

以此类推。

这些渐近分式趋向一个极限。如果我们从两个渐近分式 c_i 和 c_{i+1} 开始,那么大家熟知的是

$$c_{i+1} - c_i = \frac{p_{i+1}}{q_{i+1}} - \frac{p_i}{q_i} = \frac{p_{i+1}q_i - p_i q_{i+1}}{q_{i+1}q_i} = \frac{(-1)^{i+1}}{q_{i+1}q_i}。$$

从渐近分式的定义可以看出,构成 q_i 的序列始终为正并且是递增的。因此,我们得到了以下结果。

定理 2:对于任何简单连分式$[a_0;a_1,a_2,a_3,\cdots]$,渐近分式 c_i 构成一个实数序列,其中对于所有 i,我们有

- $c_{2i-1} < c_{2i+1} < c_{2i}$

和

- $c_{2i+1} < c_{2i+2} < c_{2i}$。

因此,渐近分式序列具有以下性质

$$c_1 < c_3 < c_5 < \cdots < c_{2i-1} < \cdots < c_{2i} < \cdots < c_4 < c_2 < c_0。$$

我们还需要下面这条定理。

定理 3:设$[a_0;a_1,a_2,a_3,\cdots]$表示一个无限简单连分式。那么在实数轴上有一个点 x 满足 $x = [a_0;a_1,a_2,a_3,\cdots]$。

2. 吉尔布雷思连分式

现在我们希望取一个吉尔布雷思排列,例如{3,4,2,1},并将其转换为一个连分式。那么这个连分式就会表示单位区间内的一个实数。我们实现这一点的方式是取一个排列,比如{3,4,2,1},并将它写成

$$0+\cfrac{1}{3+\cfrac{1}{4+\cfrac{1}{2+\cfrac{1}{1}}}}。$$

很容易检验这等于$\frac{13}{42}$。我们把用这种方式产生的连分式称为吉尔布雷思连分式(Gilbreath continued fraction)。我们不用写出完整的连分式,而是可以利用所有分子都是1这个事实。因此,用括号形式表示这个数,注意整数部分为0:

$$0+\cfrac{1}{3+\cfrac{1}{4+\cfrac{1}{2+\cfrac{1}{1}}}}=[0;3,4,2,1]。$$

在处理连分式时,习惯上不允许表达式以1结尾。这是因为[0;3,4,2,1]与[0;3,4,3]是一样的。如果不允许结尾数字为1,那么连分式表示就是唯一的。在十进制表示法中,1.000… =0.999…,情况与此不同。这是处理连分式而不是小数时所带来的好处之一。不过,遵循这个约定会导致吉尔布雷思排列出现一些问题,因此我们打破传统,允许展开式以1结尾。

如果我们从长度为N的吉尔布雷思排列

$$\{\pi(1),\pi(2),\cdots,\pi(N)\}$$

开始,那么我们就可以在其末尾按顺序插入数字$N+1,N+2,N+3,\cdots$,从而将它扩展成$\mathbb{N}$的一个排列。通过这种方式,我们保持了吉尔布雷思排列的这一性质。请注意,作为定理1的性质4的一个结果,以任何其他方式插入这些数会产生某种不是吉尔布雷思排列的东西。

例如,我们可以扩展{4,3,5,2,1,6},生成序列

$$\{4,3,5,2,1,6,7\},\{4,3,5,2,1,6,7,8\},\{4,3,5,2,1,6,7,8,9\},\cdots$$

并最终得到无限有序集

$$\{4,3,5,2,1,6,7,8,9,10,11,12,13,14,\cdots\}。$$

在扩展中的某一点之后，我们有 $a_k=k$，这一点被称为该排列变直的地方。

当然，这些有限数串中的每一个都可以是（表示一个有理数的）一个有限简单连分式中的项。数的无穷数列收敛到一个无理数，它等价于以下无穷简单连分式

$$[0;4,3,5,2,1,6,7,8,9,10,11,12,\cdots]。$$

3. 从分析视角讨论吉尔布雷思连分式

我们用符号 $[a_0;a_1,a_2,a_3,\cdots,a_n]$ 来表示连分式，请回忆一下，$a_j=\pi(j)$。用 $\mathcal{G}$ 表示有限和无限吉尔布雷思连分式集。此外，用 $\mathcal{G}_F$ 表示以有限数串表示的吉尔布雷思数集。因此，$\mathcal{G}_F$ 表示的是 $\mathcal{G}$ 中的有理数集。同样，用 $\mathcal{G}_I$ 表示以无限数串表示的吉尔布雷思数集，也就是说，它是 $\mathcal{G}$ 中的无理数集。这两个集合一起形成了单位区间 $[0,1]$ 的一个子集，于是自然要问的问题是："这些数占据了单位区间的多大部分？"我们现在证明 $\mathcal{G}$ 是一个可数无限集，是一个非常稀疏的集合。

定理 4：吉尔布雷思连分式集 $\mathcal{G}$ 的势是 $\aleph_0$，即自然数的势。

证明：对于任何固定的 N，直到 N 的自然数存在着 2^{N-1} 个可能的吉尔布雷思排列，因此 $\mathcal{G}_F$ 中看起来像

$$[0;\pi(1),\pi(2),\cdots,\pi(N)]$$

这样的数集对于每个固定的自然数 N 都是有限的。于是 $\mathcal{G}_F$ 的势就是 $\aleph_0$，因为它是有限集的一个可数并集。现在，如果 $x\in\mathcal{G}_I$，那么就存在一个 $k\in\mathbb{N}$，从而使得如果令 $x=[0;a_1,a_2,\cdots,a_j,\cdots]$，那么对于 $j\geqslant k$，我们有 $a_j=j$。事实上，这个 k 满足 $\pi(k-1)=1$。因此，如果我们固定 $N\in\mathbb{N}$，而对于所有 $j>N$ 都保持 $a_j=j$，那么对于这个连分式，有多少个前项仍然是吉尔布雷思连分式？答案还是 2^{N-1}。因此，对于每一个连分式变直的地方都存在着有限多个序列。因此 $\mathcal{G}_I$ 也是可数的，而这就意味着 $\mathcal{G}$ 是一个可数集。

这条定理的一个直接结果是，集合 $\mathcal{G}$ 必定是第一范畴集，也就是说，它是无处稠密集的可数并集。不过，我们还可以说出更多内容。集合 $\mathcal{G}$

实际上是一个无核(scattered)集,这是由弗赖林(Freiling)和汤姆松(Thomson)给出的定义[3]。

定义3:设$S\subset\mathbb{R}$。如果S的每个非空子集都包含一个孤立点,我们就说S是无核集。

无核集与可数集及无处稠密集是不同的。康托尔集(Cantor Set)是无处稠密(且不可数)集,但不是无核集。有理数是可数集,但不是无核集。当然,一个无核集不可能是稠密集,但可以是第一范畴集。不过,我们知道无核集既是可数的又是无处稠密的[1]。

弗赖林和汤姆松[3]证明了实数的任意可数G_δ集是无核集。

定理5:吉尔布雷思连分式集$\mathcal{G}$是$\mathbb{R}$中的一个无核集。

证明:对于任意$x=[0;a_1,a_2,a_3,\cdots,a_n]\in\mathcal{G}_{\mathrm{F}}$(其中$n$是固定的),我们有$x$必定是孤立的。对于任何$t\in\mathcal{G}_{\mathrm{F}}$,让我们假设$t$的长度最多为$n$。存在着有限多个这样的$t$,因此存在一个$\varepsilon_1>0$,使得以$x$为中心、$\varepsilon_1$为半径的开球(区间)不与$\mathcal{G}_{\mathrm{F}}$相交。如果我们要在$x$上添加更多的数字,从而构建

$$y_k=[0;a_1,a_2,a_3,\cdots,a_n,n+1,n+2,\cdots,n+k],$$

那么这些y_k收敛到某个无理数

$$y=[0;a_1,a_2,a_3,\cdots,a_n,n+1,n+2,\cdots,n+k,\cdots]。$$

因此存在一个$\varepsilon_2>0$,使得以x为中心、ε_2为半径的开球只与有限多个y_k相交。这个论点也解释了为什么存在一个ε_3,使得以x为中心、ε_3为半径的开球必定与$\mathcal{G}_{\mathrm{I}}$不相交。因此这个点是孤立的。

如果$x\in\mathcal{G}_{\mathrm{I}}$,那么$x$不是$\mathcal{G}$中的一个孤立的点,因为$\mathcal{G}_{\mathrm{F}}$中有一个由点构成的序列,它收敛于$x$。不过,存在一个$\varepsilon>0$,使得

$$B(x,\varepsilon)\cap\mathcal{G}_{\mathrm{I}}=\emptyset,$$

其中$B(x,\varepsilon)$是以x为中心、ε_3为半径的开球。这个论证与连分式展开式变直的位置k有关。也就是说,对于$j\geqslant k$,我们有$a_j=j$。

从拓扑上看,$\mathcal{G}$显然不是开集,因为$\mathbb{R}$中没有任何无核集是开集。它实际上是单位区间内的一个闭集。

定理6:吉尔布雷思数集是$[0,1]$中的一个闭集。

证明:在$\mathcal{G}$的补集中取一个 x。这个 x 有一个连分式展开式,它不是吉尔布雷思连分式。用 N 表示我们看到它不是吉尔布雷思连分式的最小下标。也就是说,$a_1,a_2,\cdots,a_{N-1}$在$\{1,2,3,\cdots,N-1\}$中是有序的。我们构建以下一系列连分式:

$$y_N=[0;a_1,a_2,\cdots,a_{N-1},b_N],$$
$$y_{N+1}=[0;a_1,a_2,\cdots,a_{N-1},b_N,b_{N+1}],$$
$$y_{N+2}=[0;a_1,a_2,\cdots,a_{N-1},b_N,b_{N+1},b_{N+2}],$$
$$\vdots$$

其中每一个 y_n都是一个吉尔布雷思连分式。

令

$$\varepsilon=\frac{1}{2}(\inf_{n\geqslant N}\{|x-y_n|\})。$$

这样一个下确界必定是正的,因为 y_n有唯一极限(不是 x)。于是以 x 为中心、ε 为半径的开区间包含在$\mathcal{G}$的补集中。因此$\mathcal{G}$是一个闭集。

我们导出了吉尔布雷思连分式集的一些性质。需要考虑的还有很多,还可以构造许多推广形式,但是让我们把这些留到另一个时间。

参考文献

[1] A. Bruckner, J. Bruckner and B. Thomson. *Real Analysis*. Prentice-Hall, 1997.

[2] P. Diaconis and R. Graham. *Magical Mathematics: The Mathematical Ideas that Animate Great Magic Tricks*. Princeton University Press, Princeton, NJ, 2011.

[3] C. Freiling and B. S. Thomson. Scattered sets and gauges. *Real Anal. Exchange* **21** No. 2 (1995 - 1996) 701 - 707.

[4] N. Gilbreath. Magnetic colors. *Linking Ring* **38** No. 5 (1958) 60.

[5] C. D. Olds. *Continued Fractions*. Mathematical Association of America, Washington, DC, 1963.

第四章 游戏

十三、仿射平面上的井字游戏

卡罗尔、多尔蒂

数学家们在挖掘趣味题时,常常会发现金子。数学史上出现过许多益智题、游戏或意外有趣的观察结果,当它们被放在一个熟练的问题解答者的显微镜之下时,就会成为重大的数学成果。众所周知,帕斯卡(Blaise Pascal)和费马(Pierre de Fermat)在就解答一个有关赌博的议题进行通信的过程中,建立了概率论的基础。1852 年,关于制图师对地图上各区域着色的一个措辞这样简单的问题激起了摩根(Augustus De Morgan)和凯莱(Arthur Cayley)的好奇心,从而启发了一个多世纪的关于所谓“四色问题”的数学成果。世界上最伟大的数学家欧拉之一用下面这个路线问题开创了图论领域:是否有一条穿过柯尼斯堡的路径恰好通过每一座桥一次?值得庆幸的是,这并不是欧拉唯一一次涉足趣味数学领域,因为正是通过他的另一项探究,我们才找到了下面这个游戏的灵感。

欧拉在他生命中的最后几年对幻方进行了研究,这引导他发现了所谓的“希腊拉丁方”(Graeco-Latin square)。他在这一领域的发现最终形成了一篇超过 100 页的论文[10]。在 1782 年的这篇论文中,欧拉从“36 军官问题”开始,以一个关于希腊拉丁方可能大小的猜想结束。尽管许多数

学家作了种种努力，但是这个问题仍然在近200年时间里没有得到解答。在那两个世纪中，他的猜想所引发的数学涟漪效应，激励了几代数学家去探索这一猜想与群、有限域、有限几何、代码和设计之间的联系。我们将介绍一种新的井字游戏，它完全符合欧拉的设想以及那道令人惊讶的有趣题目（即安排6个不同军衔和分属不同兵团的36位军官）所启发的研究内容。经过适当改动，这个游戏兜了一圈又把我们带回到趣味数学领域。我们首先解释如何玩这个游戏，随后从博弈论的角度来分析它，以确定获胜和平局的策略。在此过程中，我们会解释欧拉与这个故事的关系。

1. 描述游戏

我们的这个新游戏由两个要素构建而成。第一个要素大家都很熟悉：标准的井字游戏。它为我们的新游戏提供了规则。两位玩家轮流把他们的标记放在一个正方形网格的一个尚未被占据的单元格中。首先占据一条直线上的所有单元格的一方获胜。如果所有单元格都已被占据，并且没有玩家获胜，那么游戏以平局结束。第二个要素将我们带入欧拉的领域，并提供了游戏板：有限仿射平面。

一个仿射平面（affine plane）由一个点集和一个线集组成。我们要求这些点和线满足三条公理。如果我们用 P 来表示该点集（假设为非空），用 L 来表示该线集，那么我们作下列假设：

- A-1：通过任何两个不同的点，都存在唯一的一条线。
- A-2：如果 $p \in P$，$\ell \in L$，且 p 不包括在线 ℓ 中，那么存在通过 p 且平行于 ℓ 的唯一一条线 m。（请注意：当不同线没有公共点时，它们就是平行的。）
- A-3：每条线上至少有两个点，并且 L 中至少有两条线。

请注意，公理A-1和A-2是欧几里得公理。公理A-2（平行假设）保证我们在一个平面上运作，而公理A-3消除了那些不值一提的几何形状。所有人都会立即注意到，笛卡儿平面满足这些公理，并且是一个无限仿射平面的例子。当我们考虑有限数量的点时，这些公理将我们引向有限仿射平面。

假设 $p \in P$ 和 $q \in P$，并且我们有一条只包含这两个点的线 ℓ。我们可以使用集合符号 $\{p,q\}$、几何符号 $\overline{pq}$，或者图形 p ●——● q 来表示线 ℓ。当 p 是线 ℓ 上的一点时，我们说 p 与 ℓ 关联。请注意，我们将 p 和 q 与一条线段联系起来，以表明这两个点都与 ℓ 关联。但是与笛卡儿平面不同的是，在 p 和 q 之间没有任何与 ℓ 关联的点，因为这条线只包含这两个点。

让我们来设法构造最小的有限仿射平面。线 ℓ 及其两点是一个仿射平面吗？不是，因为此时公理 A-3 不满足。如果我们增加另一条与 p 关联的线，并在这条线上增加另一点 r，以满足公理 A-3，我们就得到了图 13.1 中的图。我们再次问自己：这个图是否代表一个仿射平面？不是，此时公理 A-1 不满足，因为 r 和 q 之间没有线。

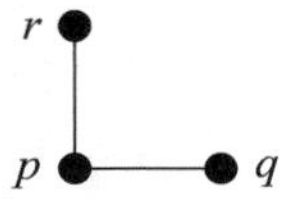

图 13.1　这是一个仿射平面吗？

如果我们以这种方式继续下去，设法尽可能少地增加点和线来满足这些公理，那么我们最终会构造出最小的仿射平面。我们需要多少个点？我们会有多少条线？图 13.2 是我们能够构造的最小的有限仿射平面。对于这个平面，读者应该去验证一下那几条公理是否成立。

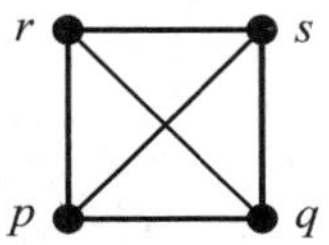

图 13.2　最小仿射平面。

此时有 4 个点和 6 条线，其中每条线恰好包含两个点。图 13.3 分别表明了在这个图中找到的 6 条线。请注意，这 3 对线中的每一对都是平行线，因为它们没有公共点。

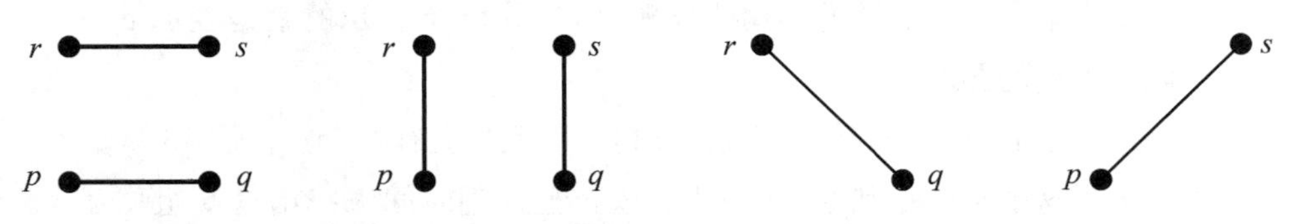

图 13.3　最小有限仿射平面中的六条线。

从这三条公理出发尝试构造这些平面是很有趣的。从图 13.2 中的最小仿射平面开始，只要在其中一条线上再增加一个点，就可以使我们走上构造次最小有限平面的道路。试一试！确保掌握关联结构，并设法在遵循公理的同时增加尽可能少的点。当你获得成功时，就生成了次最小仿射平面的图，它与图 13.4 中给出的表示形式是同构的。这个平面有 9 个点和 12 条线，其中每条线上有 3 个点。图 13.5 中分别明示了在这个图中找到的 12 条线。请注意这四组线中的每一组都由相互平行的线组成。

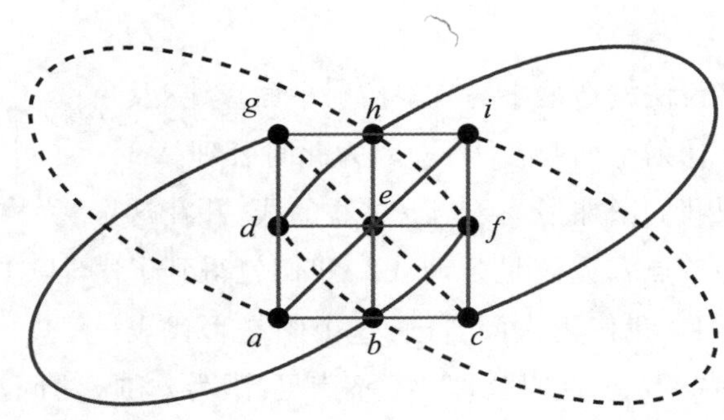

图 13.4　次最小仿射平面。

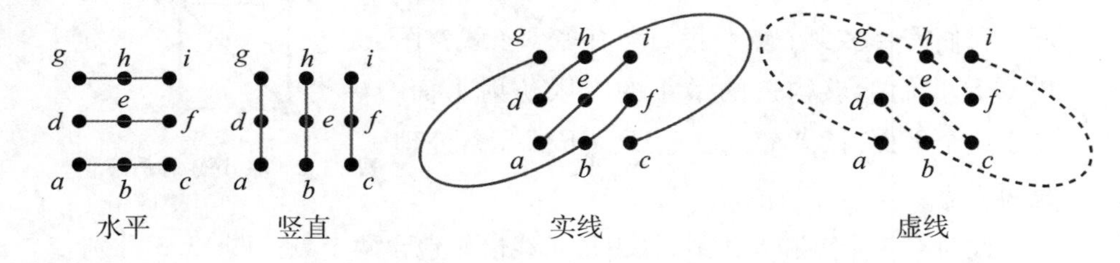

图 13.5　次最小仿射平面的 12 条线。

我们并不提议一步步构造出下一个有更多点和线的平面，不过如果我们要再增加一个点并遵循这些公理，那么图 13.6 显示的就是表示下一个此类平面的图。

这个平面有 16 个点和 20 条线，其中每条线上有 4 个点。图 13.7 分别明示了这个图中找到的 20 条线。请花上片刻时间来找出这 5 组相互平行的线。

如果你已经开始思考我们会在这些平面上如何玩井字游戏，那么你肯定已经注意到，前面这三个有限仿射平面都有平方数个点，这些点排列

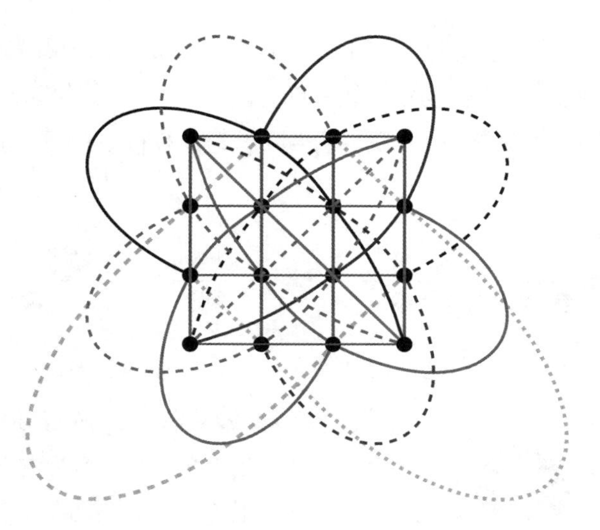

图 13.6　第三小仿射平面。

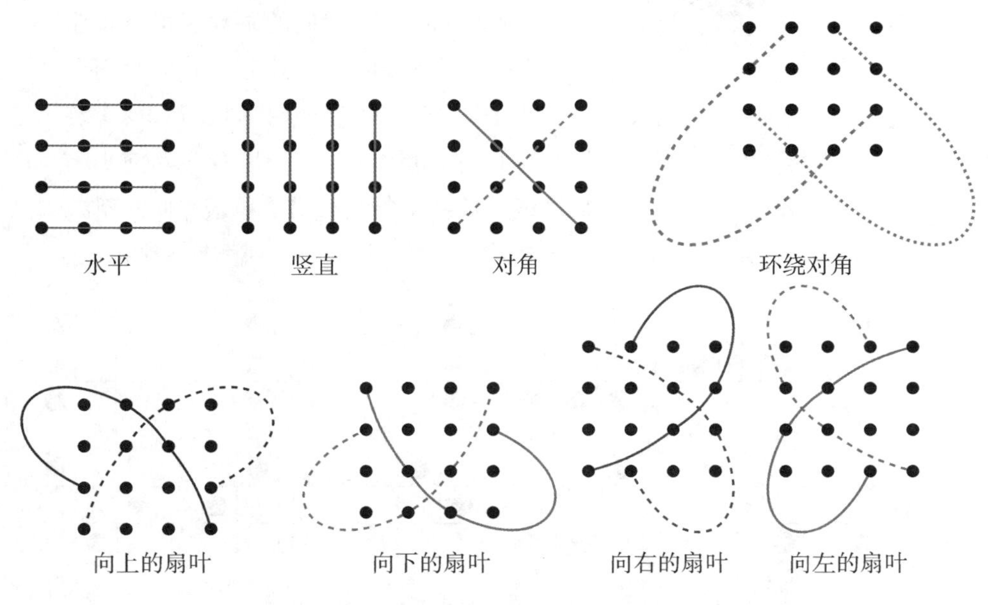

图 13.7　第三小仿射平面中的 20 条线。

成常见的井字游戏板形状。当我们在一个有限仿射平面上玩这个游戏时,这些点就成为 $n \times n$ 井字游戏板上的空单元格。如果我们能占据这个仿射平面上的一条线上的所有点时,我们就赢了。平面的几何形状对标准井字游戏提供了变化:这里的线不一定是直线。让我们来看看这在我们构造过的最小平面(该平面的每条线上都有两个点)上是如何起作用的。

参考图 13.2 和图 13.3,我们看到 2×2 游戏板上的 6 条制胜线如图 13.8 所示。

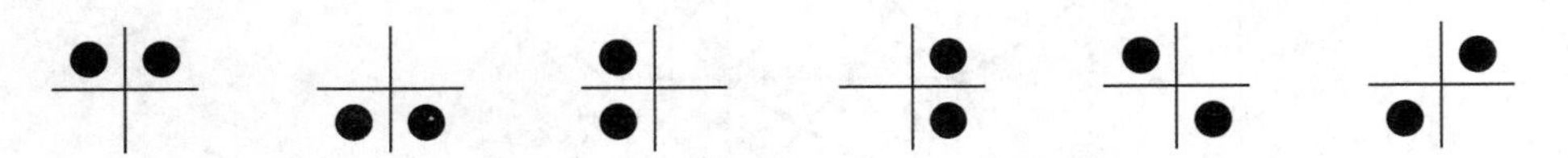

图 13.8　在 2×2 井字游戏中的 6 种获胜方式。

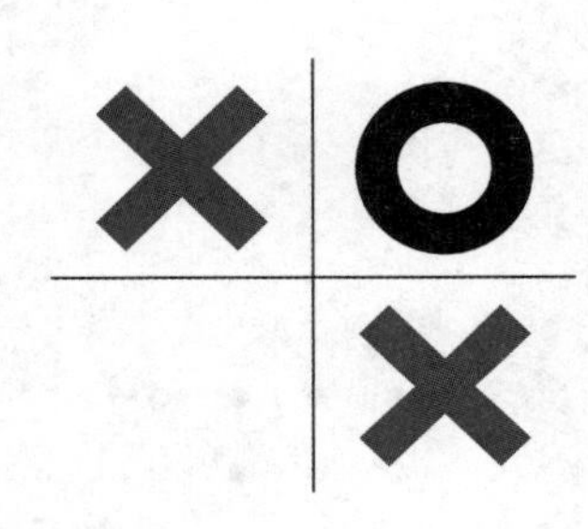

图 13.9　2×2 游戏板上的井字游戏。

这个 2×2 游戏板上的游戏并没有履行会给我们一个新游戏的承诺,因为它与标准 2×2 井字游戏是一样的。先出招的玩家 X 在他出第二招时获胜,如图 13.9 所示。

在 3×3 游戏板上,我们的游戏变得更有趣了。不像标准游戏中的 6 条制胜线,这时我们有 12 条。参考图 13.4 和 13.5,我们看到 3×3 游戏板上的 12 条制胜线如图 13.10 所示。前 8 条线是通常的水平、竖直和对角制胜线。最后 4 条线给出了承诺我们的新游戏。请注意,这 4 条新的制胜线恰好需要在每一行和每一列都有一个标记。

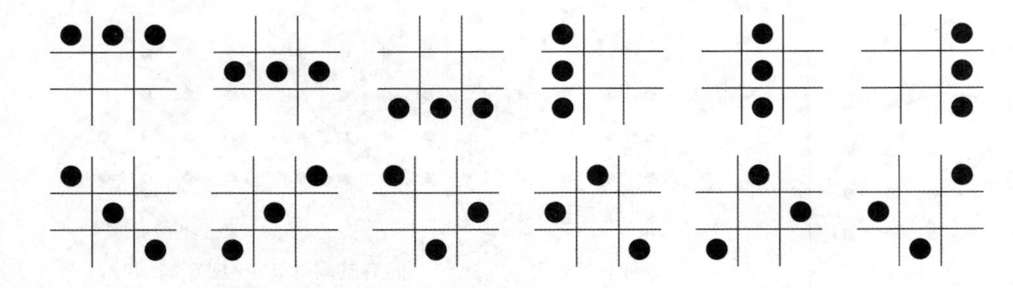

图 13.10　在 3×3 井字游戏中的 12 种获胜方式。

至此,请花点时间玩几局游戏,以适应新的制胜线,并确定最佳的游戏策略。在图 13.11 中,我们看到一个正在进行过程中的游戏,接下来玩家 O 必须出招了。在这里,即使玩家 O 占据左下角,玩家 X 还是可以用下一招获胜。

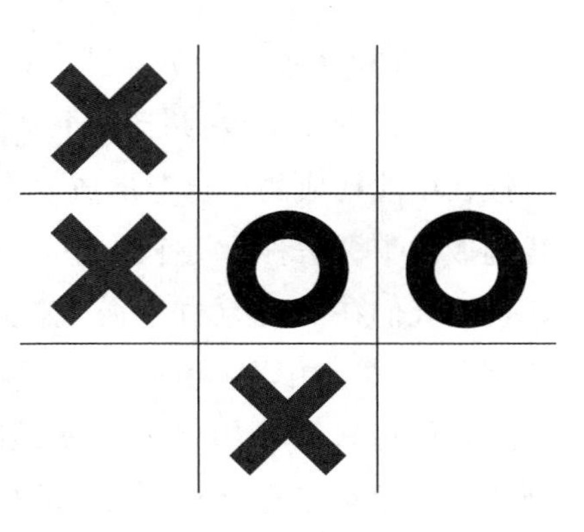

图 13.11　轮到玩家 O。

当我们在游戏不同阶段尝试确定一位给定玩家的最佳招数时,我们开始注意到单元格(点)和获胜安排(线)的一些性质。例如,如果玩家 X 在游戏板上有了两个标记,那么这些标记正好位于一条制胜线上。这是仿射平面公理 A-1 的结果。我们应该花点时间来注意关于有限仿射平面的一些很容易验证的事实,因为它们提供了玩这个游戏的一些方法。我们可以使用前三个平面作为我们的向导,通过回答一些问题来引导我们得到一般的性质。这些问题包括诸如:有多少个点?有多少条线?每条线上有多少个点?有多少组平行线?请观察图 13.2 到 13.7 来回答这些问题。答案可以在图 13.12 中找到。此图中每一幅的底部给出了每个平面的名称和符号。

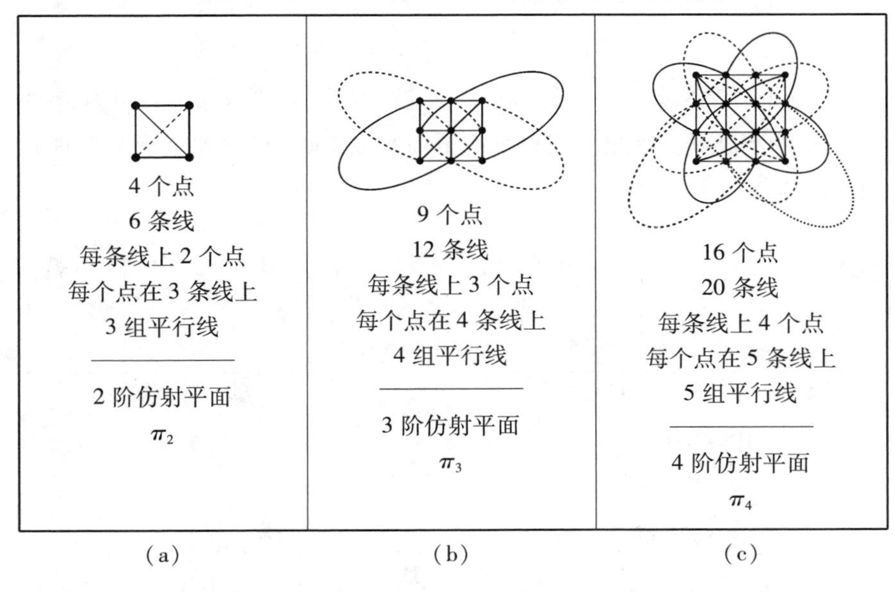

图 13.12　仿射平面(a)π_2、(b)π_3和(c)π_4的一些性质。

一般而言,从那几条给定的公理可以验证,一个 n 阶仿射平面具有以下性质：有 n^2 个点、n^2+n 条线，每条线上有 n 个点，还有 $n+1$ 组平行线，其中每组包含 n 条线，并且这个平面上的每个点都与 $n+1$ 条线关联。平行性在由线构成的集合上形成一个等价关系，每一个由 n 条相互平行的线构成的集合被称为一个平行类(parallel class)。

让我们在 π_4 上玩井字游戏。这里我们有一个 4×4 游戏板，上面有 20 条制胜线。由于 4 条水平、4 条竖直和两条对角的制胜线很容易找到，因此我们将只显示 10 条不寻常的制胜线。这将有助于基于这些制胜排列的形状而对它们给出视觉上的描述。如图 13.13 所示，大多数新的制胜线都与鲨鱼鳍相似。

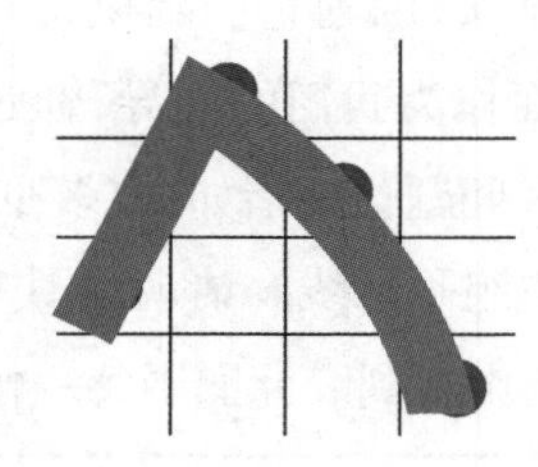

图 13.13 制胜线与鲨鱼鳍相似。

参考图 13.6 和 13.7，我们在 4×4 游戏板上看到如图 13.14 所示的 10 条新的制胜线。如果你用铅笔简单勾画以下鲨鱼鳍，那么你会发现它们指向所有四个方向。

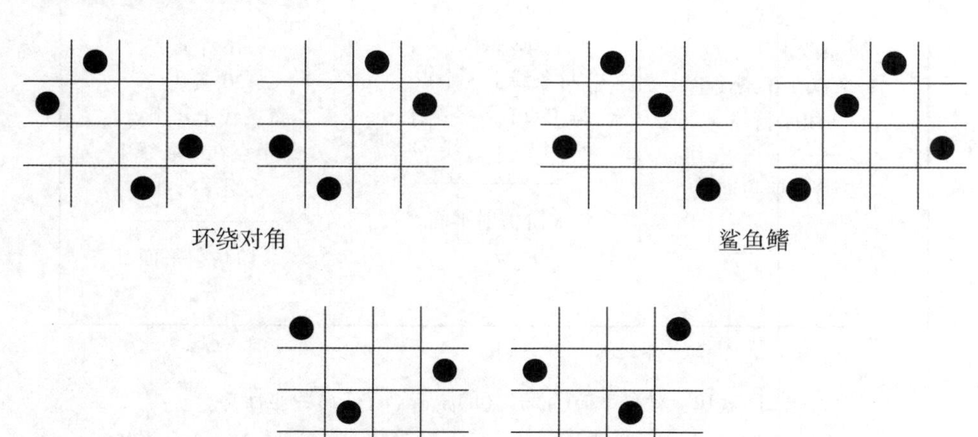

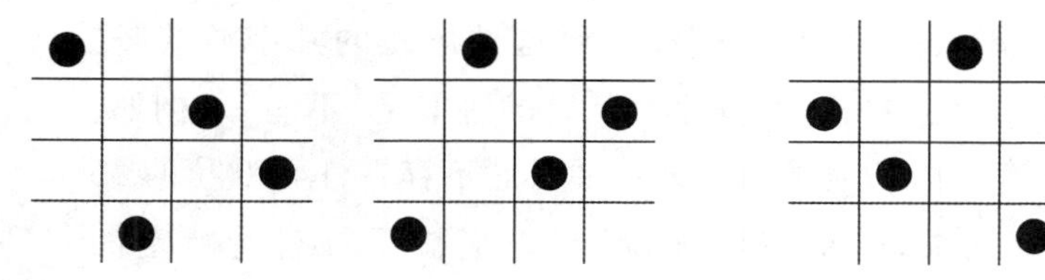

图 13.14　π_4上的 4×4 井字游戏的新制胜线。

请注意,这 10 条制胜线中的每一条再次恰好需要在每一行和每一列都有一个标记。不过,在这个平面上玩时,这并不是制胜线的充分条件。例如,在图 13.15 中,我们看到一个符合此条件的标记构形,但它并不是一条制胜线。

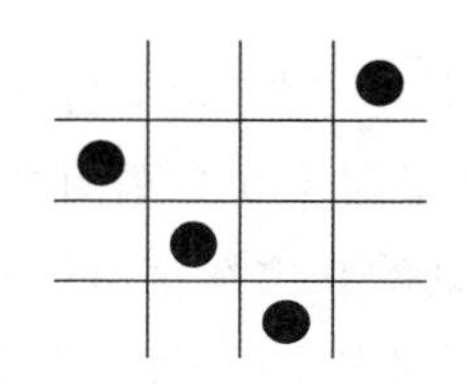

图 13.15　π_4上 4×4 井字游戏的 4 个标记,但它们并不构成一条制胜线。

图 13.16 显示了一块 4×4 游戏板,其中给出了一个样例游戏的前 5 招。图 13.14 显示了 10 条不太明显的制胜线。当你玩了足够多的游戏,从而能确定胜负和平局之后,就很自然地会提出下面这个问题:先出招的玩家是否总是能够在这个游戏中强制获胜?这个问题并不容易回答。让我们稍后再来回答这个问题,现在先提出另一个问题。

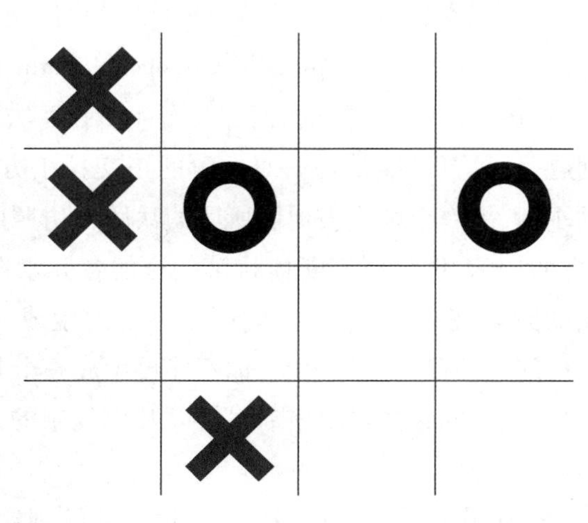

图 13.16　π_4上 4×4 井字游戏的一个样例中的前 5 招,10 条不常见的制胜线明示在图 13.14 中。

我们能在任何 $n \times n$ 大小的游戏板上玩这种形式的井字游戏吗?由于某些 n 值不存在仿射平面,因此这个问题的答案是"不能"。例如,存在着 π_5,但却不存 6 阶仿射平面。这个平面的不存在性与欧拉的 36 军官问题有着特定的关联,更宽泛地说,与正交拉丁方有着特定的关联。

2. 仿射平面与拉丁方

考虑下面这个 36 军官问题:有 36 位军官,其中每个人都拥有 6 种军衔之一,并隶属于 6 个军团之一。能否将这些军官排成 6 行 6 列,从而使得各行各列的 6 位军官恰好有不同军衔且隶属不同军团?欧拉证明,对于 9 名、16 名和 25 位军官的情况,这都是可以完成的。但他正确地推测出,对于 36 位军官的情况,这是办不到的。在试图解答这个问题的过程中,他引入了拉丁方[10]。n 阶拉丁方(Latin square)是一个 $n \times n$ 矩阵,其各矩阵元来自 $\mathbb{Z}_n = \{0,1,2,\cdots,n-1\}$,其中每个数在每一行和每一列都恰好出现一次。

如果各矩阵元为有序对的 $c_{ij} = (a_{ij}, b_{ij})$ 的 $\boldsymbol{C} = [c_{ij}]$ 中包含着 $\mathbb{Z}_n \times \mathbb{Z}_n$ 的所有 n^2 个可能的有序对,那么拉丁方 $A = [a_{ij}]$ 和 $B = [b_{ij}]$ 就是正交(orthogonal)的。当且仅当一个拉丁方集合中的元素两两正交时,就说这一拉丁方集合是互相正交(mutually orthogonal)的。我们用缩写"MOLS"来表示"相互正交的拉丁方"(Mutually Orthogonal Latin Squares)。图 13.17 中的两个 3 阶拉丁方是正交的,而那三个 4 阶拉丁方是 MOLS。欧拉的 36 军官问题是:是否可能找到一对 6 阶的正交拉丁方,其中一个代表 36 位军官的军衔,另一个则代表他们所属的兵团?仿照图 13.17 中第一个 3 阶拉丁方的例示,你只要不断地将第一行的各元素向右移动一个位置,并将剩余的元素绕到开始位置,就可以轻松地生成一个 6 阶拉丁方。对 36 位官员问题的证明结果表明,你不能再生成一个与第一个拉丁方正交的拉丁方。这个问题的详尽解答[16],以及更复杂的证明[7,15]都可以在文献中找到。

给定阶数 n,已知最多可以有 $n-1$ 个 MOLS。当达到这个上界时,我

0	1
1	0

0	1	2
2	0	1
1	2	0

0	1	2
1	2	0
2	0	1

0	1	2	3
1	0	3	2
2	3	0	1
3	2	1	0

0	1	2	3
2	3	0	1
3	2	1	0
1	0	3	2

0	1	2	3
3	2	1	0
1	0	3	2
2	3	0	1

图 13.17　2 阶、3 阶、4 阶的一些拉丁方。

们就得到了一个 n 阶正交拉丁方的完备集。玻色(R. C. Bose)证明,当且仅当存在 $n\times n$ 正交拉丁方的一个完备集时,存在一个 n 阶仿射平面[5]。所以,是否存在一个 6 阶仿射平面,取决于是否存在 5 个 6 阶 MOLS。但是正如我们注意到的,这样的正交方阵一对都没有!因此,在 6×6 的游戏板上玩我们的新井字游戏是不可能的。

那么哪些尺寸的游戏板是可能的?

我们熟知的是,存在着 p^k 阶仿射平面,其中 p 是素数,$k\in\mathbb{Z}^+$。例如说,这告诉我们存在着 2,3,4,5,7,8,9,11 阶仿射平面。要证明 10 阶平面不存在,就需要大量的数学运算和大量的计算才行(有关的历史叙述,请参阅文献[12])。是否存在 12 阶仿射平面还是一个悬而未决的问题。事实上,我们还不知道是否存在任何非素数幂阶的仿射平面。不过,其中一些阶数是明确不存在的[参见布鲁克-雷瑟定理(Bruck-Ryser Theorem)[2]]。对于我们的游戏而言,这里重要的是要注意到,我们有无限多个平面可以在其上玩井字游戏。然而要在高阶平面上绘制出表示制胜线的图形是不切实际的。正如我们将在下文中描述的,MOLS 在这里可以很好地替代图。

当我们冒险超越小阶平面时,仿射平面与正交拉丁方完备集之间的联系可以很容易地识别该平面上的线。将 n^2 个点安排在一个有限仿射平面上的 $n\times n$ 网格中,然后我们首先确定其 $n+1$ 个平行类,从而揭示出所有的线。n 条水平线构成一个平行类,n 条竖直线构成另一个平行类。其余的 $n-1$ 个平行类中的每一个都如下对应于 $n-1$ 个 MOLS 之一:任何平行类中的第 i 条线都由对应拉丁方中的符号 i 的各位置构成(这里 $i=0,1,\cdots,n-1$)。以一个熟悉的小平面为例,利用图 13.4 和图 13.17 中两个正交的 3×3 拉丁方,我们可以看到,3 阶仿射平面的 4 个平行

类是

(i) 水平线$\{\{a,b,c\},\{d,e,f\},\{g,h,i\}\}$，

(ii) 竖直线$\{\{a,d,g\},\{b,e,h\},\{c,f,i\}\}$，

(iii) 在第一个拉丁方中用相同数字表示的线

$$\{\{c,e,g\},\{a,h,f\},\{i,b,d\}\},$$

(iv) 在第二个拉丁方中用相同数字表示的线

$$\{\{g,b,f\},\{c,h,d\},\{a,e,i\}\}。$$

花点时间标记图 13.6 中的各点，然后用图 13.17 中给出的正交 4×4 拉丁方阵完备集来确定 π_4的 5 个平行类的线。用 MOLS 在更高阶的平面上确定那些不寻常的(非水平或非竖直的)制胜线是玩井字游戏的唯一合理方法，因为这些平面图都有点不便使用。要生成拉丁方的完备集，Maple® 的命令 MOLS(p,m,n)提供了当 p 为素数且 $n < p^m$时的 p^m阶 MOLS。现在，既然我们有了一种方法来确定无限多个可以玩井字游戏的平面的制胜线，那么就让我们来分析这个游戏，以确定最佳的玩法。

3. 取胜与平局策略

在零和博弈(zero-sum game)类的游戏中，一位玩家的损失就是另一位玩家的收益。在 π_n上的井字游戏是一种双人零和博弈，所用的是 $n \times n$ 游戏板，游戏板上的单元格用 π_n上的点来确定。玩家轮流用 X 或 O 来标记一个尚未被占据的单元格。为了简单起见，假设玩家 X 先行。如果一位玩家首先占据了 π_n中的一条直线上的 n 个单元格，他就赢得了这局游戏。如果一局游戏结束时还没有玩家赢，那么这局游戏就是平局。井字游戏是一种完全信息博弈，因为每位玩家的每一个选择都被另一位玩家所知。扑克就不是这样的游戏，因为玩家不会透露他们的牌。

策略(strategy)是一种根据游戏板当前状态为玩家指导下一招的算法。比如说对于玩家 X 来说，制胜策略就是确保他能够取得一局胜利的策略。例如，考虑尼姆取子游戏(Nim)的一种变化形式，被称为火柴棒(Matchsticks)或者减法(Subtraction)游戏，其中两位玩家从最初的 10 根火柴棒中轮流取走最多 3 根火柴棒。先出招的玩家的制胜策略是在每个

回合给对手留下4的倍数加1(如5,9,…)根数的火柴棒。作为另一个例子,对于标准的3×3井字游戏,虽然有一种我们小时候得知的最佳方法,但是这里并不存在制胜策略,因为每位玩家都能确保对方不能赢。在这种情况下,我们说两位玩家都有一个平局策略(drawing strategy),也就是一个导致平局的算法。假设两位玩家都很聪明,并且能正确地玩游戏。这是一个标准的博弈论假设,称为理性原则(principle of rationality)。也就是说,在每一次出招时,每位玩家都会作出一个选择,从而为这位玩家带来最大效用。为了表示出招的顺序,我们将玩家X的第一招表示为X_1,将第二招表示为X_2,以此类推。玩家O的出招也以类似方式表示。

在博弈论中,我们知道在一个完全信息的有限二人博弈中,要么其中一位玩家有制胜策略,要么两个人都能强制平局[14]。黑尔斯(Hales)和朱伊特(Jewett)[11]证明的一种策略偷取论证[3,4]表明在此时,当这样一种策略存在时,首先出招的玩家拥有制胜策略。为了说明这一点,假设玩家O拥有制胜策略。令玩家X随机出第一招,然后遵循玩家O的制胜策略。具体来说,就是玩家X假装自己没有出第一招,就好像他就是玩家O那样玩游戏。如果在游戏的任何阶段,他已经按照要求出招,那就可以随机出一招。任何必要的随机出招,包括第一次随机出招,都不会有损失,因为他只是在网格中占据了另一个尚未被占据的单元格。这会导致玩家X获胜,从而与玩家O拥有制胜策略的假设产生了矛盾。(请注意,这个论证不适用于诸如尼姆取子等游戏,因为随机出招可能导致首先出招的玩家落败。)因此,在井字游戏中,要么首先出招的玩家有制胜策略,要么两位玩家都有平局策略。在这种情况下,我们说后出招的玩家可以强制平局。如果不存在平局,那么首先出招的玩家肯定有制胜策略。不过,存在平局并不足以保证后出招的玩家能够强制平局。

现在,我们将在下文中讨论玩家X的制胜策略或玩家O的平局策略在一切有限仿射平面上的存在性。

4. 2×2和3×3游戏板

正如我们之前看到的,在一块2×2的游戏板上,如果让一只随机啄

食的小鸡先出招，即使是欧拉也会输给这只小鸡。一旦小鸡占据 X_2，游戏就结束了，因为连接 X_1 和 X_2 的线已经完成。一个典型示例如图 13.18 所示。因此，首先出招的玩家在 π_2 上拥有制胜策略，但不存在平局。

13.18　在 π_2 上玩的游戏。

存在着唯一的一个 3 阶仿射平面，如图 13.4 所示。玩家 X 在这个平面上有如下制胜策略。由于每个点都与相同数量的直线关联，并且由于任意两点之间都有一条线，因此我们可以假设 X_1 和 O_1 是任意选择的。然后玩家 X 选择 X_2 为任意不在包含 X_1 和 O_1 的那条线上的一点。在图 13.19(a)所示的典型游戏中，玩家 X 可以选择除第一行外的任何一个尚未被占据的单元格。

由于任何两点之间都有一条线，因此 O_2 必须阻断包含 X_1 和 X_2 的线，以防止玩家 X 在下一招获胜。同样，玩家 X 必须选择 X_3 为包含 O_1 和 O_2 的那条线上的点。我们的典型示例现在已经进展到图 13.19(b)所示的状态。在游戏的这个阶段，玩家 O 必须阻断包含 X_1 和 X_3 的线，或者包含 X_2 和 X_3 的线（很容易看出他还没有阻断这些线）。当玩家 X 完成了 O_3 没有阻断的线时，他就会在下一招获胜。

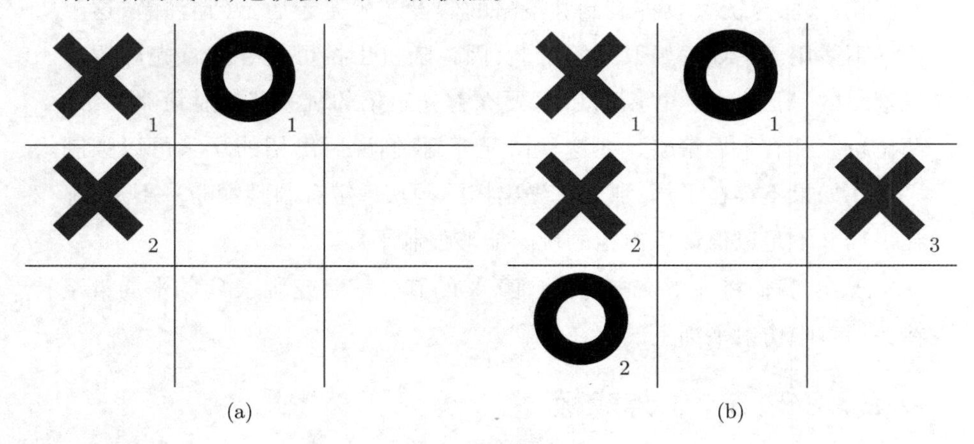

(a)　(b)

图 13.19　在 π_3 上玩的游戏。

如果违反了理性原则,那么游戏结束时可能是后出招的玩家获胜,但是不可能出现平局,因为3×3 游戏板上没有平局。为了说明这一点,假设可能出现平局,并设 D 为与平面上每条线相交但不完全包含任何线的 5 个点的集合。设ℓ_1、ℓ_2、ℓ_3为 π_3的平行类之一中的三条线。在不失一般性的前提下,假设 D 与ℓ_1和ℓ_3都相交于两点,与ℓ_2相交于一点。设 D 与ℓ_1相交于点 X_1 和 X_2,与ℓ_2相交于点 X_3。X_1与 X_3之间的线与ℓ_3相交于(比如说)点 p。X_2与 X_3之间的线也与ℓ_3相交于(比如说)点 q。图 13.20 明示了这些事实。

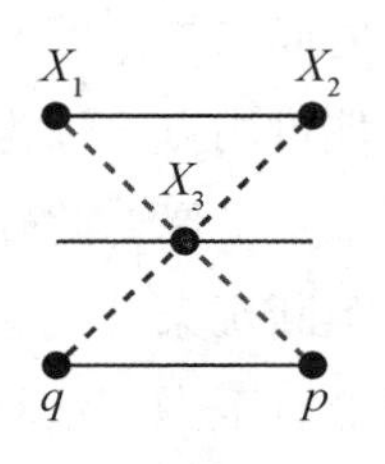

图 13.20　π_3上没有平局。

图中的这两条虚线与 X_3关联,而ℓ_3与这两条线都不平行。因此,我们有 $p \neq q$,因为没有两条线会相交于一个以上的点。由于ℓ_3恰好有三个点,并且 D 与ℓ_3相交于两点,因此如果 p 不在 D 中,那么 q 就一定在 D 中。

扼要地重述一下我们在 2×2 和 3×3 游戏板上的发现:首先出招的玩家拥有一个制胜策略;π_2 和 π_3上不存在平局。

5. 权重函数和更大的游戏板

当我们冒险超越小阶平面时,游戏的复杂性就会大幅度地增加。新增加的点和线为每位玩家提供了更多的可能的招数。这就使我们无法如前文那样展开简单的一步一步的分析。在这一点上,埃尔德什(Paul Erdös)伸出了援手。接下来的两条定理是埃尔德什和塞尔弗里奇(Selfridge)的研究结果[8]的两个特例,这一结果明确说明了在哪些条件下,后出招的玩家能在游戏中的许多位置强制平局。下面我们给出埃尔德什和塞尔弗里奇定理的证明,这是对卢(Lu)给出的证明[13]的修正。

为了分析任意 n 阶平面上的策略,我们需要一种方法来评估游戏板在游戏的一个给定阶段的状态。在某种程度上,为其中一位玩家分配一个数字来衡量游戏板状态的效用会有所帮助。为此,我们定义一些函数,当玩家 O 要出第 i 招时,这些函数为游戏板上的各个元素赋值。若要从剩余的尚未被占据的点中选择O_i的位置,他可能首先希望考虑哪条线具有最佳可用点。作为后出招的玩家,在理性博弈的假设下,他能取得的最好结果是平局。此外,如果他在平面上的每条线上都放置他的一个标记,从而阻断玩家X可能获胜的每一条线,那么他就强制平局了。因此,任何已经有至少一条O的线都已被阻断,从而不应贡献任何权重。在剩下的未被阻断的线中,对他而言最重要的是要阻断玩家X标记最多的线之一。如果我们将未阻断的线的值(或者说权重)定义为2^{-a},其中a是这条线上可用的(或者说未标记的)点的数量,那么权重较大的线正是具有较多"X"的线,因此也就迫切需要阻断它们。当玩家O要出第i招时,游戏板的权重被定义为该平面上的线的权重之和。一个可用点的权重是与该点关联的各条线的权重之和。最后,一对可用点的权重是通过这两个点的线的权重。

游戏板的状态随着游戏的进行而变化。我们用B_i来表示O正要出第i招之前的游戏板状态。由于最终游戏板状态的下标既取决于平面的阶数,也取决于游戏的进度,就让我们用B_∞来表示无法再出招时的游戏板状态。也就是说,比赛以取胜或平局结束。

如果p和q是可用的点,并且ℓ是该平面上的一条制胜线,那么我们有

$$\text{被O阻断的线}\ell\text{的权重}=w(\ell)=0,$$

$$\text{未被O阻断的线}\ell\text{的权重}=w(\ell)=2^{-|\ell\text{上的可用点}|},$$

$$\text{刚要出}O_i\text{这一招之前游戏板的权重}=w(B_i)=\sum_{\ell}w(\ell),$$

$$\text{可用点}q\text{在游戏板状态}B_i\text{时的权重}=w(q|B_i)=\sum_{\ell\text{到}q}w(\ell),$$

$$\text{可用对}\{p,q\}\text{在游戏板状态}B_i\text{时的权重}=w(p,q|B_i)=w(\overline{pq}),$$

其中$\overline{pq}$是唯一通过p和q的线。让我们来看看使用图13.21中给出的在π_3上玩的游戏的最终游戏板状态B_∞来进行的一些计算。

如图13.22所示,游戏板状态B_1直接在O_1这一招之前,这意味着只出了X_1这一步。在这个阶段,12条线全都未被阻断,通过X_1的4条线有2个可用点,其余8条线有3个可用点。这样就得到$w(B_1)=4\times2^{-2}+$

8×2^{-3}。

图 13.21　在 π_3 上玩的游戏的 B_∞。

由于 π_3 上的任何点都有 4 条线通过，并且在 X_1 与任何其他点之间都有一条唯一的线。因此在游戏进行到这个阶段时，所有可用的点都具有同等权重。特别是，无论通过 p 还是 q，都有三条有 3 个可用点的、未被阻断的线，以及一条有 2 个可用点的、通过 X_1 的线。这样就得到 $w(p \mid B_1) = w(q \mid B_1) =$

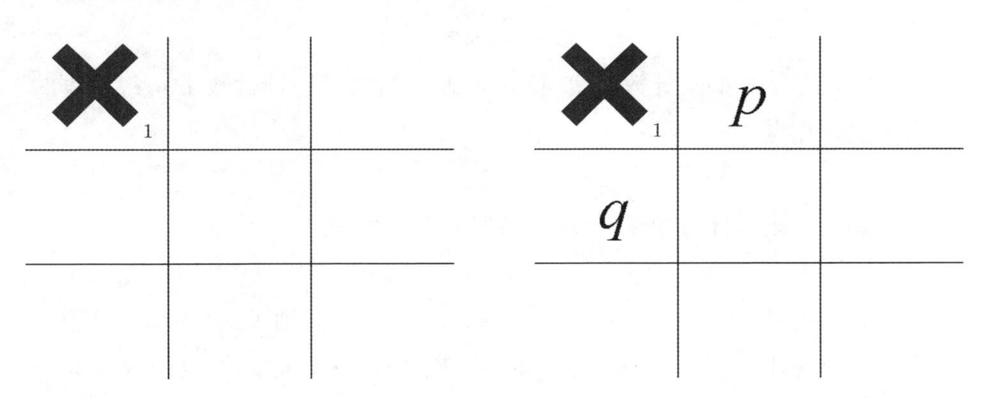

图 13.22　在 π_3 上玩的游戏的 B_1。

$2^{-2} + 3 \times 2^{-3}$。由于在游戏后期，点 p 变成了 O_1，点 q 变成了 X_2，因此我们用 $w(O_1 \mid B_1)$ 和 $w(X_2 \mid B_1)$ 来表示这些特定点在游戏板状态 B_1 时的权重，尽管还没有出过这些招。因此，我们在这里有 $w(O_1 \mid B_1) = w(X_2 \mid B_1) = 2^{-2} + 3 \times 2^{-3}$。此外，我们还有 $w(X_2, O_1 \mid B_1) = w(p, q \mid B_1) = 2^{-3}$，因为通过用 X_2 和 O_1 表示的点的线在游戏板状态 B_1 有三个可用点。游戏板状态 B_2 和 B_3 如图 13.23 所示。

要计算 $w(B_2)$，我们可以忽略 O_1 所阻断的四条线，因为它们不再贡献权重。剩下的 8 条未被阻断（因此对权重有贡献）的线如下。

3 条通过 X_1 的线，其中一条通过 X_2 的线有 1 个可用点，另两条线有 2 个可用点：

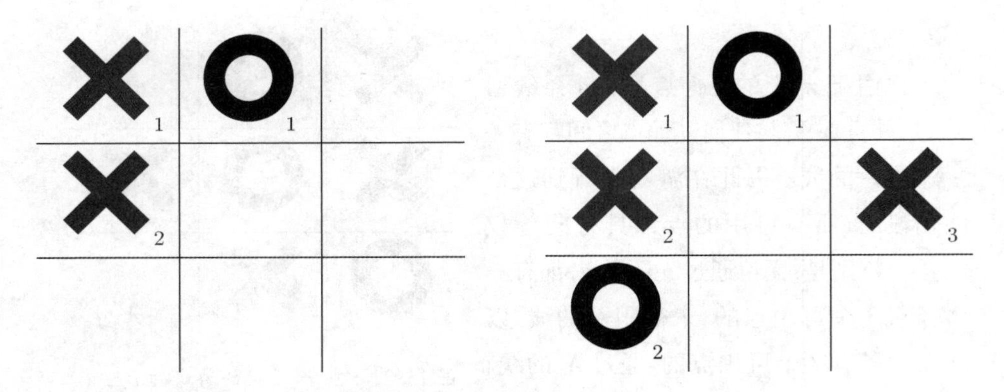

图 13.23　在 π_3 上玩的游戏的 B_2 和 B_3。

$$2^{-1}+2\times2^{-2}$$

2 条通过 X_2 的未计数的线（第三条通过 X_1 的线已计过数了），每条线有 2 个可用点：

$$2\times2^{-2}$$

剩下 3 条未计数的线，其中每条线有 3 个可用点：

$$3\times2^{-3}$$

于是我们得到 $w(B_2)=2^{-1}+4\times2^{-2}+3\times2^{-3}$。游戏到了这个阶段，可用点的权重是不同的。例如，在 B_2 时，后来用 O_2 和 X_3 标记的点的权重为 $w(O_2|B_2)=2^{-1}+2\times2^{-3}$ 和 $w(X_3|B_2)=2\times2^{-2}+2^{-3}$。（读者可以验证，状态 B_2 上任何可用点的权重会是 $\frac{1}{2}$、$\frac{5}{8}$ 或 $\frac{3}{4}$。）这对特定可用点在游戏板状态 B_2 时的权重为 $w(X_3,O_2|B_2)=0$，因为它被 O_1 阻断。最后，当考虑 B_3 时，我们不必考虑 O_1 或 O_2 阻断的那 7 条线，这就留下了 $w(B_3)=2\times2^{-1}+3\times2^{-2}$。

考虑游戏板的两种连续状态之间的权重之差 $w(B_i)-w(B_{i+1})$。游戏板状态 B_i 和 B_{i+1} 之间的变化只有增加了玩家 O 的第 i 招和玩家 X 的 $i+1$ 招。因此，任何不包含 O_i 和 X_{i+1} 的线的权重都不会改变，于是它们相互抵消。由于只留下过这两点中的任一点的线，于是过 O_i 的线的权重就必须减去过 X_{i+1} 的线的权重，从而得到 $w(B_i)-w(B_{i+1})$。由于这消

除了同时通过这两个点的线的权重，因此必须将这条线的权重加回去。由此可见

$$w(B_i)-w(B_{i+1})=w(O_i|B_i)-w(X_{i+1}|B_i)+w(X_{i+1},O_i|B_i)。\quad(1)$$

上面给出的例子可以用来说明当 $i=1$ 和 $i=2$ 时的方程(1)。

这些权重函数使我们能够在游戏的任何阶段检查是否出现平局。首先请注意，如果玩家 X 已经完成了一条制胜线，那么这条制胜线就没有被玩家 O 阻断，并且这条线没有可用的点。因此，制胜线对 $w(B_\infty)$ 的权重贡献为 $2^{-0}=1$。因此只要 $w(B_i)<1$，那么玩家 X 就没有完成一条线。同样，如果 $w(B_\infty)<1$，那么游戏就以平局结束。此外，这些权重函数为双方都提供了策略，并帮助我们决定在所有更高阶平面上的游戏结果。具体地说，玩家 X 应该使 $w(B_i)-w(B_{i+1})$ 最小化以保持 B_j 的权重在游戏的任何阶段 j 都大于 1，而玩家 O 应该使这一差值最大化，从而将总权重拉到 1 以下。因此，由式(1)可知，后出招的玩家通过最大化 $w(O_i|B_i)$ 来选择 O_i，而先出招的玩家通过最大化 $w(X_{i+1}|B_i)-w(X_{i+1},O_i|B_i)$ 来选择 X_{i+1}。在下面这条定理的证明过程中展示了这些权重函数的力量和效用，为玩家 O 制定了在无穷多个仿射平面上的平局策略。

定理 1（π_n 的平局定理）：后出招的玩家可以在每一个 $n\geqslant 7$ 的 n 阶仿射平面上强制平局。

证明：为了证明玩家 O 能够强制平局，我们必须生成一个算法，规定他在游戏任何阶段的出招，然后证明这个策略会导致平局。如上所述，如果 $w(B_\infty)<1$，则玩家 O 强制平局。这相当于证明存在满足 $1\leqslant N<\infty$ 的 N，使得 $w(B_N)<1$，且对于一切 $i\geqslant N$，有

$$w(B_{i+1})\leqslant w(B_i)。$$

假设游戏板的当前状态是 B_i，玩家 O 即将出第 i 招。因为权重函数会给 X 更接近获胜的那些线赋予更多权重，所以玩家 O 应该选择权重最大的点，以确保他选择的点与最迫切需要阻断的线关联。因此，选择 O_i，使得

$$w(O_i|B_i)=\max\{w(q|B_i):q\text{ 在游戏板 }B_i\text{上可用}\}。$$

通过 O_i 的选择和式(1)，我们可以看到第二个条件总是满足的，这是因为

$w(O_i|B_i) \geqslant w(X_{i+1}|B_i)$。

一个 n 阶仿射平面的每条线上有 n 个点，有 n^2+n 条线，通过每个点有 $n+1$ 条线。B_1 由 $n+1$ 条通过 X_1 的线和 $(n^2+n)-(n+1)$ 条完全可用的线组成。这就给出

$$w(B_1)=(n+1)\cdot 2^{-(n-1)}+(n^2-1)\cdot 2^{-n}=\frac{n^2+2n+1}{2^n}。$$

我们看到，当 $n\geqslant 6$ 时，$w(B_1)<1$。由于第二个条件保证了游戏板的权重是非增的，因此一旦游戏板的权重下降到 1 以下，我们就可以保证玩家 X 无法完成一条制胜线。因此，玩家 O 只要在游戏的每个阶段选择一个最大权重点，就会在 $n\geqslant 7$ 阶仿射平面上强制平局（因为这样的 6 阶平面不存在）。

由于我们已经证明了玩家 X 在 π_2 和 π_3 上有一个制胜策略，因此剩下需要分析的平面只有 π_4 和 π_5。有趣的是，我们发现要确定在 π_4 和 π_5 上的游戏结果会更加困难。虽然我们希望不必手工计算，就能确定在这些平面上的游戏结果，但是在 π_4 和 π_5 上的游戏出乎意料的复杂性使它们更适合逐步分析和机器计算。

让我们从 5×5 游戏板上的发现开始。这个游戏板有 30 条线，每条线上有 5 个点，通过每个点有 6 条线。我们在为玩家 O 的前两次出招提供策略后计算 $w(B_3)$。如前所述，只有 X_1 和 O_1 这两个标记的所有游戏板是同构的。接下来，我们假设玩家 X 在任意位置放置 X_2。如果 O_1 已经在包含 X_1 和 X_2 的线上了，那么 O_2 就不应该放在这条线上。如果 O_1 不在包含 X_1 和 X_2 的线上，那么 O_2 就应该放在这条线上。在这两种情况的任一种情况之下，X_3 这一招之前的构形如图 13.24 所示。三个共线的标记可以任意排列在标明的线上。我们只需要建立一些关联来计算各权重。

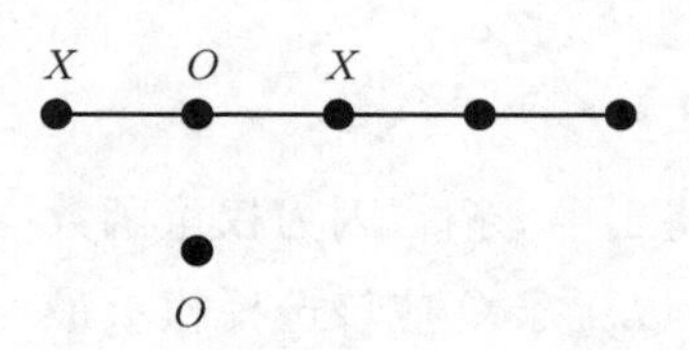

图 13.24　π_5 上的平局策略：在最初四招之后的各点构形。

X_3 的放置使各点的构形只剩下四种可能，如图 13.25 所示。在不失一般性的前提下，我们标记了其他点，以帮助后面的计算。只要在每种情况下都有 $w(B_3)<1$，那么玩家 O 就能强

制平局。

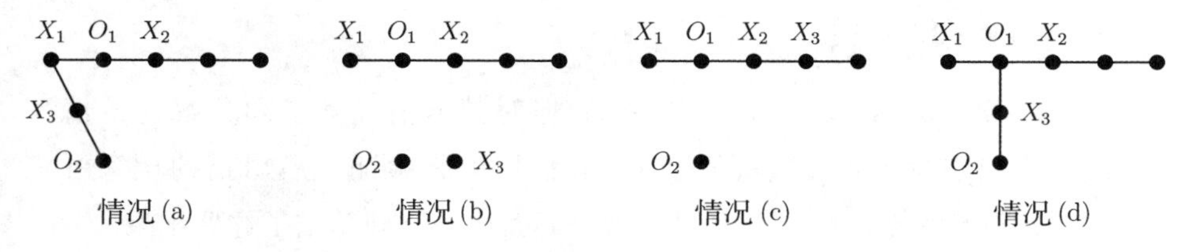

图 13.25　π_5上的平局策略:B_3的四种可能构形。

在所有的这四种情况下,我们从消除 6 条通过 O_1的线和剩下的 5 条通过 O_2的线开始,因为这些被阻断的线不贡献权重。一旦将这 11 条线排除在考虑范围之外,那么包括在权重函数之中的,就还剩下 19 条未被阻断的线。我们按照从最小权重到最大权重的顺序来展示这些情况。

情况(c):在 19 条未被阻断的线中,有:

4 条通过 X_1的线,其中每条线有 4 个可用点:4×2^{-4};

4 条通过 X_2的未计数的线,其中每条线有 4 个可用点:4×2^{-4};

4 条通过 X_3的未计数的线,其中每条线有 4 个可用点:4×2^{-4};

剩下 7 条线,其中每条线有 5 个可用点:7×2^{-5}。

于是我们有 $w(B_3)=12\times2^{-4}+7\times2^{-5}=\frac{31}{32}$。

情况(a):在 19 条未被阻断的线中,有:

4 条通过 X_1的线,其中每条线有 4 个可用点:4×2^{-4};

4 条通过 X_2的未计数的线(其中一条通过 X_3的线有 1 个可用点,另三条线有 4 个可用点):$2^{-3}+3\times2^{-4}$;

3 条通过 X_3的未计数的线(第四条通过 X_2的线已计过数了),其中每条线有 4 个可用点:3×2^{-4};

剩下 8 条线,其中每条线有 5 个可用点:8×2^{-5}。

于是我们有 $w(B_3)=2^{-3}+10\times2^{-4}+8\times2^{-5}=1$。

情况(b):在这种情况下,19 条未被阻断的线给出 $w(B_3)=2\times2^{-3}+8\times2^{-4}+9\times2^{-5}=\frac{33}{32}$。

情况(d):在这种情况下,19 条未被阻断的线给出 $w(B_3)=2\times2^{-3}+9\times2^{-4}+8\times2^{-5}=\frac{34}{32}$。

在情况(a)中,玩家 O 强制平局,但对其他情况就必须分解为子情况,以表明游戏板的权重将低于 1。我们用电脑验证了后出招的玩家可以在 π_5剩下的三种情况下强制平局。下面这条定理总结了这些结果。

定理 2(π_n的平局定理):后出招的玩家可以在一个 $n\geq5$ 时的每个 n 阶仿射平面上强制平局。

只剩下一个平面要考虑了。在 4 阶仿射平面上发生了什么?图 13.26 显示了 π_4上存在平局。

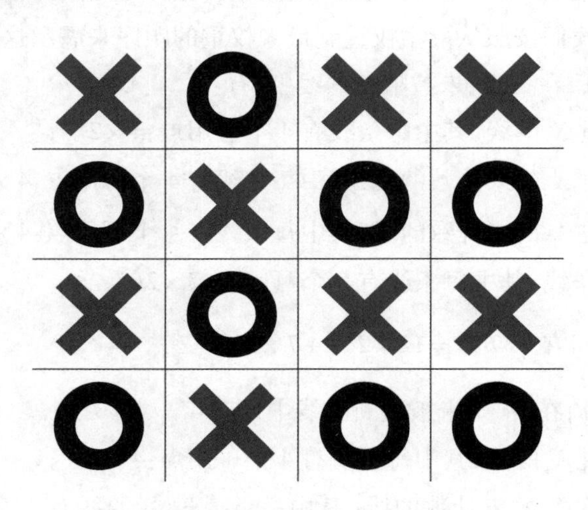

图 13.26　4 阶仿射平面上的一个平局。

由于我们以前还没有制胜策略和平局在一个平面上共存的例子,因此很自然地预料后出招的玩家能强制平局。我们采用与 π_5相同的各起始情况进行分析,结果发现 π_4上的游戏板状态 B_3对于从(a)到(d)这四种情况的权重分别是$\frac{19}{16}$、$\frac{22}{16}$、$\frac{20}{16}$、$\frac{24}{16}$。这些数使得对每一种情况都必须再作进一步的细分,而对子情况的分析并没有产生预期的结果。令我们惊讶的是,三个独立的计算机算法和一份未发表的手稿显示,先出招的玩家在这个平面上有一个获胜策略。前两个程序由宾夕法尼亚州斯克兰顿大学的学生雅津斯基(J. Yazinski)和英索尼亚(A. Insogna)编写,他们使用的是树搜索算法。第三个程序由牛津大学的万利斯(I. Wanless)编写,检查不计同构的所有可能游戏。由密歇根大学安娜堡分校的康伦(M. Conlen)和多伦多大学的米尔卡(J. Milcak)撰写的手稿对许多子情况进行了一步一步的分析。因此,4 阶仿射平面是先出招的玩家拥有制胜策略的唯一平面,然而,各种平局仍然存在。

6. 进一步探究

由于射影平面是仿射平面的自然延伸,因此我们也可以在这些平面上玩井字游戏。我们对在这些平面上制胜和平局策略的分析已经发表在别处[6]。在一个可能强制平局的平面上,如果你是后出招的玩家,那么除了本文阐明的计算平局策略之外,我们还为这些平面提供阻断构形,即用非常少的点来制造一个平局的各点简单构形。

在斯克兰顿大学,我们已经举办了单淘汰制的"π_4上的井字游戏"锦标赛,学生在比赛中争夺奖品。我们也鼓励读者去参加,因为我们发现这些学生获得的,不仅是对仿射平面的理解,而且建立了对有限几何的直觉。这种直觉揭示出的那些性质和对称性,是不容易通过阅读几何文本中的定义看出的。对于其他井字游戏的进一步阅读和探究,可参阅文献[1]和[3]。

参考文献

[1] J. Beck. Achievement games and the probabilistic method, in *Combinatorics, Paul Erdös Is Eighty*, pp. 51 – 78. Vol. 1, Bolyai Society Mathematical Studies, Júnos Bolyai Mathematics Society, Budapest, 1993.

[2] M. K. Bennett. *Affine and Projective Geometry*. Wiley, New York, 1995.

[3] E. R. Berlekamp, J. H. Conway, and R. K. Guy. *Winning Ways for your Mathematical Plays*, Volume 2. Academic Press, London and New York, 1982.

[4] K. Binmore. *Fun and Games: A Text on Game Theory*. D. C. Heath and Co., Lexington, MA, 1992.

[5] R. C. Bose. On the application of the properties of Galois fields to the problem of construction of hyper-Graeco-Latin squares. *Sankhya* **3** (1938) 323 – 338.

[6] M. T. Carroll and S. T. Dougherty. Tic-tac-toe on a finite plane. *Math. Mag.* **77** No. 4 (2004) 260 – 274.

[7] S. T. Dougherty. A coding theoretic solution to the 36 officer problem. *Des. Codes Cryptogr.* **4** (1994) 123 – 128.

[8] P. Erdös and J. L. Selfridge. On a combinatorial game. *J. Combin. Theory* **14** (1973) 298 – 301.

[9] L. Euler. Solutio problematis ad geometriam situs pertinentis. *Commentarii academiae scientiarum Petropolitanae* **8** (1741) 128 – 140. Reprinted in L. Euler, *Opera Omnia*, pp. 1 – 10, ser. 1, Vol. 7. Tuebner, Berlin and Leipzig, 1923.

[10] L. Euler. Recherches sur une nouvelle espace de quarees magiques. *Verh. Zeeuwsch Genootsch. Wetensch. Vlissengen* **9** (1782) 85 – 239. Reprinted in L. Euler, *Opera Omnia*, pp. 291 – 392, ser. 1, Vol. 7, Tuebner, Berlin and Leipzig, 1923.

[11] A. W. Hales and R. I. Jewett. Regularity and positional games. *Trans. Amer. Math. Soc.* **106** (1963) 222 – 229.

[12] C. Lam. The search for a finite projective plane of order 10. *Am. Math. Monthly* **98** (1991) 305 – 318.

[13] X. Lu. A characterization on n-critical economical generalized tic-tac-toe games. *Discrete Math.* **110** (1992) 197 – 203.

[14] A. Rapoport. *Two-Person Game Theory*; *The Essential Ideas*. University of Michigan Press, Ann Arbor, 1966.

[15] D. R. Stinson. A short proof of the nonexistence of a pair of orthogonal Latin squares of order six. *J. Combin. Theory A* **36** (1984) 373 – 376.

[16] G. Tarry. Le problème des 36 officiers. *Compt. Rend. Assoc. Franc. Avacem. Sci.* **2** (1901) 170 – 203.

十四、使用 SET® 进行误差检测和校正

戈登、麦克马洪

纸牌游戏 SET® ①于 1991 年一经推出便受到广大游戏爱好者的欢迎,并荣获多项大奖[5]。数学家们很快意识到这个游戏为有限域 $GF(3)$ 上的四维仿射几何提供了一个具体的模型。该游戏使老师能为学生轻松而有趣地介绍有限几何,基本计数、概率、线性代数,以及各种其他主题。若专注于它与线性代数的关系,就将我们引导到误差检测和校正,最终得到由 SET® 纸牌组成的完全线性码。对于有限几何中的几个有趣的研究问题,这个游戏也可以充当一个有吸引力的入口[2,3]。

SET® 是用一种由 81 张牌组成的纸牌游戏。这副牌中的每一张都有四个不同属性的符号:

- 数量:一个、两个或三个符号;
- 颜色:红色(R)、紫色(P)或绿色(G);
- 底纹:空心、条纹或实心;
- 形状:椭圆形、钻石形或弯曲形。

一组成套的牌(set)由三张构成,其中每张牌的每个属性要么完全相同,要么完全不同。图 14.1 显示了两组成套的牌和一组不成套的牌(即由三张牌构成的,但又不是一组成套的牌,因为其中有两张牌是椭圆形的,而第三张不是)。

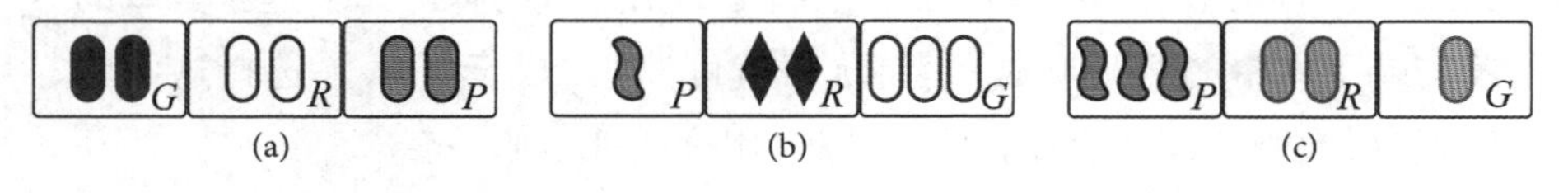

图 14.1 (a)、(b)为两组成套的牌;(c)为一组不成套的牌。

在玩这个游戏时,将 12 张牌正面朝上放置,第一个发现有三张组成

① Cards and game © 1988,1991 Cannei,LLC. 保留所有权利。SET® 及所有相关的标志和标签行都是 Cannei,LLC 的注册商标。经 Set Enterprises,Inc. Cannei 授权使用。——原注

一套牌的人叫:“成套了”(Set)。这位玩家取走那三张牌,再放置三张正面朝上的新牌,游戏继续。

如果这12张牌中没有任何一组成套,则再放3张牌,使总数达到15张。虽然这15张牌中也可能不会出现成套牌,但这是一个相当罕见的事件。(虽然我们在这里对这个问题不作探讨,但是不出现成套牌的最大数量是20张。)游戏继续进行,直到再也取不出成套的牌为止。通常情况下,游戏结束时还剩下6张或9张牌。计算机模拟显示,这两种可能性之一发生的概率约为90%。赢家是取走最多成套牌的人。

在游戏过程中,玩家当然可能会出现一个误差,取走了三张不成套的牌。对于正在学习这个游戏的玩家来说,这种事件是相当常见的,从而促使我们在这里考虑两个基本问题。

- 我们如何检测游戏中是否出现了误差?
- 如果出现了误差,我们能作出校正吗?

为了回答这些问题,我们为这些牌引入坐标,然后用这些坐标为牌的任何子集定义一个汉明权重(Hamming weight)。我们将看到成套的牌与大小为3、汉明权重为0的子集精确对应。但我们也会看到整副牌的汉明权重是0,这是一个具有某些重要结果的简单事实。

我们将使用关于汉明权重的这些事实来描述这种游戏的一种变化形式,称为收官游戏(Endgame),在这个游戏开始时会隐藏一张牌。在游戏过程中移除权重为0的子集(即成套的牌),利用这个事实,我们可以从游戏结束时剩下的那些牌中唯一地确定那张隐藏的牌。如果这张隐藏的牌与剩下牌中的两张形成一套,玩家就可以叫“成套了”,并选择这两张牌,然后戏剧性地展示那张隐藏的牌,用这些牌组成一套。

收官游戏自然会引出游戏中的误差检测。当游戏结束时剩下的牌所确定的结果与那张隐藏的牌不匹配时,在游戏过程中就必定出现了误差。我们将说明如何使用此过程来检测单个误差。我们还指出了这种“奇偶校验”(parity-check)法的一些局限性。

经典线性码是有限域上的有限维向量空间的子空间。我们的坐标系自然地将81张SET® 纸牌集合与向量空间$\mathbb{F}_3^4$[即在$GF(3)$上的一切有序四元组的集合]相关联。于是通过一个基本论证,我们就能够在这些牌中找到一个完全码,我们会研究其与编码理论的联系,从而仅用SET® 纸牌来生成一个完全单误差校正线性码。代码中的纸牌构成仿射几何中的一个平面,因此我们称它们为代码平面(code plane),并研究它们的一些特殊性质。

我们最后会增加一些附加的主题,以展示简单纸牌游戏与高等数学之间的深层联系。每一次对结构特性的研究都会带来新的联系、发现和关联关系。

1. 收官游戏

为了使用线性代数的一些思想概念,我们需要为SET® 纸牌设置坐标。一张牌会具有如表14.1所示的坐标(a_1, a_2, a_3, a_4)。例如,有两个紫色空心椭圆的牌会表示为四元组(2,1,0,1)。这一指定显然是任意的,但是一旦定下了这些选择,那么它们在本文的余下部分就固定不变了。

表14.1 为纸牌指定坐标

i	属性	值		a_i
1	数量	3,1,2	↔	0,1,2
2	颜色	绿色,紫色,红色	↔	0,1,2
3	底纹	空心,条纹,实心	↔	0,1,2
4	形状	钻石形,椭圆形,弯曲形	↔	0,1,2

一旦我们确定了坐标,就可以把这些牌当作向量来处理,于是我们可以把两张牌按照坐标相加,再对3取模。考虑到这一点,我们就可以定义一个纸牌子集的汉明权重。

定义1: 一张牌C的汉明权重$w(C)$是这张牌的非零坐标的个数。一个纸牌子集S的权重$w(S)$是S中所有牌之和对3取模而得出的权重。

虽然一张牌的权重依赖于对坐标属性的任意指定,但是下一个结果与这种指定方式无关。

命题1：令 S 为由三张牌构成的一个子集。那么当且仅当 S 成套时，$w(S)=0$。

很容易看出一组成套的牌的权重必为0：要么它们的属性都一样，于是这个坐标对权重的贡献就是 $3a_i \equiv 0 \pmod 3$；要么它们的属性全都互不相同，于是这个坐标对权重的贡献就是 $0+1+2 \equiv 0 \pmod 3$。反过来，也很容易检验不成套的三张牌具有非零权重——我们将详细检验留给感兴趣的读者去完成。

此外，整副牌的汉明权重为0，因为任一属性都表现在27张牌上。这一事实的一个结果如下：

假设在玩游戏的过程中没有犯任何错，那么游戏就不可能在桌上恰好剩下三张牌的情况下结束。

为什么会这样？我们从一副权重为0的牌中移除一个个权重为0的集合。因此，在游戏结束时剩下的牌的权重也必定为0。因此，我们不可能剩下三张牌，除非它们是成套的。

现在，我们将这个简单的评述扩展一下，来描述收官游戏。

- 在游戏开始时，在不看的情况下从这副牌中取走一张牌 C。
- 正面朝上发12张牌，照常玩这个游戏，取出成套的三张牌，并用新牌替换它们。
- 游戏结束时，设 S 为仍然正面朝上的、留下的牌的集合，其中不包括那张隐藏的牌。
- 于是隐藏的牌 C 就是唯一使 $w(S \cup C)=0$ 的牌。
- 最后，既然已经确定了牌 C，那么你也许会足够幸运地找到包含在 $S \cup C$ 中的一组成套的牌。请注意，如果存在这样一套牌，那么它必定包含 C。

宾夕法尼亚州伊斯顿拉斐特学院的林奇（Brian Lynch）在2013年将这个游戏模拟了1000万次，结果发现那张隐藏的牌有三分之一的机会与剩下的两张牌成套。当这种情况发生时，就有点魔术的味道。

在实践中，可以用一些不同的程序来找出那张隐藏的牌，而不必借助纸和笔。我们通过一个例子来描述两种程序。考虑图14.2所示的8

张牌。

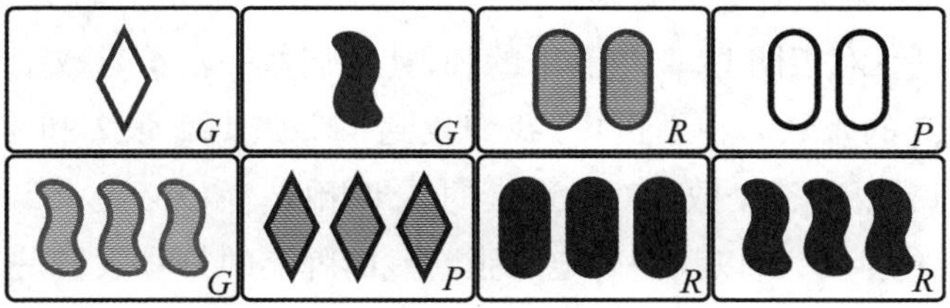

图 14.2　游戏结束时留在桌上的牌。缺失的是哪张牌?

在第一种程序中,在你的脑子中删除“成套的牌”,一次只考虑一个属性。

- 数量:对于图 14.2 中剩下的牌,你可以将 1-2-3 组成一“套”,将 3-3-3 组成一“套”。这样就剩下 1-2,所以那张隐藏的牌必定有 3 个符号。
- 颜色:像刚才一样依旧删除“成套的牌”,不过这次只使用颜色:我们可以取走红-红-红的一“套”和绿-绿-绿的一“套”,于是留下紫-紫。这意味着那张隐藏的牌是紫色的。
- 对底纹和形状执行相同的操作。

在本例中,缺失的那张牌如图 14.3 所示。

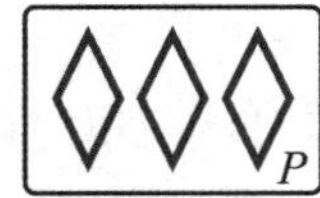

图 14.3　缺失的牌。

当你这样做的时候,你如何将牌组合成“套牌”并不重要。例如,在计算那张隐藏牌上的符号数量时,我们也可以将这些牌分组如下:去掉两“套牌”1-2-3,留下 3-3,于是那张隐藏牌上的符号数量为 3,与我们之前的计算一致。

在你的脑子里盘算出这个程序是很有挑战性的。加快这一过程的一种方法是设法同时确定两个或多个属性。例如,在图 14.2 下面一行的左边三张牌是:三个绿色条纹弯曲形,三个紫色条纹钻石形和三个红色实心椭圆形。

如果忽略底纹,那么这三张牌就构成一“套牌”。如果你首先像上面描述的那样确定了 C 的底纹,那么你就可以在考虑其余三个属性时去除这三张牌。使用 5 张牌的全过程要比使用 8 张牌简单得多,而使用 11 张牌则相当具有挑战性。

还有另一种程序也是针对属性一个一个进行的,但有时更容易实现。

- 数量:对于图 14.2 中剩下的牌,让我们数一数符号数量分别是 1、2、3 的张数。在本例中,我们找到了 2 张 1,2 张 2 和 4 张 3。我们需要这三个数字对 3 取模的结果相同,所以必定有 5 张 3,其中就包括 C,所以我们确定那张隐藏的牌上的符号数量是 3。
- 颜色:我们有 3 张红色、3 张绿色和 2 张紫色。所以我们需要另一张紫色来使这三个数字对 3 取模的结果相同,所以那张隐藏牌的颜色为紫色。
- 对其余属性执行相同的操作。

在这种程序中,对于每个属性,我们只是确保每个数值对 3 取模后表示相同的次数。不难说明这种程序为什么会起作用。

最后,那张隐藏的牌是否与其他牌构成一套?有时是。在图 14.2 所示的例子中,那张隐藏牌实际上与其余的纸牌是在不同的两套牌之中。

2. 误差检测(和校正)

如果一位玩家误取了三张不成套的牌,但没有人注意到,那会发生什么?有没有一种方法可以通过检查游戏结束时剩下的牌来确定游戏中是否出现了误差?如果发现了这个误差,我们能纠正它吗?汉明权重和收官游戏帮助我们回答了这些问题。

2.1 误差检测

让我们从一个使用收官游戏奇偶校验的例子开始。假设在玩收官游戏时,我们确定那张隐藏的牌是一个紫色条纹椭圆形。但是,当我们翻开那张隐藏的牌时会感到惊奇:那张隐藏的纸牌是两个紫色条纹椭圆形。这些信息告诉我们什么?

首先,根据我们对收官游戏的分析,我们知道在游戏的过程中至少犯了一个错(即至少取走了一组不成套的牌)。但在这种情况下,我们有更多可说。既然那张隐藏的牌的符号数量不正确,那么如果只取走了一组不正确的牌，那么必定错在数量上。

然而，如果犯了不止一个错，那么其中一些错就有可能相互抵消。例如，假设图 14.4 中所示的两组不成套的牌的照片是在游戏期间被取走了。

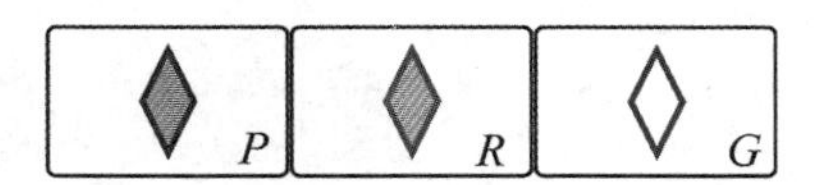

图 14.4　在游戏过程中取走的两组不成套的牌。

在这种情况下，左边这组不成套的牌在底纹上有一个错，而右边这组在数量上和底纹上都有一个错，但是这两组底纹的差错互相抵消了，所以这些误差是无法从收官游戏中检测到的。这意味着在收官游戏中，预期的和实际的牌只会在数量上有所不同。

如果在收官游戏中检测到两个错，那会怎样？例如，假设我们预期拿到三个红色条纹弯曲形，但是当隐藏的牌被翻开时，上面有三个绿色空心弯曲形。在这种情况下，我们预测的颜色和底纹都错了。如果玩家们都查看他们的各组牌以寻找不成套的牌，并且其中一位玩家发现了一组不成套的牌，只是颜色有错，那么在游戏过程中至少还取走过另一组包含一个底纹误差的不成套的牌。

在具体的实践中，含有不止一个错误属性的情况极少发生，而且经验丰富的玩家几乎不会出这样的错。如果一个错误涉及取走了三张具有一个及以上错误属性的牌，我们将称其为严重(bad)错误。

现在我们使用收官游戏来描述误差检测。设 C 为收官游戏中隐藏的牌，设 S 为游戏结束时剩下的、正面朝上的牌的集合，其中不包括牌 C。设 C' 为收官游戏所预测的牌。于是很容易验证以下两条。

1. 如果没有出现过误差，那么 $C = C'$ 且 $w(S \cup C) = 0$。

2. 如果 $C \neq C'$，那么至少出现过一个误差。假设在游戏过程中没有出现严重误差（例如取走的所有不成套的牌都错在恰好一个属性上）。那么在该游戏过程中出现的误差数量至少是 $w(S \cup C)$。

如果 $w(S \cup C) > 1$，那么要么在游戏中取走了不止一组不成套的牌，要么至少犯了一个严重错误,要么两者都有。我们无法将这些事件与牌 $S \cup C$ 区分开,但当我们发现第一组不成套的牌时,或许就能解决这一不确定性。但是如果我们假设最多取走了一组不成套的牌(这是编码理论中的一个常见假设),那么 $w(S \cup C)$ 就会精确地告诉我们这个错有多么严重。

2.2 误差校正

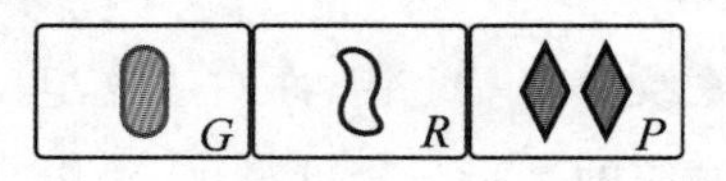

14.5 一组严重不成套的牌。

假设我们用收官游戏检测到一个误差。让我们假定在游戏过程中恰好出现过一个误差,并且通过我们的收官游戏奇偶校验检测到了这个误差。于是玩家们去查看他们的牌堆,而其中一位玩家发现了如图 14.5 所示的这组不成套的牌。这三张牌的坐标是(1,0,1,1)、(1,2,0,2)和(2,1,1,0)。这组不成套的牌的汉明权重是多少?将这些坐标求和后对 3 取模,得到(1,0,2,0),汉明权重为 2。由于这个向量和的第一个和第三个坐标(即对应于数量和底纹的坐标)是非零的,因此这些正是出现的误差的属性。

这组不成套的牌里是否有一张错牌?我们能以某种方式校正出现过的误差吗?下面是我们可以用来解决这些问题的程序。

- 设 $\{A,B,C\}$ 为一组不成套的牌。在我们的例子(图 14.5)中,有 $\boldsymbol{A}=(1,0,1,1)$、$\boldsymbol{B}=(1,2,0,2)$ 和 $\boldsymbol{C}=(2,1,1,0)$。
- 计算向量和 $\boldsymbol{A}+\boldsymbol{B}+\boldsymbol{C}$。在这个例子中,我们得到(1,0,2,0)。
- 写出 $\boldsymbol{E}=-(\boldsymbol{A}+\boldsymbol{B}+\boldsymbol{C}) \pmod 3$。在这个例子中,我们有 $\boldsymbol{E}=(2,0,1,0)$。我们将向量 $\boldsymbol{E}$ 称为误差向量(error vector)。
- 于是 $\boldsymbol{A}+\boldsymbol{B}+\boldsymbol{C}+\boldsymbol{E}=(0,0,0,0)$,因此我们可以将 $\boldsymbol{E}$ 与 $\boldsymbol{A}$、$\boldsymbol{B}$ 或 $\boldsymbol{C}$ 中的任意一个相加,从而产生一组成套的牌以修正误差。我们在这里列出这些成套的牌的坐标,对应的牌见图 14.6:

1. $\{(\boldsymbol{A}+\boldsymbol{E}),\boldsymbol{B},\boldsymbol{C}\}=\{(0,0,2,1),(1,2,0,2),(2,1,1,0)\}$,
2. $\{\boldsymbol{A},(\boldsymbol{B}+\boldsymbol{E}),\boldsymbol{C}\}=\{(1,0,1,1),(0,2,1,2),(2,1,1,0)\}$,
3. $\{\boldsymbol{A},\boldsymbol{B},(\boldsymbol{C}+\boldsymbol{E})\}=\{(1,0,1,1),(1,2,0,2),(1,1,2,0)\}$。

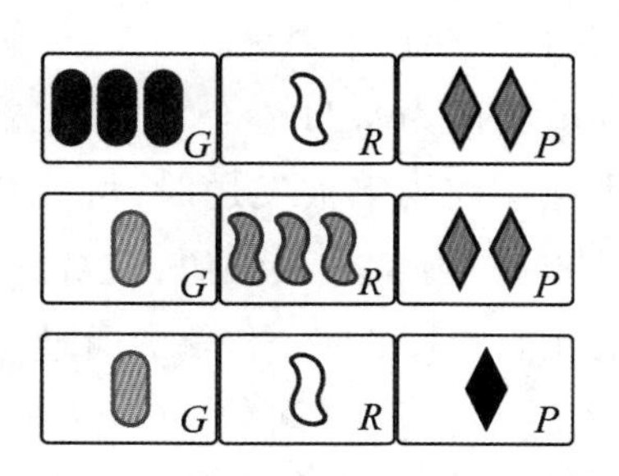

图 14.6　图 14.5 中那组不成套的牌用三种不同方法修正后的结果。请注意，每一行构成一套。

给定任意两张 SET® 纸牌，存在着唯一的第三张牌，以完成一套牌。因此，只要简单地从那组不成套的三张牌中取出两张，并找到那张完成一套的牌，就可以找到图 14.6 中的三套牌。我们的结论是，很难说哪张牌是"错的"。不过，我们已经找到了三种方法来校正这个错。我们用一条命题来总结这个结果。

命题 2：假设 $\{\boldsymbol{A},\boldsymbol{B},\boldsymbol{C}\}$ 是一组不成套的牌，并设 $\boldsymbol{E}=-(\boldsymbol{A}+\boldsymbol{B}+\boldsymbol{C})$，其中这个向量和是对 3 取模计算出来的。那么 $\{(\boldsymbol{A}+\boldsymbol{E}),\boldsymbol{B},\boldsymbol{C}\}$，$\{\boldsymbol{A},(\boldsymbol{B}+\boldsymbol{E}),\boldsymbol{C}\}$ 和 $\{\boldsymbol{A},\boldsymbol{B},(\boldsymbol{C}+\boldsymbol{E})\}$ 都是成套的牌。

因此，即使只取走了一组不成套的牌，并且这组不成套的牌只有一个属性出错，误差校正也不是唯一的。

3. 完全码

编码理论是一个非常重要的数学领域，每天都能在你的手机、iPod®、无人驾驶宇宙飞船以及几乎有传输数据的所有情况下都能找到应用。我们假设读者没有编码理论方面的背景知识。为使读者快速入门，我们推荐亚当斯(Sarah Spence Adams)的短篇专著[1]。更高等的处理可以在范·林特(van Lint)的研究生水平教材[6]中找到。

对于我们而言，线性(linear)码是一组纸牌，其对应的向量在加法和标量乘法下是封闭的。这就是线性代数中子空间(subspace)的定义。这个约束迫使与 **0** 向量对应(即有三个绿色空心钻石形)的牌出现在我们的代码中。(当然，这张牌是任意的，这反映了我们在指定坐标时所做的任意选择。)我们将在后面放松这个限制。

我们将线性码的元素视为来自一个源的数据而被传输的代码字(codeword)。不过,当一个代码字被发送时,可能会出现一些误差。例如,传输的一个比特可能被误读,或误编码,或被随机的宇宙射线改变。我们遇到了一个问题:我们接收到一个传输的向量,但这个向量与我们的任何特定代码字都不对应。

于是,我们的目标就是要去智能地选择代码字,以致当接收到的向量与其中任何一个代码字都不匹配时,我们仍然可以断定发送的是什么字。与前文中讨论的情况不同,这不仅使我们能够检测误差,而且还能够对这一误差唯一地加以校正。

我们需要几个定义。

定义 2:设 A 和 B 为两张 SET® 纸牌。汉明距离(Hamming distance) d(A,B)是这两张牌具有的不同属性的数量。

我们可以检查一下距离的这一定义是否与前文定义 1 中的汉明权重一致。如果 $\boldsymbol{v}_A$ 和 $\boldsymbol{v}_B$ 分别是对应于牌 A 和 B 的向量,那么我们有

$$d(A,B)=w(\boldsymbol{v}_A-\boldsymbol{v}_B)。$$

下一个定义也是由编码理论改编来的。

定义 3:SET® 纸牌 A 的半径为 r 的汉明球(Hamming ball) $B_r(A)$ 是到 A 的距离不超过 r 的所有牌的集合:

$$B_r(A)=\{C \mid d(A,C)\leqslant r\}。$$

在使用代码时,我们的源会发送一个代码字。如果我们接收到这个代码字,就假定没有发生误差,我们不做任何更改而对其进行解码。但是,如果我们接收到的字不匹配其中任何一个代码字,那就一定有误差产生。为了修正这一点,我们使用汉明距离的概念来选择最近的(closest)代码字。

为了让代码实际起作用,我们希望半径为 r 的汉明球具有下面三个属性:

1. 所有球的中心是那些与代码字对应的纸牌;

2. 任何两个球都不相交;

3. 81 张牌中的每一张都恰好在一个汉明球里。

这些条件确保了每张可能收到的纸牌都有唯一的最近代码字。我们需要回答一些计数问题，以找到能发挥作用的半径 r。

- 当 $0 \leqslant r \leqslant 4$ 时，汉明球 $B_r(A)$ 中有多少张牌？
- 对于哪些 r 值，你可以将这副牌完全分割成半径为 r 的不相交球？

为了回答第一个问题，首先选择 $k \leqslant 4$ 个与牌 A 不匹配的属性。现在，我们对于每个属性都有两种选择，所以正好有 $\binom{4}{k}2^k$ 张牌到 A 的距离为 k，见表 14.2。

表 14.2　计算与一张给定纸牌距离为 k 的牌数

距离 k	0	1	2	3	4
距离恰等于 k 的牌数	1	8	24	32	16

为了求出半径为 r 的汉明球中的牌数，我们需要求一个和：$|B_r(A)| = \sum_{k=0}^{r}\binom{4}{k}2^k$。我们在表 14.3 中列出了这些数字。

表 14.3　计算 $B_r(A)$ 中的牌数

k	0	1	2	3	4
$\lvert B_r(A)\rvert$	1	9	33	65	81

为了将整副 81 张牌分割成互不相交的球，我们要求汉明球中的牌数整除 81（即 $r=0$、1 或 4）。这给出了三种可能的编码，但其中两种是不值一提的。你当然可以把这副牌分成 81 个半径为 0 的球，你也可以把这副牌分成 1 个半径为 4 的球，但这些解并不有趣。但是选择 $r=1$，就会产生我们的完全线性码。

请注意 $B_1(A)$ 中有 9 张牌，而 $B_1(A)$ 是牌 A 的半径为 1 的汉明球（图 14.7），但在一个二维线性码中也有 9 张牌：这是一个二维子空间。由于 $9 \times 9 = 81$，因此应该有可能找到 9 张牌，从而使以下性质成立：

1. 这 9 张牌构成一个子空间（即在加法和数乘下封闭）；

2. 9 张代码字牌的 9 个半径为 1 的球，是成对不相交的（即对于我们的子空间中的任意互不相同的纸牌 A 和 C，有 $B_1(A)\cap B_1(C)=\varnothing$）。

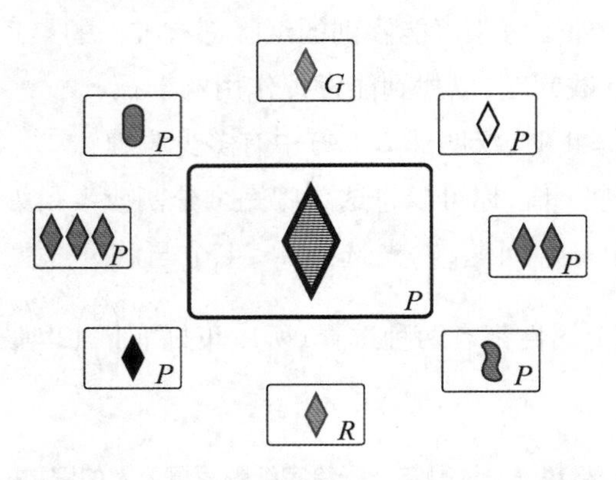

图 14.7 一副 SET® 纸牌的半径为 1 的汉明球。

要找到这些子空间中的一个，请注意代码中的任意两张牌都需要满足 $d(A,C)\geqslant 3$，否则这两张牌的半径为 1 的两个球就会相交。一个有趣的事实是，如果你选择任意三张不成套的牌，而它们构成的三对牌中的每一对的距离都是 3，那么包含这三张牌的子空间对于整个子空间中每对牌 X 和 Y 都必定有 $d(X,Y)=3$。对于 SET® 纸牌，这意味着该子空间中的每对纸牌只有一个属性是共有的（图 14.8）。

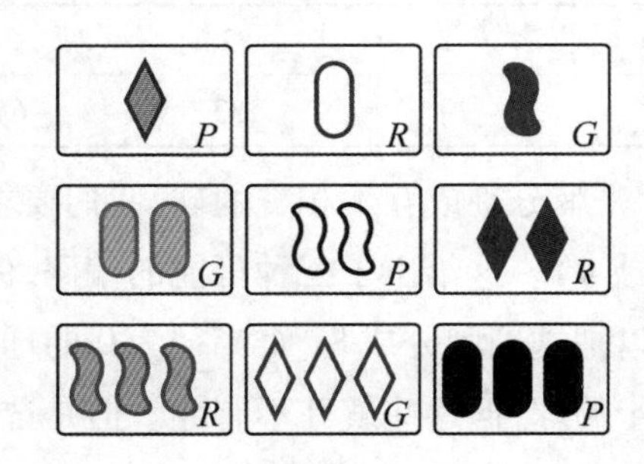

图 14.8 由 SET® 纸牌组成的代码。请注意，对于该子空间中的任意两张牌，都有 $d(X,Y)=3$。

现在我们放松对坐标任意指定的依赖。通过向任何这样的二维子空间中的每个向量加上一个固定向量来平移该子空间，不会改变上面的性质 2。我们将这样的一个经过平移的子空间称为代码平面（code plane）。在一般的欧几里得几何中，平面不需要包含 $\vec{0}$，而在仿射几何中，这些平面经平移后的各子空间也是平面。

将一副牌分成几个不相交汉明球的对应分割是什么样的？图 14.9 显示了一种这样的分割。有几个有趣的模式与此分割相关联，我们鼓励有兴趣的读者去搜寻出这些模式。特别是，这些纸牌被组织起来，使得每个球中特定位置中的 9 张纸牌的集合也形成一个代码平面。例如，读者可以验证 9 个中心正上方的 9 张牌也形成一个代码平面（这个代码平面是图 14.8 中的牌构成的子空间的一个平移）。

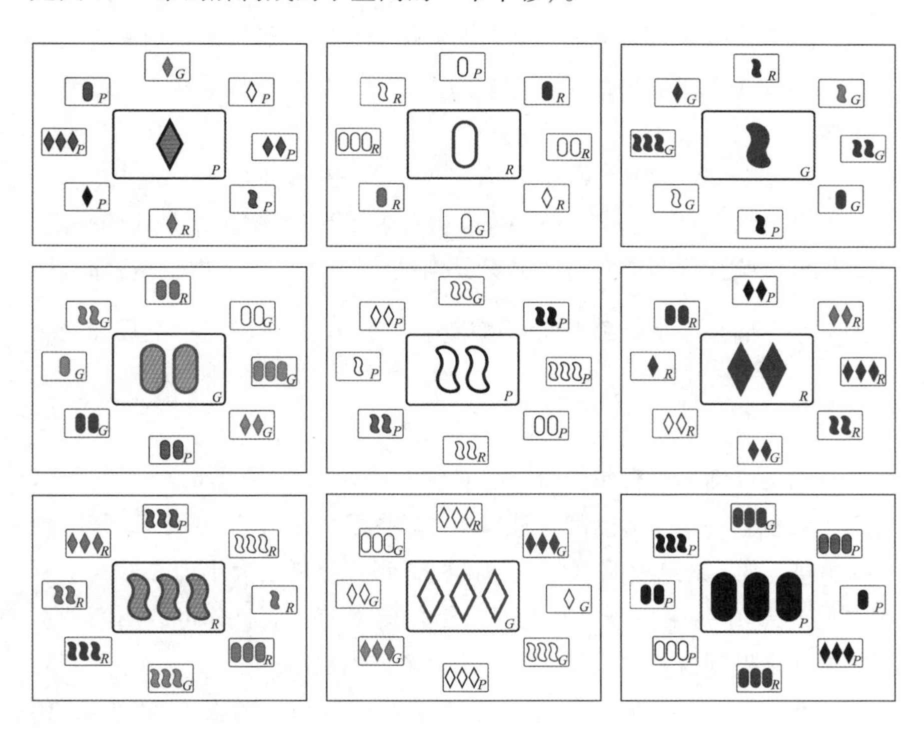

图 14.9　将一副 SET® 纸牌分成半径为 1 的不相交汉明球的一种分割方式。

最后，这种分割如何作为代码而起作用？假设你希望发送一条消息，而这条消息是图 14.8 的代码平面中的 9 张牌之一。例如，你希望从“好奇号”火星探测器传输出两个绿色条纹椭圆。但是出现了一个误差，比如说是颜色差错，接收到的消息是两个红色条纹椭圆。使用图 14.9 所示的分割方式将一副牌分割成不相交的汉明球，你就可以正确解码到包含了接收到的那张牌的那个球的中心,即两个绿色条纹椭圆。

总而言之,我们有一个完全单误差校正码。这里的完全仅仅意味着每个向量都被不相交的球所覆盖,而单误差校正的意思是单个属性中的任何误差都可以被唯一地予以校正。

4. 进一步探索

最后,我们为感兴趣的读者提供几个计数问题,他们可能会希望自己探索一下。这些问题的结果有许多都依赖于 SET® 纸牌的几何研究[4]。

一副 SET® 纸牌中的平面总数为 1170 个,130 个平面包含一张给定的纸牌。

1. 一副牌的 1170 个平面中,有多少个是代码平面?

2. 固定一张牌。包含这张牌的 130 个平面中,有多少个是代码平面?

你可以验证这两个问题的答案分别是 72 和 8。一个推论是:随机选出的一个平面是一个代码平面的概率为$\frac{72}{1170}\approx 6\%$。请注意,全局和局域概率是相同的:$\frac{72}{1170}=\frac{8}{130}$。

我们更详细地审查包含给定牌 C 的 8 个代码平面:暂时令 C 为一张有一个紫色空心弯曲形的牌。从表 14.2 中可以看出,恰好有 32 张牌到 C 的距离为 3。结果表明,你可以将这 32 张牌分割成大小为 8 的 4 个不相交集合,其中每个集合与 C 构成一个代码平面。而且你可以用两种不同的方式来做到这一点。图 14.10 给出了其中之一。

现在令 D 为一张有一个绿色条纹钻石形的牌。那么 D 在图 14.10 中的一个平面之中,但是它也会与 C 在另一个代码平面之中。这个平面如图 14.11 所示。你可以验证,当你从这两个平面中的任何一个开始时,只有一种方法可以将剩余的牌分割为包含 C 的三个不相交平面。检查点、线和平面之间在这一背景下的关联,应该能使我们揭示出结构上的另一些性质。

此外,如果我们从两张满足 $d(C_1, C_2)=3$ 的牌 C_1 和 C_2 开始,那么 C_1

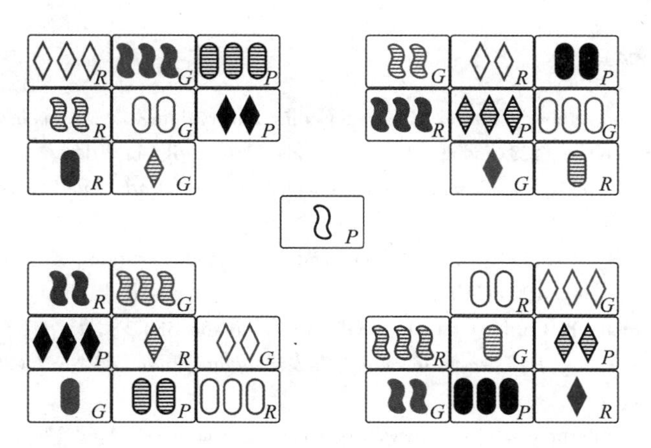

图 14.10　所有牌到位于中心的牌 C 的距离均为 3。这 4 个平面都包含 C。

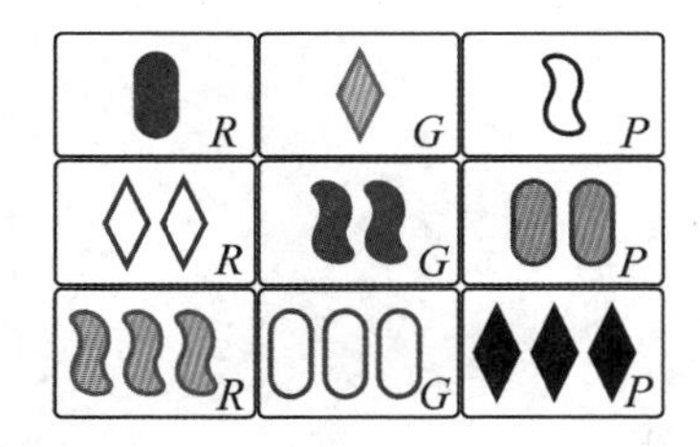

图 14.11　含有 C 和一张一个绿色条纹钻石形纸牌的另一个平面。

和 C_2 的半径为 3 的两个球相交于 13 张牌。

不仅如此，每张权重为 3 的牌都与自身正交，因为它与自身的点积等于 0。因此，每个代码平面都是自对偶的。在其他维度上研究这一特性会很有趣。

更一般地说，我们在这里所做的大部分事情都可以扩展到更高的维度。其他完全三进制码可以通过更高维度的牌来解释。特别是，完全三进制码存在于 4、11、13 和 40 维中，但不存在于其他任何小于 100 的维中。不过，我们不建议实际上去使用 $3^{11}=177\ 147$ 张牌来玩具有 11 个属性的 SET® 游戏。

参考文献

[1] S. S. Adams. Introduction to Algebraic Coding Theory. http://www.math.niu.edu/~beachy/courses/523/coding_theory.pdf (accessed April 14, 2015).

[2] B. Davis and D. Maclagan. The card game SET®. *Math. Intelligencer* **25** No. 3 (2003) 33–40.

[3] M. Follett, K. Kalail, E. McMahon, and C. Pelland. Partitions of $AG(4, 3)$ into maximal caps, arXiv:1302.4703.

[4] H. Gordon, R. Gordon, and E. McMahon. Hands-on SET®, *PRIMUS: Problems, Resources, and Issues in Mathematics Undergraduate Studies* **23** No. 7 (2013) 646–658.

[5] SET® Enterprises. http://www.setgame.com/ (accessed April 14, 2015).

[6] J. H. van Lint. *Introduction to Coding Theory*, third edition. *Graduate Texts in Mathematics* 86. Springer-Verlag, Berlin, 1999.

十五、连接游戏和施佩纳引理

莫尔纳

连接游戏是一种两名玩家参与的抽象策略游戏。其中最著名的是海恩(Piet Hein)和纳什(John Nash)在20世纪40年代分别独立发明的"Hex"(六贯棋)。加德纳对这些游戏的流行至少起到了部分推动作用,他在职业生涯的早期就写过关于Hex的内容[7]。在过去十年里,这一类型的游戏爆发式地发展起来。布朗(Browne)在文献[4]中对它作了全面系统的分类。

在总体介绍连接游戏之后,我会讲述如何用佩纳引理(Sperner's Lemma,这是一个关于标记单纯形三角剖分的结果)来证明如同Y®游戏(或者简称为Y)一样,Hex中必定有人赢。Y®游戏是另一个著名的连接游戏。

2008年初,斯蒂尔(Mark Steere)发布了两款新的连接游戏,分别叫"环礁"(Atoll)和"包围"(Begird)[10,11]。这两款游戏可以在不同的游戏板上玩,并分别将Hex和Y作为特例纳入。我会证明施佩纳引理的一个推广,并用它来证明在环礁游戏和包围游戏的许多变化形式中总会有人赢。这些"必胜"的结果具有重大战略意义——如果你要阻止你的对手建立想要的连接,你就必须自己建立这种连接!

1. Hex与Y

Hex的游戏板是由六边形单元格铺成的四边形。每位玩家都拥有一对对边,目标是要创建一条以他自己的颜色连接这两条边的棋格链[参见图15.1(a)]。在Y中,两名玩家的目标都是连接三角形游戏板的所有三边[参见图15.1(b)]。Y游戏是泰特斯(Charles Titus)和申斯特德(Craige Schensted,他后来改名为Ea Ea)在1953年发明的。

连接游戏的特色是可以玩等价的、对偶的形式。在使用纸笔时,最好是在单元格上玩——玩家轮流用他们指定的颜色对单元格着色,不需要任何特殊设备。不过从数学的角度来说,方便的做法是将游戏看作发生在顶点上。让我们借用地图着色问题中对偶图的概念。给定一个由单元

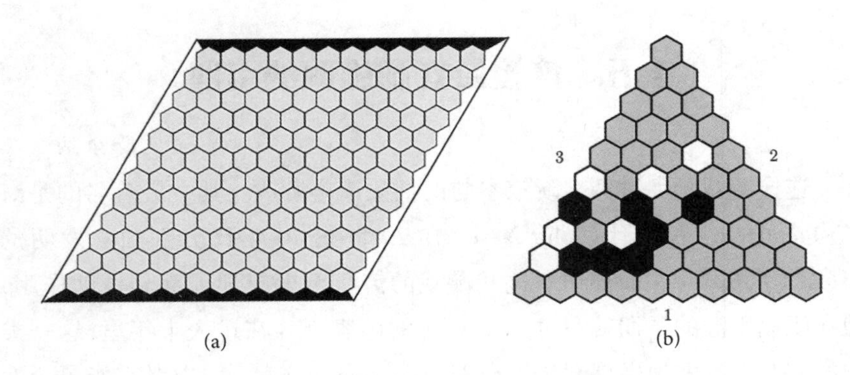

图 15.1 (a)Hex 的游戏板;(b)Y 的游戏板。

格组成的游戏板,在每个单元格内放置一个点,当两个单元格相邻时,就用一条边连接对应的两点,这样就构造出了对偶图[图 15.2(a)]。这个过程被称为在顶点上放置黑色和白色的石头(stone)。使用纸笔的游戏板通常是一个六边形阵列,但重要的不是单元格的形状,而是它们之间的连通性:要防止死锁,只需单元格仅三个三个相接触。申斯特德和泰特斯将此称为泥裂原理(mudcrack principle)[9]。与此等效的是,对偶图完全由三角形组成。下文将证明这一条件的重要性。

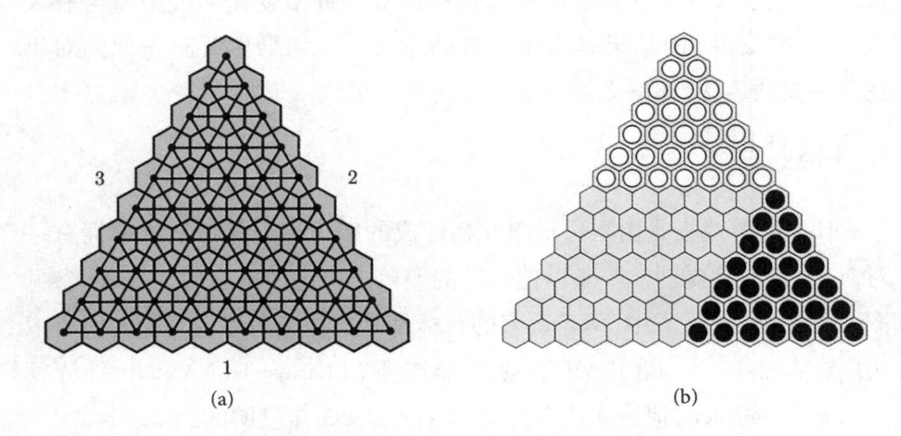

图 15.2 (a)对偶图的构造;(b)嵌在 Y 中的 Hex。

2. 一定有人会赢

虽然从直觉上来看,有人会在 Hex 中胜出,这一点看起来是清楚的,但对于 Y,情况肯定不是这样。我从霍赫贝格(Robert Hochberg)那里学到了如何漂亮地证明在 Y 中一定有人会赢。这个结果随后发表在他与麦克迪尔米德(McDiarmid)和萨克斯(Saks)一起撰写的论文中[8]。该证明基于下面这个组合学上的结果。

引理 1(施佩纳引理) 如果一个三角形被细分成边边相邻的较小的三角形,并且每个顶点都被标记为 1、2 或 3,而大三角形第 i 条边上不出现标记为 i 的顶点,其中 $i=1,2,3$,那么存在具有所有三个标记的小三角形。

这一引理的一种证明可以在艾格纳(Aigner)和蔡格勒(Zeigler)的文章[1]中找到。这篇文章还讨论了这条引理和布劳威尔不动点定理(Brouwer's Fixed Point Theorem)之间的关系。

定理 1:在 Y 中一定有人会赢。

证明:Y 游戏板的对偶形式是一个被细分成多个较小三角形的三角形。假设有一种矛盾的情况,即游戏板上已经填满了白色和黑色的石头,但是两位玩家的石头都没有连接所有三边。要如何构造施佩纳标记并不显而易见,因为有三种可能的标记,而石头的颜色只有两种。不过,共有三条边,所以我们根据每个顶点上的石头没有连接到的、编号最小的那条边来标记这个顶点。根据假设,这种标记方式是定义明确的。此外,由于第 i 条边上的石头肯定与第 i 条边相连,因此这就满足了施佩纳标记。根据施佩纳引理,存在着一个具有所有三个标记的小三角形。但是在这个小三角形的三个顶点上必然有两块石头的颜色相同。根据这个构造过程,相邻的同色石头不可能有不同的标记,这样就出现了矛盾。

然后只需要很小的一步,就能看出为什么在 Hex 中一定有人会赢[4]。可以将一块 Hex 游戏板扩展成一块上面已经放置了一些石头的 Y 游戏板[参见图 15.2(b)]。一定有人会赢得这场 Y 游戏,并且 Y 游戏中的一个制胜组必定包含同一玩家在 Hex 游戏板上的一条制胜链。

3. 星形 Y

Hex 和 Y 属于绝对路径(absolute path)类游戏[4]。每块石头按照其颜色都属于一个唯一连通的组。在绝对路径游戏中，目标是创建具有某些属性的单个组，而这个组的存在会自动阻止对手创建一个同样的组。我们将这样一个组称为制胜组（winning group）。并不是所有的连接游戏都具有从单个组的角度来定义的目标。

在设计新的连接游戏时，理想情况下，我们要寻找相互排斥的目标，但又要保证两位玩家必定有一方会赢。考虑在一块有五条边的游戏板上玩的可能的连接游戏。如果目标是要连接其中四条边，那么比赛很可能会以双方都没有赢而告终。作为对比，连接三条边的目标太容易了：两位玩家可以在游戏板的不同区域朝着目标努力，相互不会影响。在3条边和4条边之间，我们找到了星形Y游戏，正如Ea Ea的网站上所描述的：其目标是将任一条边与两条对边都连接起来[6]（参见图15.3）。（其他边也可以连接。）正如我们将看到的，两位玩家的目标是互补的：只有一位玩家必须建立起这样一个连接。

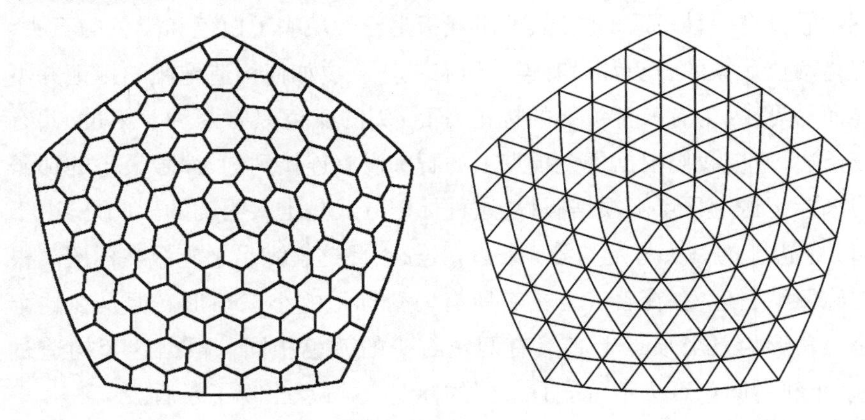

图15.3 星形Y游戏板及其对偶。

为了证明这一点，让我们以一种更适合反证法的方式来重新表述获胜条件：玩家通过创建一个不遗漏游戏板上的任何两条相邻边的组而获胜。现在我们需要一种工具，将其应用于五边形（或其他多边形）时，会得出一个类似于施佩纳引理的结论。需要仔细定义“五边形”，或者实际上是n边形，例如我们可以在美国地图上玩Hex或Y，这取决于我们如何定义游戏板各边。

4. 多边形是什么

定理1的证明是纯拓扑的:游戏板的大小和形状不是实质性的。我们对多边形的定义保持了这种普遍性。在这里以及接下去的讨论中,将游戏板的各边命名为1到n,因此各边的编号(和顶点标记)就是$[n]=\{1,2,\cdots,n\}$中的元素。当考虑对n取模的加减法时,我想到的是这个集合,而不是$\{0,\cdots,n-1\}$。

对于任意$n\geqslant 3$,定义一个n边形为一个有n个可分辨顶点集S_1,$S_2,\cdots,S_n$(侧边)的嵌入平面图Γ,从而对于每个$i\in[n]$有

- $\bigcup_{i=1}^{n} S_i$是与该图的无界面关联的所有顶点的集合;
- 与该图的无界面关联的每条边都连接某个S_i中的两个顶点;
- $S_i\cap S_{i+1}\ (\mathrm{mod}\ n)$是一个单顶点,用$v_i$表示(除了$S_n\cap S_1=\{v_0\}$);
- $S_i\cap S_j$是空集,除非$j=i-1$、i或$i+1\ (\mathrm{mod}\ n)$。

把S_i称为此n边形的各侧边,以避免与图的各边混淆:同样,交点v_i是n边形的各个角,而不是它的各顶点。请注意侧边S_i从v_{i-1}延伸到v_i,其中$i=1,2,\cdots,n$。侧边是由角隐式定义的(图15.4)。当Γ的所有内面都是三角形时,我们就说Γ是一个三角剖分的n边形(triangulated n-gon)。

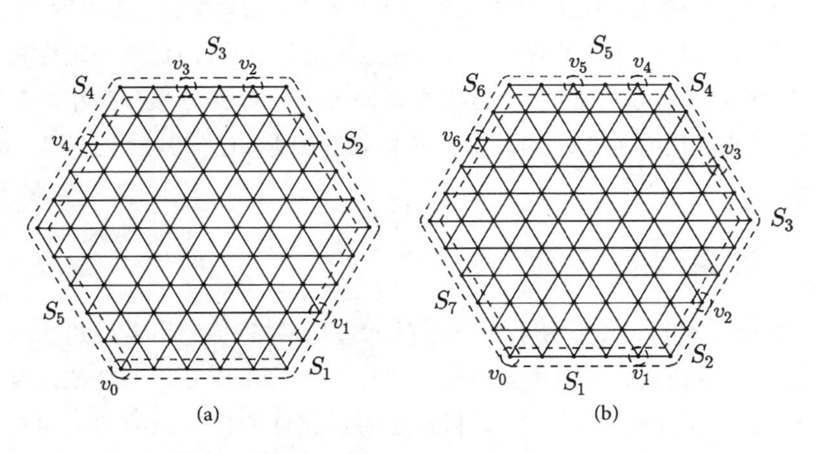

图15.4 三角剖分的(a)5边形和;(b)7边形。

对于我们正在考虑的这些游戏,n 边游戏板(n-sided board)这个术语指的是一个三角剖分的 n 边形。

下面这个结果在后面将以更高的普遍性加以证明。

引理 2: 设 Γ 为一个三角剖分的 5 边形。若用文献[5]中的方式来标记 Γ 的各顶点,使侧边 S_i 上的顶点不被标记为 i 或 $i-1$ (mod 5),则会得出一个带有三个不同标记的三角形。

这条引理意味着在星形 Y 中一定有人会赢。为了理解这一点,请想象一块星形 Y 游戏板已被完全填满,但两位玩家都没有创建起制胜组。我们可以用满足顶点上的石头没有连接到侧边 i 或侧边 $i+1$ 的 i 的最小值来标记 Γ 的每个顶点。侧边 i 上的顶点不会被标记为 i 或 $i-1$。因此,根据引理 2,某个三角形有三个互不相同的标记。而这是不可能的,因为只有两种颜色的石头,所以这与双方都没有制胜组的假设矛盾了。

连接游戏的一个吸引人的特性是应用了改变游戏玩法的一些元规则[4]。例如,所谓的主规则(master rule)让先出招的玩家放置一块石头,而在随后各次出招时放置两块石头,以此来解决先出招的玩家占优势的问题。另一个选项——饼规则(pie rule)指出,在游戏的第一招之后,后出招的玩家可以选择交换颜色,所以占先的玩家出招太好,最终竟会对他自己不利。一些证明(像定理 1 所给出的那个)就顾及了这种可变性:在游戏开始之前,可以在游戏板上放置任意数量的石头,而仍然必定存在一条制胜连接。在这些证明中,也没有任何关于白石头与黑石头相对数量的假定,或者任何关于玩家轮流出招的假设,或者任何其他关于公平的阐述。

5. 环礁游戏

环礁(Atoll)游戏使用我们熟悉的六边形网格,但它沿着周边引入了一些岛屿,从而放松了对边数的限制[10]。一块标准游戏板的特征是有颜色交替的 8 个岛屿(图 15.5)。目标是要连接你所执颜色的两个相对岛屿中的任一对。一条制胜连接可能会通过介于中间的一个岛屿的单元格。

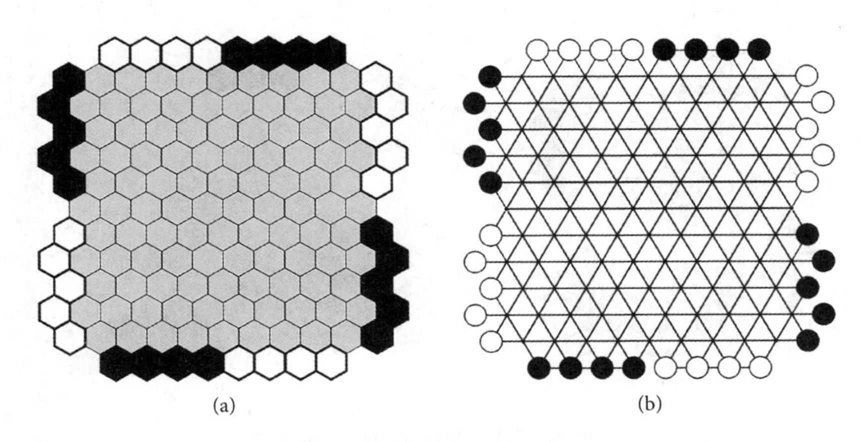

图 15.5　标准环礁游戏及其对偶。

为了构造环礁游戏的对偶图,并保留岛屿结构,我们将组成岛屿的那些单元格对应于对偶图中已经放置了石头的各顶点。请注意,相邻的一对岛屿恰好共有一个与它们都相邻的未占用单元格:对偶图中的相应顶点构成角。根据我们的定义,岛屿和对应的角给出一个 8 边形。尽管外观有点接近正方形,但环礁游戏实际上是在一块 8 边形游戏板上玩的。

定理 2:在环礁游戏中一定有人会赢。

证明:将环礁游戏板上的岛屿按逆时针方向编号,白色岛屿用奇数编号,黑色岛屿用偶数编号。延展白色岛屿,使 1 号岛和 3 号岛相接, 5 号岛和 7 号岛相接,并将 2 号岛和 6 号岛作为黑色石头组弹出到板上,如图 15.6(a)所示。现在我们的游戏板上只有 4 个有颜色交替的岛,而这就是 Hex。在这个 Hex 游戏中,一定有人会赢。如果是黑方获胜,那么黑方就已将环礁游戏板上的 4 号岛和 8 号岛连起来了,于是我们完成了这个证明。请注意,这条连接可能会通过那些弹出的石头,从而表明了为什么允许一条制胜连接通过一个岛屿是必要的。

如果 Hex 游戏的赢家是白方,那么白方可能连接了 1 号岛和 5 号岛,也可能连接了 3 号岛和 7 号岛:无论是哪种情况,我们都完成了证明。否则,白方必定连接了 1 到 7 或 3 到 5。如果是前者,我们只需要对各边重新编号。假设是后者,如图 15.6(b)所示,控制 4 号岛,切断被白方的 3 到 5 连接的那部分游戏板。把这条连接,连同 3 和 5 这两个岛屿的任何

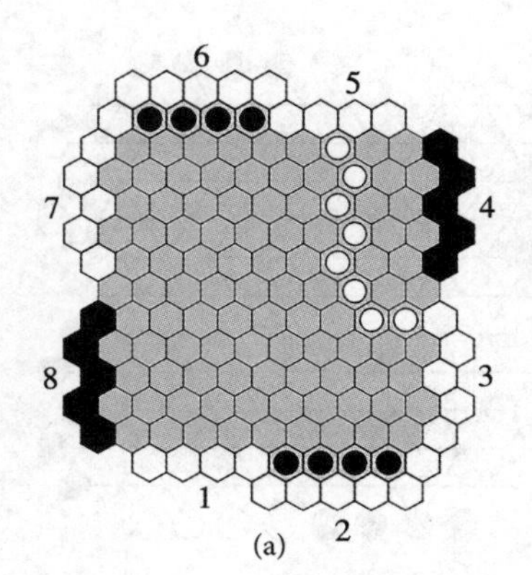

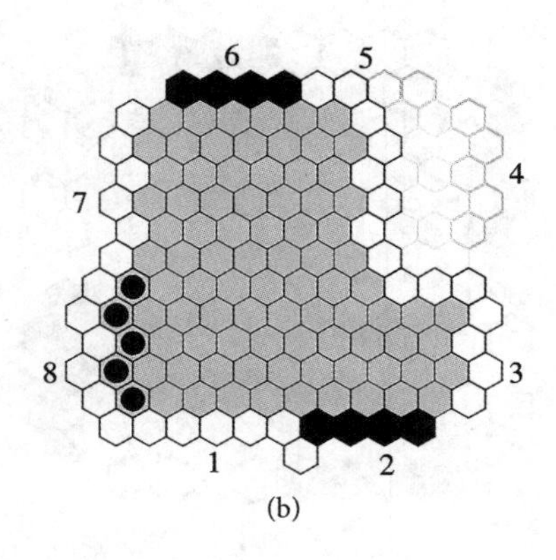

图 15.6　证明在环礁游戏中一定有人会赢。

剩余部分,看作是一个单独的白色岛屿。将 2 号岛和 6 号岛上弹出的黑色石头恢复为岛屿状态。延伸 1 号岛和 7 号岛,使它们相接,从而将黑色的 8 号岛弹出到板上。我们再次得到了一个 Hex 游戏。如果是黑方获胜,那么就是黑方将 2 号岛和 6 号岛连起来,于是赢得了这局环礁游戏。如果是白方获胜,那么就是白方已将 1 号岛或 7 号岛连接到 3 和 5 之间已经存在的连接。无论是哪种情况,白方都在环礁游戏中构成了一条制胜连接,这样就完成了整个证明。

6. 环礁游戏和包围游戏的一般形式

环礁游戏和包围游戏(Begird,定义见下文)的一般形式是在有许多边的游戏板上进行的,其获胜条件更为复杂。例如,在一块有十二条边的板上,像标准环礁游戏那样,连接两条对边并不是一个适当的目标:一位玩家创建了一个连接 S_4、S_8 和 S_{12}(而任何没有其他边)的组,会被另一位玩家在未取得胜利的情况下阻止获胜。

现在让我们以这样一种方式来定义一个组的跨度:玩家创建一个组来排除任何其他颜色中跨度相同或更大的组的存在,从而获胜。请注意,仅仅计算一个组所接触的边数并不会实现这一点。作为替代,一块 n 边游戏板上的一个连通组 G 的跨度(span)定义为满足下列条件的最小 k:由 G 连接的各边的集合能包含在 k 条相继边中。等价地,如果一个组从

不遗漏游戏板的 $n-k+1$ 条相继边，那么这个组的跨度至少为 k。（如果 G 不接触任何边，那么它的跨度是0。）

现在来看，Y 或星形 Y 的获胜条件分别是创建一个跨度为 3 或 4 的组。这表明可以对这两个游戏作如下推广。包围游戏 Begird(n) 是在一块 n 边游戏板上进行的，其中 $n=2m+1, n\geqslant 3$。制胜组的跨度至少为 $m+2$。用这个术语来描述，则 Y 是 Begird(3)，而星形 Y 是 Begird(5)。也许是由于受到游戏板几何形状的限制，斯蒂尔(Steere)只考虑了其中岛屿的数量是 3 的奇数倍的那些包围游戏，而将 Begird(15) 称为"标准"形式[11]。

环礁游戏 Atoll(n) 是在一块 n 边游戏板上进行的，其中 n 是 4 的倍数，所有 S_i 的势至少为 3，并且 S_i 的非拐角顶点已经放置了石头（奇数 i 放置黑色石头，偶数 i 放置白色石头）。一个制胜组的跨度至少为 $\frac{n+2}{2}$。Atoll(4) 就是 Hex，Atoll (8) 是上文描述的标准版本。请注意，对于 $n=8$ 的情况，当且仅当一个组连接两个相对岛屿时，这个组的跨度至少为 5。相关的例子请参见图 15.3 和图 15.5。

我们可以尝试使用定理 2 中的"弹出"概念来构建一个归纳论证，从而证明在所有版本的环礁游戏上都一定有人会赢。不过，更有吸引力的问题是，是否有可能逆向构造出一个类似施佩纳引理的结果，从而用该结果来证明，在一切形式的包围游戏中都一定有人会赢，然后作为一个推论来得出环礁游戏的结果。由于 Begird($2m+1$) 的目标是不遗漏任何 m 条相继的边，因此我们想要的是消除沿 $(2m+1)$ 边形各边的 m 个相继标记。

7. 放松的施佩纳引理

定义一个三角剖分的 n 边形 $\Gamma=(V,E,\{S_i\}_{i=1}^{n})$ 的放松的施佩纳标记(relaxed Sperner labeling)为一个函数 $\lambda: V\to[n]$，使得对 $v\in S_i$，有

$$\lambda(v)\in \{i+1, i+2, \cdots, i+m+1\} \pmod n,$$

其中 $m=\left\lfloor\frac{n-1}{2}\right\rfloor$。对于 $n=3$ 的情况，这就是常见的三角形的施佩纳标记。

与通常的施佩纳标记一样,这个条件排除了 n 边形每条边上的某些标记,但在其内部不会这样。图 15.7 给出了一个例子,其中第 1 边上的各顶点的标记在 $\{2,3,4,5\}$ 中,第 5 边上的顶点的标记在 $\{6,7,1,2\}$ 中,以此类推。

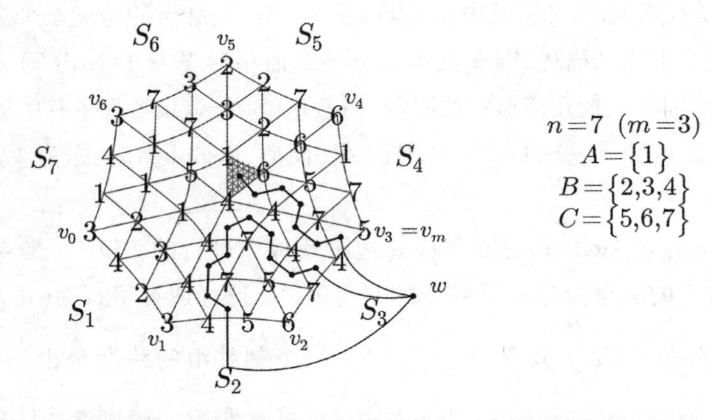

图 15.7 七边形及其部分对偶的放松的施佩纳标记。

定理 3(放松的施佩纳引理) 设 Γ 是一个顶点为 V、各边为 S_1,S_2,$\cdots$,S_n的三角剖分的 n 边形。如果 λ 是 Γ 上的一个放松的施佩纳标记,那么 Γ 中包含着一个有三个不同标记的三角形。

请注意,通常的施佩纳引理就是 $n=3$ 的情况。放松的形式具有一个比阿塔纳索夫(B. T. Atanassov)的推广更弱的假设[3],其结论也更弱。

证明:设 $m=\left\lfloor\frac{n-1}{2}\right\rfloor$。对于 n 为奇数的情况,定义

$$A=\{1\},B=\{2,3,\cdots,m+1\},C=\{m+2,m+3,\cdots,n\}。$$

对于 n 为偶数的情况,定义

$$A=\{1,n\},B=\{2,3,\cdots,\ m+1\},C=\{m+2,\cdots,n-1\}。$$

如下构造一个 Γ 的部分对偶 Γ^*。Γ^* 的顶点 V^* 对应于 Γ 的三角形,还有一个额外的顶点 w 代表 Γ 的外表面。如果 x 和 y 是 V 中由一条边 e 连接的两个顶点,并且如果 $\lambda(x)\in B,\lambda(y)\in C,\lambda(y)-\lambda(x)\leqslant m$,那么 V^* 中对应于与 e 关联的面的顶点,其本身由 Γ^* 中的一条边连接,于是我们说 e 是交叉的。

我断言 w 的度数是奇数，也就是说，Γ 有奇数条边界上的边是交叉的。其论证如下。对于放松的标记，$\lambda(v_0)$ 必定在 B 中，而 $\lambda(v_m)$ 必定在 C 中。此外，标记在 A 中的边 $S_1, S_2, \cdots, S_m$ 上可能没有顶点。因此，当我们沿着这些边从 v_0 走到 v_m 时，这些顶点的标记在 B 和 C 之间来回切换了奇数次。在 S_i 中（其中 $i=1,2,\cdots,m$），B 中允许的标记是 $\{i+1,\cdots,m+1\}$，C 中允许的标记是 $\{m+2,\cdots,m+i+1\}$。所以沿着这些边，任何与满足 $\lambda(x)\in B$ 和 $\lambda(y)\in C$ 的顶点 x 和 y 关联的边自动满足 $\lambda(y)-\lambda(x)\leqslant m$。因此，沿着边 $S_1, S_2, \cdots, S_m$ 的奇数条边是交叉的。

沿着剩下的边 S_i（其中 $i=m+1,\cdots,n$），B 中允许的标记（如果有的话）不大于 $i-m$，C 中允许的标记（如果有的话）不小于 $i+1$。所以沿着这些边的任何边都不可能是交叉的：当 $\lambda(x)\in B$ 而 $\lambda(y)\in C$ 时，$\lambda(y)-\lambda(x)\geqslant m+1$ 必定成立。这就证实了所作的断言。

V^* 中除了 w 以外的顶点的度数为 0、1 或 2，因为如果 x、y、z 是一个三角形的顶点，那么 (x,y)、(y,z) 和 (x,z) 这三对就不可能都有一个顶点在 B 中标记而另一个顶点在 C 中标记。

由于 Γ^* 的所有顶点的度数之和为偶数，因此 $V^*\setminus\{w\}$ 中的某个顶点的度数为 1。这个顶点对应于 Γ 中的一个顶点为 x、y、z 的三角形，而它的（比如说）与 x 和 y 关联的那条边是交叉的。这意味着 $\lambda(x)\neq\lambda(y)$。如果 $\lambda(z)=\lambda(x)$，那么与 y 和 z 关联的那条边也会是交叉的，而如果 $\lambda(z)=\lambda(y)$，那么与 x 和 z 关联的那条边也会是交叉的。因此 x, y, z 都具有不同的标记。

8. 又一次——一定有人会赢

我们现在将证明包围游戏和环礁游戏在其一般表述下是不可能出现平局的。

定理 4：对于任何 $n\geqslant 3$ 的奇数，在 Begird(n) 中一定有人会赢。

证明：请回想一下，如果我们记 $n=2m+1$，那么获胜的构形是一个跨度大于或等于 $m+2$ 的组。假设与我们想证明的相反，对于 Begird(n) 的某块游戏板 Γ，游戏已经结束了，但是没有人胜出。这意味着在 Γ 的每个顶点上都已放置了一块石头,并且没有任何组的跨度大于或等于 $m+2$。利用前文中跨度的交替特征,每个组都必定在某处缺失 $(2m+1)-(m+2)+1=m$ 条相继边。因此,对于每块石头都存在着某个 $k\in[n]$,使得这块石头连接不到边 $S_k, S_{k+1}, \cdots, S_{k+m-1} \pmod n$。与此相应,定义 $\boldsymbol{\lambda}: V\rightarrow[n]$,其中 $\boldsymbol{\lambda}(v)$ 是使得石头在 v 上的这种最小的 k。我们断言这是一个放松的施佩纳标记。如果 $v\in S_i$,那么 v 上的石头肯定与边 S_i 相连,因此,

$$\boldsymbol{\lambda}(v)\in[n]\setminus\{i-m+1,\cdots,i\}=\{i+1,\cdots,i+m+1\} \pmod n。$$

于是放松的施佩纳引理确保了在 Γ 中的某个三角形在 λ 下有三个互不相同的标记。但是在这些顶点上的石头中,有两块石头颜色相同,这就意味着它们属于同一个组。因此这些顶点必定具有相同的标记。这就产生了一个矛盾,所以某个组的跨度必定至少是 $m+2$。这证明在环礁游戏中不可能出现平局。

定理 5:对于任何 $m\geqslant 1$ 的奇数,在 Atoll$(2m+2)$ 中一定有人会赢。

证明:请回想一下,Atoll(n) 是在一块 n 边游戏板上进行的,其中 n 能被 4 整除。现在写成 $n=2m+2$,其中 m 必须是奇数,以确保 n 能被 4 整除。证明的思路是将 Atoll$(2m+2)$ 游戏板嵌入 Begird$(2m+1)$ 游戏板中,这很像图 15.2 中的做法,在那幅图中 Hex 板[即 Atoll(4),$m=1$]被嵌在一块 Y 板[即 Begird(3)]中。

给定一块填满的 Atoll$(2m+2)$ 游戏板,它的各边为 $A_1,\cdots,A_{2m+2}$,我们需要证明存在着某个不遗漏任何 $m+1$ 条相继边的 G,也就是说,

(1) 对于所有 $k\in[2m+2]$,存在着一个 $i\in\{k, k+1, \cdots, k+m\} \pmod n$,使得 G 与 A_i 相连。

现在,作为嵌入图,环礁游戏板和包含它的包围游戏板可以是相同的。需要做的只是定义包围游戏板的各边 $\{B_i\}$。取 $b_0=A_n\cap A_1$。对于除 1 和 n 外的每个 i,选择一个非拐角顶点 $b_{i-1}\in A_i$。这些都变成包围游戏板的拐角。也就是说,B_i 是从 b_{i-1} 到 b_i 的板的周界的一部分,如图 15.8 所示。请注意,当我们为同一块游戏板定义不同的边的集合时,需要区分两个可能不同的跨度:环礁游戏跨度和包围游戏跨度。

由于在包围游戏中一定有人会赢,因此存在这个某个石头组 G,其包

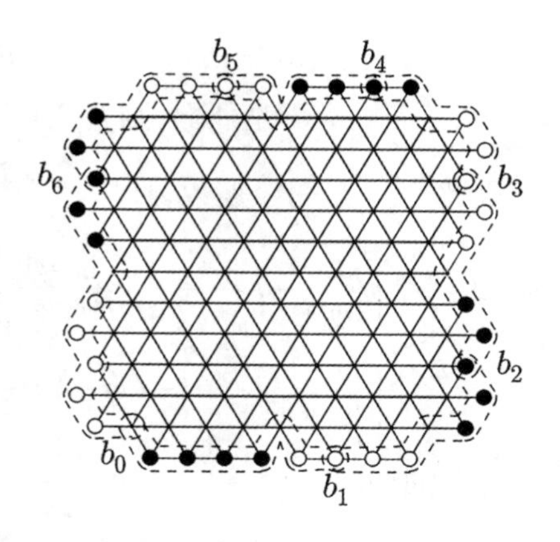

图 15.8　Begird(7)游戏板内的 Atoll(8)游戏板。

围游戏跨度至少为 $m+2$。所以 G 不会遗漏任何 m 条相继的边。也就是说，

（2）对于所有 $j\in[2m+1]$，存在着某个 $i\in\{j,j+1,\cdots,j+m-1\}\pmod{(n-1)}$，使得 G 与 B_i 相连。

我断言表述(2)隐含着表述(1)。假设制胜组是黑色的，那么只考虑编号为奇数的边 A_i。我们给出定义

$$f:[2m+1]\to\{1,3,\cdots,2m+1\},$$

从而当一个黑色组连接到 B_i 时，它也连接到 $A_{f(i)}$。根据所给出的构造，对于每个 $i\in[2m+1]$，B_i 都包含着 A_i 和 A_{i+1} 的部分。因此一个连接到 B_i 的黑色组必定连接到 A_i 或 A_{i+1}，取决于其中哪个是奇数。因此，定义

$$f(1)=1,\qquad f(2)=f(3)=3,\qquad f(4)=f(5)=5,$$

以此类推$\left(\text{即} f(x)=2\left\lfloor\frac{x}{2}\right\rfloor+1\right)$。不过，如果我们作为替代，定义 $f(x)=2\left\lceil\frac{m+1}{2m+1}x\right\rceil-1$，就会得到一个满足

$$f(x+2m+1)=f(x)+2m+2$$

的映射，这就简化了余下的分析。

给定 $k\in[2m+2]$，当 $k\leqslant 2m+1$ 时，取 $j=k$，当 $k=2m+2$ 时，取 $j=1$，并按照表述(1)定义 i。那么 G 就连接到 $A_{f(i)}$，且

$$f(i) \in \{ f(j), f(j+1), \cdots, f(j+m-1) \} \pmod{(n+1)}。$$

请注意,若 k 是奇数,则 $f(j) = k$;若 k 是偶数,则 $f(j) = k+1$。无论是哪种情况,由于 m 是奇数,因此 $\frac{m-1}{2}$ 是一个整数,且

$$\begin{aligned} f(j+m-1) &= 2\left\lceil \frac{m+1}{2m+1} j + \frac{m-1}{2} - \frac{m-1}{4m+2} \right\rceil - 1 \\ &= 2\left\lceil \frac{m+1}{2m+1} j - \epsilon \right\rceil + (m-1) - 1, \end{aligned}$$

其中 $0 < \epsilon = \frac{m-1}{4m+2} < 1$。因此

$$f(j+m-1) = \begin{cases} f(j) + m - 1, & 若\left\lceil \frac{m+1}{2m+1} j - \epsilon \right\rceil = \left\lceil \frac{m+1}{2m+1} j \right\rceil, \\ f(j) + m - 3 \pmod{n}, & 其他情况。 \end{cases}$$

我们就有

$$\{ f(j), \cdots, f(j+m-1) \} \subseteq \{ k, \cdots, k+m \} \pmod{n}。$$

由此可得,$f(i) \in \{k, \cdots, k+m\}$,也就是说 G 组(至少)连接到边 $A_k, \cdots, A_{k+m}$ 中的一条。

因此 G 组不会遗漏环礁游戏板的 $m+1$ 条相继边。与此相当的是,G 的环礁游戏跨度至少为 $n-(m+1)+1 = 2m+2-(m+1)+1 = m+2$:$G$ 也是环礁游戏中的一个制胜组。

如果获胜的 G 组是白色的,则通过反转各边的编号就能得到相同的结果。

评注:当 m 为偶数时,上面的论证给出了一个稍弱的结果:在 Begird$(2m+1)$ 中具有最小跨度为 $m+2$ 的组只保证在对应的 Atoll$(2m+2)$ 游戏板中不遗漏不超过 $m+1$ 条相继边:因此,它在环礁游戏上的跨度只需大到 $m+1$。但是,黑方和白方可以同时构建具有这个跨度的组。如果我们要在这种情况下将目标定义为一个具有足够跨度的组,虽然足以阻止另一位玩家构建这样一个组,但不能保证一定取胜。

9. 其他游戏

在证明包围游戏中一定有人会赢时,我们对奇数 n 使用了放松的施

佩纳引理。在证明环礁游戏中一定有人会赢时，只将这条引理用于 $n=2m+2$ 的情况，其中 m 为偶数。余下的那种情况似乎未被用到。阿鲁西(Jorge Gomez Arrausi)显然预料到了这一发展，他随后在 2001 年发明了 Unlur[2]。Unlur 是一种不对称的游戏：在一块有六条边的游戏板上，黑方将三条交替的边构成一个 Y 形连接起来即获胜，而白方将两条对边连接起来即获胜。游戏中有一个"定约阶段"，用以使这两个目标均等。虽然这两个目标是互斥的，但是有可能两者都无法实现。根据"定约"，即使一位玩家完成了自己的目标，但只要其也同时完成了对手的目标，那就立即输了。这指的并不是这两位玩家中的任意一位要将三条交替的边连接起来而构成一个 Y 形，也不是这两位玩家中的任意一位要将一对对边连接起来的情况，而是这两位玩家必须分别完成这两种构形中他们各自指定的那一种才行。因此一定有人会赢。

我们可以使用跨度的概念将 Unlur 并入我们的框架之中。请注意，在一块有六条边的游戏板上，连接三条交替边相当于跨度至少为 5。此外，一个跨度正好为 4 的组连接两条对边。因此，证明一定有人会赢的问题就简化为证明必定存在着一个跨度至少为 4 的组。

这个评述可以推广。对于任意 $n=2m\geqslant 6$，我们可以在一个三角剖分的 n 边形上定义 Unlur(n)。在这个 n 边形上黑方构成一个跨度至少为 $m+2$ 的组即获胜，而白方将两条对边连接起来即获胜。事实上，黑方的获胜条件可以在不提及跨度的情况下加以表述：黑方构建一个使白方不可能连接任何一对对边的组即获胜。其他的规则依然沿用。

布朗在 2009 年发布的交叉(Cross)游戏把 Unlur 对称化了。任何一方将三条交替的边连接起来即获胜，而将两条对边连接起来即失败。我们可以类似地给出 Cross(n)的定义。与 Unlur 不同的是，如果你同时实现了两个目标，那么你就赢了。

因此，要证明在 Unlur(n)或 Cross(n)中一定有人会赢，只需证明一位玩家有一个跨度至少为 $m+2$ 的组。这一事实的证明实际上与证明在包围游戏中一定有人会赢是完全一样的。于是我们得到最终结果：

对于任何 $n=2m\geqslant 6$，在 Unlur(n)中一定有人会赢，在 Cross(n)中也

一定有人会赢。

致谢

感谢亨勒(Michael Henle)及两位匿名审稿人对本文初稿所给出的种种有益评论。佐恩(Paul Zorn)和苏(Francis Su)在不知道本文的情况下，很早就在在线社区上提出了鼓励。

参考文献

[1] M. Aigner, and G. Zeigler, *Proofs from the Book*, fourth edition. Springer, New York, 2010.

[2] J. G. Arrausi, C. J. Ragnarsson, and T. G Seierstad. Unlur. *Abstract Games* **12** (2002) 17 – 21.

[3] K. T. Atanassov. On Sperner's Lemma. *Studia Sci. Math. Hungar.* **32** (1996) 71 – 74.

[4] C. Browne. *Connection Games: Variations on a Theme.* A K Peters, Wellesley, MA, 2005.

[5] C. Browne. Cross. http://nestorgames.com/rulebooks/CROSS_EN.pdf (accessed April 15, 2015).

[6] E. Ea. * *Star*. http://ea.ea.home.mindspring.com/KadonBooklet/Kadon * Star.html (accessed April 15, 2015).

[7] M. Gardner. The game of Hex. In *Hexaflexagons and the Tower of Hanoi: Martin Gardner's First Book of Mathematical Puzzles and Games*, p. 82. Cambridge University Press, Cambridge, 2008.

[8] R. Hochberg, C. McDiarmid, and M. Saks. On the bandwidth of triangulated triangles. *Discrete Math.* **138** (1995) 261 – 265.

[9] C. Schensted, and C. Titus. *Mudcrack Y and Poly-Y.* Neo Press, Peaks Island, ME, 1975.

[10] M. Steere. Atoll. http://www.marksteeregames.com/Atoll_rules.pdf (accessed April 14, 2015).

[11] M. Steere. Begird. http://www.marksteeregames.com/Begird_rules.pdf (accessed April 14, 2015).

第五章 斐波那契数

十六、饼干怪兽问题

布拉斯韦尔、霍瓦诺娃

1. 问题

2002年,饼干怪兽(Cookie Monster)® 发表在瓦德林德(Vaderlind)、盖伊(Guy)和拉森(Larson)合著的《好问的解题者》(*The Inquisitive Problem Solver*)[3]一书中①。饥饿的怪兽想要清空装满各种数量饼干的一组罐子。在每次移动时,它可以选择这些罐子的任何子集,并从每个罐子中取出相同数量的饼干。饼干怪兽数(Cookie Monster number)是饼干怪兽清空所有罐子必须使用的最小移动次数。这个数取决于饼干在这些罐子里的初始分布。

假设这组罐子共有 k 个,其中分别装有 $s_1 < s_2 < \cdots < s_k$ 块饼干,将这组罐子作为一个集合 $S = \{s_1, s_2, \cdots, s_k\}$。$s_1, s_2, \cdots, s_k$ 称为一个饼干序列

---

① 饼干怪兽问题在瓦德林德、盖伊和拉森的《好问的解题者》中首次出现之后,卡弗斯(Cavers)[4]、贝尔纳迪(Bernardi)和霍瓦诺娃[2]及贝尔茨纳(Belzner)[1]发表了进一步的结果。——原注

(cookie sequence)。假设任何两个 s 都不相同,因为具有相同数量饼干的罐子可能当作同一个罐子来加以处理。一个被清空或饼干数量减少到另一个罐子的饼干数的罐子称为一个废弃的(discarded)罐子。

我们用 CM(S)来表示 S 的饼干怪兽数,假设这个数是 n。在第 j 次(其中 $j=1,2,\cdots$)移动时,饼干怪兽从属于某个罐子子集的每个罐子中取走 a_j 块饼干。我们把每个 a_j 称为怪兽的一个移动量(move amount)。移动量的集合用 A 表示。每个罐子可以表示为 A 的一个子集之和,也可以表示为移动量的一个和。

例如,如果 $S=\{1,5,9,10\}$,怪兽可能在第一次移动时从装有 9 块和 10 块饼干的两个罐子中各取走 9 块饼干,因此 $a_1=9$。在这次移动之后,曾经装有 9 块饼干的罐子将被废弃,而曾经装有 10 块饼干的罐子现只装了 1 块饼干,这等于另一个罐子中所装的饼干数,因此它也将被废弃。在怪兽的第二次移动中,它可能会从装有 1 块和 5 块饼干的两个罐子中各取出 1 块饼干,所以 $a_2=1$。现在,曾经装有 1 块饼干的罐子被废弃,而曾经装有 5 块饼干的罐子里的饼干数减少到 4 块。最后,怪兽可以清空这个装有 4 块饼干的罐子而结束全过程,所以 $a_3=4$。由于这些罐子是三次被清空的,因此 CM(S)$\leqslant 3$。我们看到 $A=\{9,1,4\}$,并且 S 中的每个罐子里的饼干数都可以写成 A 中的元素之和。例如,$s_2=5=1+4=a_2+a_3$,$s_4=10=9+1=a_1+a_2$。这种标记法引出了下面的评述。

引理 1:饼干怪兽可以按任何顺序执行他的最佳移动。

证明:假设 CM(S)$=n$,饼干怪兽遵循一套最优程序,用 n 次移动将 S 中的所有饼干罐子清空。当怪兽移动第 n 次后,所有罐子都空了。因此,对于某个 $I_k\subseteq\{1,2,\cdots,n\}$,每个罐子 $k\in S$ 可以表示为 $k=\sum_{j\in I_k}a_j$。根据加法的交换性,对每个罐子 k,a_j 可以按任意顺序求和,因此饼干怪兽可以按照他希望的任意顺序执行他的移动,而仍然用 n 次移动清空这组罐子。

我们会在下面介绍已知的通用算法,并介绍饼干怪兽数的已知上下界。我们会对所装饼干数为斐波那契(Fibonacci)数列、3 阶那契(Tribonacci)数列、n 阶那契(n-nacci)数列和超 n 阶那契(Super-n-nacci)数列的那些罐子里明确地找出饼干怪兽数。我们还构造了 k 个罐子的一些数列，使得它们的饼干怪兽数渐近 rk，其中 r 是实数，$0 \leqslant r \leqslant 1$。

2. 通用算法

文献[3]提出了饼干怪兽可以用来清空罐子的几种通用算法，但没有一个算法在所有情况下都是最优的。

- 清空最多罐子算法：饼干怪兽每次移动都尽可能地减少不同罐子的数量。例如，如果 $S=\{1,3,4,7\}$，那么怪兽将从装有 7 块和 4 块饼干的两个罐子中各取走 4 块饼干，或者从装有 7 块和 3 块饼干的两个罐子中各取走 3 块饼干。在这两种情况下，它都会将不同罐子的数量减少 2 个。
- 取走最多饼干算法：饼干怪兽每次移动都取走尽可能多的饼干。例如，如果 $S=\{4,7,14,19,20\}$，那么怪兽将从装有 20 块、19 块和 14 块饼干的三个罐子中各取走 14 块饼干。他这样做的结果是总共会取走 42 块饼干，这比他从两个最大的罐子里取走 19 块饼干、从四个最大的罐子里取走 7 块饼干，或者从五个最大的罐子里取走 4 块饼干要多。
- 二进制算法：饼干怪兽每次移动都从所有装有至少 2^m 块饼干的罐子中取走 2^m 块饼干，这里 m 要尽可能大。例如，如果 $S=\{8,9,16,18\}$，那么怪兽将从装有 18 块和 16 块饼干的两个罐子中各取走 $2^4=16$ 块饼干。

3. 已确定的上下界

饼干怪兽数有自然的上下界（参见文献[2]和文献[4]）。

定理 1：设 S 为 k 个罐子的集合。于是我们有

$$\lfloor \log_2 k \rfloor + 1 \leqslant \mathrm{CM}(S) \leqslant k。$$

证明：对于上界，饼干怪兽总是可能在第 i 次移动时清空第 i 个罐子，并用 k 步完全清空 k 个罐子。对于下界，请记住这 k 个罐子装有不同数量的饼干。设 $f(k)$ 为饼干怪兽第一次移动后的不同非空罐子数量。我

们断言 $k \leqslant 2f(k)+1$。的确,在第一次移动之后,至少会有 $k-1$ 个非空罐子,但是不可能有 3 个相同的非空罐子。因此,罐子数加 1 减少的速度不可能超过每次 2 个。

我们可以证明对于某些罐子集合,都达到了上下界[2]。

引理 2:设 S 为 k 个罐子的集合,每个罐子中分别装有 $s_1 < s_2 < \cdots < s_k$ 块饼干。如果对于任何 $i>1$,都有 $s_i > \sum_{k=1}^{i-1} s_k$,则 $\mathrm{CM}(S)=k$。

证明:由于最大的罐子里所装的饼干比所有其他罐子加起来的还要多,所以任何策略都必须包含一个步骤,即饼干怪兽只从最大的罐子中取走饼干。如果饼干怪兽第一次移动就从最大的罐子里取走所有饼干,就不会危害这种策略。运用归纳法,我们发现至少需要移动 k 次。

满足该引理的数列很多,但若将它们按字典序排列起来,则第一个出现的是由 2 的幂所构成的数列。下面的引理[4]表明,任何增长小于 2 的幂的数列都可以用少于 k 次移动清空。

引理 3:设 S 为 k 个罐子的集合,每个罐子中分别装有 $s_1 < s_2 < \cdots < s_k$ 块饼干。于是我们有

$$\mathrm{CM}(S) \leqslant \lfloor \log_2 s_k \rfloor + 1。$$

证明:我们使用二进制算法。选择 m,使得 $2^{m-1} \leqslant s_k \leqslant 2^m - 1$。令移动量的集合为 $A=\{2^0, 2^1, \cdots, 2^{m-1}\}$。任何小于 2^m 的整数都可以用它的二进制表示形式表示为 A 中的几项的组合。由于 S 中的所有元素都小于 2^m,因此所有 s_i 都可以写成 A 的一些子集中的元素之和。换句话说,S 中的每个罐子可以用 A 中的移动量之和清空。因此 $\mathrm{CM}(S) \leqslant |A| = m$。不过,$2^{m-1} \leqslant s_k$ 意味着 $m \leqslant 1 + \log_2 s_k$。因此 $\mathrm{CM}(S) \leqslant m \leqslant 1 + \lfloor \log_2 s_k \rfloor$。

由此可知,定理 1 中的下界对于有 k 个罐子、其中最大罐子小于 2^m 的集合是可以达到的。词义上,这种序列中最小的是自然数序列:$S=1,2,3,4,\cdots,k$。

我们注意到,如果我们把每个罐子里的饼干数量乘同一个数,那么这样得出的这组罐子的饼干怪兽数并不改变。由此可知,对于所有 s_i 可以被 d 整除且 $s_k < d \cdot 2^m$ 的数列,该下界也可以达到。

卡弗斯(Cavers)给出了引理3的一个推论[4]。它用集合 S 的最大值和最小值之间的差来限定了 $\mathrm{CM}(S)$。

推论1:设 S 为 k 个罐子的集合,每个罐子中分别装有 $s_1 < s_2 < \cdots < s_k$ 块饼干。那么由此可知

$$\mathrm{CM}(S) \leqslant 2 + \lfloor \log_2(s_k - s_1) \rfloor。$$

证明:我们在第一次移动时从每个罐子里取走 s_1 块饼干。

由此可知,如果 S 构成一个等差数列,则 $\mathrm{CM}(S) \leqslant 2 + \lfloor \log_2(k - 1) \rfloor$。

4. 那契数列

现在,我们给饼干怪兽展示罐子里的饼干的一些有趣的数列。首先,我们向怪兽提出挑战,让它清空一组所装饼干数为斐波那契数列的罐子。斐波那契数列的定义为 $F_0 = 0, F_1 = 1$,当 $i \geqslant 2$ 时 $F_i = F_{i-2} + F_{i-1}$。不考虑没装饼干的罐子和两个罐子装一块饼干的情况,所以我们最小的罐子将装有 F_2 块饼干。贝尔茨纳发现[1],对于分别装有 $\{F_2, F_3, \cdots, F_{k+1}\}$ 块饼干的 k 个罐子的集合 S 有 $\mathrm{CM}(S) = \left\lfloor \frac{k}{2} \right\rfloor + 1$。为了给出证明,我们需要下面这个表示斐波那契数列的著名等式[5]。

引理4:对于斐波那契数集合 $\{F_1, F_2, \cdots, F_{k+1}\}$,我们有

$$F_{k+1} - 1 = \sum_{i=1}^{k-1} F_i。$$

更精确地说,我们需要以下推论。

推论2:斐波那契数列满足

$$F_{k+1} > \sum_{i=1}^{k-1} F_i。$$

定理2:对于饼干集合为 $S = \{F_2, F_3, \cdots, F_{k+1}\}$ 的 k 个罐子,饼干怪兽数为 $\mathrm{CM}(S) = \left\lfloor \frac{k}{2} \right\rfloor + 1$。

证明:根据推论2,饼干怪兽清空集合 $S = \{F_2, F_3, \cdots, F_{k+1}\}$ 时的一次移动必定要涉及装有 F_{k+1} 块饼干的第 k 个罐子,而不是装有 $\{F_2, F_3, \cdots,$

$F_{k-1}\}$块饼干的前 $k-2$ 个罐子。如果饼干怪兽从这一步开始,那是最不理想的。假设怪兽在第一次移动时,它从第 $k-1$ 个和第 k 个罐子中取出 F_k块饼干。这样就会清空第 $k-1$ 个罐子,并将第 k 个罐子中的饼干数量减少到 $F_{k+1}-F_k=F_{k-1}$块,这与第 $k-2$ 个罐子里的饼干数相同。因此,两个罐子被废弃。它最好也就能做到这样。通过归纳可知,饼干怪兽可以这种方式最优地继续下去。如果 k 是奇数,那么怪兽就需要额外移动一次来清空最后一个罐子,于是总移动数是$\frac{k+1}{2}$。如果 k 是偶数,那么饼干怪兽就需要额外移动两次来清空最后两个罐子,于是总移动数是$\frac{k}{2}+1$。因此,对于任何 k,我们有

$$\mathrm{CM}(S)=\left\lceil\frac{k+1}{2}\right\rceil=\left\lfloor\frac{k}{2}\right\rfloor+1。$$

还有一些与斐波那契数列类似的数列,它们不太出名,但或许更具挑战性,它们被称为 n 阶那契数列(*n-naccis*)[6]。我们对 n 阶那契数列的定义为:当 $0\leqslant i<n-1$ 时 $N_i=0$,当 $n-1\leqslant i\leqslant n$ 时 $N_i=1$,而当 $i\geqslant n$ 时 $N_i=N_{i-n}+N_{i-n+1}+\cdots+N_{i-1}$。例如,在 3 阶那契数列中,在第三项之后的每一项都是前三项之和。4 阶那契数列由前四项相加而成,5 阶那契数列由前五项相加而成。更高的 n 阶那契数列也遵循这种方式构造。

我们从 3 阶那契数列开始,将其表示为 T_i: 0,0,1,1,2,4,7,13,24,44,81,…。3 阶那契数列的主要特征与斐波那契数列一样,下一项是前三项之和。我们可以利用这个事实,提出一个类似的策略来清空饼干数为 3 阶那契数列的罐子。我们利用下面的引理 5 中的与 3 阶那契数相关的不等式,证明由装有 $S=\{T_3,\cdots,T_{k+2}\}$ 块饼干的 k 个罐子构成的集合 S,有 $\mathrm{CM}(S)=\left\lfloor\frac{2k}{3}\right\rfloor+1$。

引理 5:3 阶那契数列满足下面两个不等式:

- $T_{k+1}>\sum_{i=1}^{k-1}T_i$,
- $T_{k+2}-T_{k+1}>\sum_{i=1}^{k-1}T_i$。

证明:我们采用归纳法。对于 $k=1$ 的基本情况,这两个不等式都成立。假设它们对某个 k 都成立。按归纳假设我们有上面两个不等式,如果在它们的两边都加上 T_k,我们就得到

$$T_{k+1}+T_k>\sum_{i=1}^{k}T_i \quad 和 \quad T_{k+2}-T_{k+1}+T_k>\sum_{i=1}^{k}T_i。$$

而事实上,$T_{k+1}+T_k=T_{k+3}-T_{k+2}$,而 $T_{k+2}-T_{k+1}+T_k<T_{k+2}$。因此,我们有

$$T_{k+3}-T_{k+2}=T_{k+1}+T_k>\sum_{i=1}^{k}T_i,$$

$$T_{k+2}>T_{k+2}-T_{k+1}+T_k>\sum_{i=1}^{k}T_i,$$

所以这两个不等式在 $k+1$ 的情况下都成立。

定理3:当 k 个罐子装有一个3阶那契数集合 $S=\{T_3,\cdots,T_{k+2}\}$ 时,我们有 $\mathrm{CM}(S)=\left\lfloor\frac{2k}{3}\right\rfloor+1$。

证明:考虑最大的三个罐子。最大的罐子和第二大的罐子里各自装的饼干都比剩下的 $k-3$ 个罐子里的饼干总数还多。这意味着饼干怪兽必须执行一次包括第二大罐子(可能还有那个最大的罐子)而不涉及最小的 $k-3$ 个罐子的移动。由于引理5中的第二个不等式,因此最大的罐子需要通过再移动一次才能被减去,而这一移动不应涉及那些将要被废弃的最小的 $k-3$ 个罐子。可见,由于涉及和废弃三个最大的罐子至少需要两次移动,因此通过两次移动来废弃全部三个罐子是最优的。

如果饼干怪兽在第一次移动时就从两个最大的罐子中各取出 T_{k+1} 块饼干,从而清空第二大的罐子,并将最大罐子里的饼干数量减少到 $T_{k+2}-T_{k+1}$。然后,怪兽应该在第二次移动时从第三大的和最大的罐子里各取走 T_k 块饼干,从而清空第三大的罐子,并将最大罐子里的饼干数减少到 $T_{k+2}-T_{k+1}-T_k=T_{k-1}$。现在最大的罐子被废弃了,因为里面剩下的饼干数与另一个罐子里的饼干数相同。用此策略在两次移动后清空了最大的三个罐子,因此怪兽可以用这种方式继续最优化下去。

如果 k 对3取模的余数为1,那么它就需要对最后一个罐子再移动一

次，使总数达到$2\left\lfloor\frac{k}{3}\right\rfloor+1$。如果$k$对3取模的余数为2，那么它需要再移动两次，于是移动的总数就是$2\left\lfloor\frac{k}{3}\right\rfloor+2$。如果$k$对3取模的余数为0，那么就需要对最后一组三个罐子再移动三次，而使移动的总数达到$2\left\lfloor\frac{k}{3}\right\rfloor+1$。因此，对于任何$k$，我们有

$$\mathrm{CM}(S)=\left\lfloor\frac{2k}{3}\right\rfloor+1$$

更一般地，以下是饼干怪兽对付n阶那契数列的策略，我们称之为饼干怪兽懂加法（cookie-monster-knows-addition）。它用$n-1$次移动来清空n个最大的罐子。在第i次移动时，它从第$k-i$大的罐子和最大的罐子里各取走N_{k-i}块饼干。这样，对于满足$0<i<n$的每个i，就清空了第$k-i$大的罐子，减少了第k大的罐子里的饼干数量。这样的做法，使得$n-1$次移动清空了n个罐子。这个过程可以不断重复，直到最多剩下n个元素，它将罐子一个一个地清空。因此，当$S=\{N_n,\cdots,N_{n+k-1}\}$时，我们将证明饼干怪兽数为

$$\mathrm{CM}(S)=\left\lfloor\frac{(n-1)k}{n}\right\rfloor+1。$$

我们首先证明与n阶那契数相关的几个必需的不等式。

引理6：n阶那契数列满足不等式

$$N_{k+1}>\sum_{i=1}^{k-1}N_i。$$

证明：这里的证明与证明著名的斐波那契数列满足的等式[5]（见引理4）和推论2相同。

如果我们注意到在$a>b$的条件下，a阶那契数列的增长速度比b阶那契数列快，那么这个不等式并不出人意料。但下面这个不等式就有点微妙了。

引理7：n阶那契数列满足不等式

$$N_{k+n-1}-\sum_{i=k+1}^{k+n-2}N_i>\sum_{i=1}^{k-1}N_i。$$

证明：根据定义，我们有 $N_{k+n-1}-\sum_{i=k+1}^{k+n-2}N_i=N_k+N_{k-1}$。由引理 6 可知，$N_k>\sum_{i=1}^{k-2}N_i$。因此我们有 $N_k+N_{k-1}>\sum_{i=1}^{k-1}N_i$。

下一条定理表明，n 阶那契数列满足上述两个不等式之间的许多不等式。

定理 4：对于任何 $0\leqslant j\leqslant n-2$，$n$ 阶那契数列满足以下不等式：

$$N_{k+j}-\sum_{i=k+1}^{k+j-1}N_i>\sum_{i=1}^{k-1}N_i。$$

证明：根据定义，$N_{k+j}-\sum_{i=k+1}^{k+j-1}N_i=\sum_{i=k+j-n}^{k}N_i$。根据引理 6 中的不等式，我们得到

$$\sum_{i=k+j-n}^{k}N_i=N_k+\sum_{i=k+j-n}^{k-1}N_i>\sum_{i=1}^{k-2}N_i+N_{k-1}=\sum_{i=1}^{k-1}N_i$$

现在我们已经打好了足够的数学基础，可以回来研究饼干怪兽数了。

定理 5：当 k 个罐子里装有一个 n 阶那契数列集合 $S=\{N_n,\cdots,N_{n+k-1}\}$ 时，饼干怪兽数为

$$\mathrm{CM}(S)=\left\lfloor\frac{(n-1)k}{n}\right\rfloor+1。$$

证明：考虑最大的 n 个罐子。最大的 $n-1$ 个罐子里各自装的饼干都比剩下的 $k-n$ 个罐子里的饼干总数还多。这意味着饼干怪兽必须执行一次包括最大的 $n-1$ 个罐子而不涉及最小的 $k-n$ 个罐子的移动。假设它第一次移动就涉及了第 $n-1$ 大的罐子。在这之后，即使它在之前的移动中从最大的 $n-2$ 个罐子里取走了饼干，这个第 $n-2$ 大的罐子里装的饼干仍然会比最小的 $k-n$ 个罐子里的饼干总数还多（由于定理 4 中的不等式）。因此，必须有另一次移动，涉及第 $n-2$ 大的罐子，但既不涉及最小的 $k-n$ 个罐子，也不涉及第 $n-1$ 大的罐子。沿着这条推理思路继续下去，应该有一次移动涉及第 $n-3$ 大的罐子，但既不涉及最小的 $k-n$ 个罐子，也不涉及第 $n-1$ 大的罐子或第 $n-2$ 大的罐子，以此类推。

总结 $n-1$ 个最大的罐子中每一个罐子的情况，有一次移动会涉及

它，还可能涉及比它大的那些罐子，以及第 n 大的罐子，但不会涉及其他任何罐子。因此，必须至少有 $n-1$ 次移动不会涉及最小的 $k-n$ 个罐子。

我们知道，如果饼干怪兽使用它的饼干怪兽懂加法策略，就可以通过 $n-1$ 次移动清空最大的 n 个罐子。由此可见，由于涉及和废弃最后 n 个罐子至少需要 $n-1$ 步，因此通过 $n-1$ 次移动废弃所有 n 个罐子是最优的。

我们可以继续这样做，直到剩下的罐子不超过 n 个。因为集合 S 中最小的 n 个罐子中的饼干数是 2 的幂，所以我们必须用与剩余罐子数量相同的移动次数来清空剩下的罐子。如果 k 对 n 取模的余数不为 0，那么饼干怪兽需要对最后一些罐子进行 x 次额外移动。因此，总移动次数为 $(n-1)\left\lfloor\frac{k}{n}\right\rfloor+x$。如果 k 对 n 取模的余数为 0，那么他需要 n 次额外移动来清空最后 n 个罐子，总共移动 $(n-1)\left\lfloor\frac{k}{n}\right\rfloor+1$ 次。因此，对于任何 k，除了最后 n 个罐子以外，我们为每组 n 个罐子节约一次移动。因此，我们节约了 $\left\lfloor\frac{k-1}{n}\right\rfloor$ 次移动，这样 S 的饼干怪兽数就是

$$\mathrm{CM}(S)=k-\left\lfloor\frac{k-1}{n}\right\rfloor=\left\lfloor\frac{(n-1)k}{n}\right\rfloor+1。$$

5. 超那契数列

怪兽想知道它能否把它对那契数列的知识扩展到非那契数列。它首先考虑至少与 n 阶那契数列增长速度相同的超 n 阶那契数列。将一个超 n 阶那契数列定义为 $S=\{M_1,M_2,\cdots,M_k\}$，其中对于 $i\geqslant n$ 有 $M_i\geqslant M_{i-n}+M_{i-n+1}+\cdots+M_{i-1}$。饼干怪兽猜想，由于它已经知道了如何使用那契数列，因此它就可以为超 n 阶那契数列给出 CM(S) 的上下界。

定理 6：对于包含 k 项的超 n 阶那契数列，我们有

$$\left\lfloor\frac{(n-1)k}{n}\right\rfloor+1\leqslant\mathrm{CM}(S)。$$

证明：给出 n 阶那契数列的上下界的证明（见定理 4）只使用了几个

不等式。同样的证明在这里也成立。

6. 超越那契数列

我们已找到了一些表示 k 个罐子的数列，从而使它们的饼干怪兽数渐近 rk，其中 r 是形如$\frac{n-1}{n}$的有理数。是否有可能构造出其他一些数列，使它们的饼干怪兽数渐近 rk，其中 r 是任何不超过 1 的有理数？

在讨论数列以及它们的渐近行为之前，我们先回到一个集合的饼干怪兽数的上下界，并检查上下界之间的任意值是否能达到。

首先，我们需要一个定义。一个由递增的数 s_i 构成的集合 $S=\{s_1, s_2, \cdots, s_k\}$，如果其中包含不超过 $\max(S)=s_k$的所有 2 的幂，就将该集合称为 2 的幂(two-powerful)集合，我们可以计算一个 2 的幂集合的饼干怪兽数。

引理 8：给定一个 2 的幂集合 $S=\{s_1, s_2, \cdots, s_k\}$，则其饼干怪兽数是使得 2^m大于 S 中的所有元素的最小 m，即 $\mathrm{CM}(S)=\lfloor \log_2 s_k \rfloor+1$。

证明：设 m 是使得 2^m不在 S 中的最小正整数，则有 $m=\lfloor \log_2 s_k \rfloor+1$。那么 S 包含 2 的幂的一个子集 S'，即 $S'=\{2^0, 2^1, \cdots, 2^{m-1}\}$。这个子集有一个饼干怪兽数 m。S' 的一个超集不能有更小的饼干怪兽数，因此 $\mathrm{CM}(S)\geqslant m$。但是根据引理 3，我们看到 $\mathrm{CM}(S)\leqslant m$。因此我们有$\mathrm{CM}(S)=m$。

2 的幂集合很重要，因为它们易于构造，而且我们知道它们的饼干怪兽数。它们成为了下面这条定理的关键组成部分。

定理 7：对于满足 $m\leqslant k<2^m$ 的任意 k 和 m，存在一个长度为 k 的罐子集合 S，使得 $\mathrm{CM}(S)=m$。

证明：给定的约束条件允许我们构建一个长度 k 满足 $2^{m-1}\leqslant s_k<2^m$ 的 2 的幂集合 S。在这个集合中，我们纳入了 2 的从 1 到 2^{m-1}的所有幂以及不超过 2^m 的任何其他 $k-m$ 个数。这个 2 的幂集合就具有所需的性质。

现在我们回到数列。假设 $s_1, s_2, \cdots$是一个无限递增数列。我们把这

个数列的前 k 个元素的集合记为 S_k，我们感兴趣的是 $\frac{CM(S_k)}{k}$ 这一比值及其渐近行为。

如果 $s_i = 2^{i-1}$，那么 $\frac{CM(S_k)}{k} = 1$。如果 $s_i = i$，那么 $\frac{CM(S_k)}{k} = \frac{\lfloor \log_2 k \rfloor + 1}{k}$，当 i 趋于无穷时，它趋于零。我们知道对于斐波那契数列，这个比值是 $\frac{1}{2}$；对于 3 阶那契数列，这个比值是 $\frac{2}{3}$；对 n 阶那契数列，这个比值是 $\frac{n-1}{n}$。那么其他比值呢？它们可能存在吗？

是的，它们确实存在。我们断言任何满足 $0 \leqslant r \leqslant 1$ 的比值 r 都是可能的。我们对任意给定的 r 用构造数列的方法来证明这一点。证明思路是取一个包含 2 的所有幂的数列，并根据需要向该数列中添加一些数字。让我们先明确地构造出这个数列。

6.1 数列

我们用归纳法来构建这个数列，从 $s_1 = 1$ 开始。那么由此可知 $\frac{CM(S_1)}{1} = 1 \geqslant r$。我们对自然数逐个加以处理，并根据以下两条规则决定是否要向数列中添加一个数字：

- 如果它是 2 的一个幂，我们总要添加它。
- 如果它不是 2 的幂，那么我们在所得比值不低于 r 的情况下添加它。

现在我们会研究这个数列，并证明关于它的几条引理。让我们用 s_i 来表示这个数列的各元素，用 $S_k = \{s_1, s_2, \cdots, s_k\}$ 来表示其前 k 个元素的集合，并用 r_k 来表示比值 $\frac{CM(S_k)}{k}$。根据结构可知 $r_k \geqslant r$。我们需要证明 $\lim_{k \to \infty} r_k = r$。

假设 $CM(S_k) = m$，则现在的比值 r_k 为 $\frac{m}{k}$。如果 s_{k+1} 是 2 的幂，那么

$r_{k+1}=\dfrac{m+1}{k+1}$，并且有以下差值

$$r_{k+1}-r_k=\frac{k-m}{k(k+1)}。$$

当$0\leqslant k-m<k$时，我们得到

$$0\leqslant r_{k+1}-r_k\leqslant\frac{1}{k+1}。$$

在这种情况下，比值不会降低，但是随着 k 的增长，增加的量必定会越来越小。如果 s_{k+1}不是 2 的幂，那么 $r_{k+1}=\dfrac{m}{k+1}$，且上述差值为 $r_{k+1}-r_k=-\dfrac{m}{k(k+1)}$。在这种情况下，比值总是递减。

引理 9：如果 $r=1$，则该数列只包含 2 的幂。如果 $r=0$，则该数列包含所有自然数。

证明：我们从那些数列第一项的比值 1 开始：$r_1=1$。数列中每一个非 2 的幂都会降低这个比值。因此如果 $r=1$，我们就不能包含非 2 的幂。如果 $r=0$，那么比值 r_k是正的，因此我们就包含了所有非 2 的幂。

前面这条引理中的数列产生比值 0 和 1，所以从现在开始我们可以假设 $0<r<1$。让我们看看如果在该数列中包含两个相继的 2 的幂之间的所有数，结果会发生什么。由于 2 的所有幂都存在于该数列中，因此我们用 k_m来表示在数列中的 2^m这个数的下标，即 $s_{k_m}=2^m$。因此，当 $k_{m-1}\leqslant k<k_m$时 $\mathrm{CM}(S_k)=m$。此外，我们还有 $r_{k_m}=\dfrac{m+1}{k_m}$。

引理 10：如果在数列的 k_m和 k_{m+1}之间，我们纳入所有非 2 的幂，则该比值有界，即$\dfrac{r_{k_{m+1}}}{r_{k_m}}\leqslant\dfrac{m+2}{2(m+1)}$。

证明：假设我们需要通过算法把 k_m 和 k_{m+1}之间的所有数加到数列中。因此我们有 $k_{m+1}=k_m+2^m$。于是这两个比值为 $r_{k_m}=\dfrac{m+1}{k_m}$和 $r_{k_{m+1}}=\dfrac{m+2}{k_m+2^m}$。所以这两个比值之比是

$$\frac{r_{k_{m+1}}}{r_{k_m}}=\frac{m+2}{m+1}\cdot\frac{k_m}{k_m+2^m}。$$

利用 $k_m\leqslant 2^m$ 这一事实,我们得到$\frac{r_{k_{m+1}}}{r_{k_m}}\leqslant\frac{m+2}{2(m+1)}$。因此随着 m 的增大,这一比值之比几乎减半。从 $m=3$ 开始,我们可以保证这个比值永远不会大于$\frac{2}{3}$。

推论 3:如果我们把 $m>2$ 的所有非 2 的幂都包含在内,那么这个比值由一个不依赖于 m 的常数界定,即$\frac{r_{k_{m+1}}}{r_{k_m}}<\frac{2}{3}$。

6.2 定理

现在我们准备好去证明以下定理。

定理 8:对于满足 $0\leqslant r\leqslant 1$ 的任意实数 r,存在着一个数列 s_i,它的前 k 个元素构成的具有饼干怪兽数的集合 $S_k=\{s_1,s_2,\cdots,s_k\}$ 满足当 k 趋于无穷时,$\frac{\mathrm{CM}(S_k)}{k}$趋于 r。

证明:如前所述,我们可以假设 $0<r<1$。对于给定的 r,我们构建第 6.1 中所描述过的那个数列。在构建该数列时,如果我们需要跳过下一个数,那么我们已经在$\frac{m}{k(k+1)}$的下列范围内逼近 r,即

$$r\leqslant r_k\leqslant r+\frac{m}{k(k+1)}\leqslant r+\frac{1}{k+1}。$$

如果我们的数列中包含除了有限个自然数之外的所有数,那么 r_k 趋于零。由于该比值不应小于 r,于是我们得出了一个矛盾。因此,我们必须去除无穷多个数。每次我们去除一个数,比值 r_k 都在$\frac{1}{k+1}$范围内接近 r。因此,随着每次去除下一个数,我们就会越来越接近 r。现在我们必须证明,我们不仅可以尽可能地接近 r,而且在此期间也不会偏离它太远。

取满足 $\varepsilon<\frac{r}{6}$ 的 ε,并考虑满足$\frac{1}{1+k}<\varepsilon$ 的 k。我们可以找到一个 t,

使得 $t>k$ 且 $r_t<r+\varepsilon$。因此我们已经在 ε 的距离内接近 r 了,我们继续构建这个数列。如果下一个数不是 2 的幂,那么这个比值就更接近于 r。当下一个数是 2 的幂时,这个比值的增加量不超过 ε。因此这个比值保持在 r 的 2ε 范围内,所以不会超过$\frac{4r}{3}$。

我们断言在这个 2 的幂之后,直到下一个 2 的幂之前,所有非 2 的幂都不能添加。事实上,如果能添加的话,那么该比值会降到$\frac{4r}{3}\times\frac{2}{3}<r$ 以下。因此,我们在第一次遇到 2 的幂之后,必须从这个数列中去除一个非 2 的幂。于是我们会再次接近这个比值,并至少在 ε 的范围内接近它。因此,对于大于 t 的那些数,这个比值对 r 的偏离永远不会超过 2ε。

致谢

"饼干怪兽"对于人们研究它的吃饼干策略感到很荣幸。饼干怪兽及本文的两位作者感谢 MIT-PRIMES 项目对本研究的支持。

参考文献

[1] M. Belzner. Emptying sets: The Cookie Monster problem. math. CO arXiv: 1304. 7508 (accessed August 2013).

[2] O. Bernardi and T. Khovanova. The Cookie Monster problem. http://blog. tanyakhovanova. com/? p=325 (accessed August 2013).

[3] P. Vaderlind, R. K. Guy, and L. C. Larson. *The Inquisitive Problem Solver*. Mathematical Association of America, Washington, DC, 2002.

[4] M. Cavers. Cookie Monster problem notes. University of Calgary Discrete Math Seminar, private communication, 2011.

[5] Wikipedia: The Free Encyclopedia. Fibonacci numbers. http://en. wikipedia. org/w/index. php? title = Fibonacci_number&oldid = 572271013 (accessed August 2013).

[6] Wikipedia: The Free Encyclopedia. Generalizations of Fibonacci numbers. http://en. wikipedia. org/w/index. php? title = Generalizations_of_Fibonacci_numbers&oldid = 560561954 (accessed August 2013).

十七、用斐波那契变式表示数字

卢卡斯

斐波那契数列及其各种变化形式是趣味数学中最受欢迎的数列之一,甚至有一本专门的期刊——《斐波那契季刊》(*The Fibonacci Quarterly*)来讨论它们。关于它们的书有很多,可参见邓拉普(Dunlap)[4]和瓦伊达(Vajda)[17]的著作。斐波那契数由递归关系$f_n=f_{n-1}+f_{n-2}$定义,其初始条件为$f_0=0,f_1=1$。它们的闭式表示为$f_k=\frac{\phi^k-(1-\phi)^k}{\sqrt{5}}$,其中$\phi=\frac{1+\sqrt{5}}{2}$是众所周知的黄金比例,还有专门论述其自身的书[如利维奥(Livio)的著作[13]]。

斐波那契数的一个特性是,每个自然数都可以唯一地表示为由$f_2=1$(因为$f_1=f_2=1$是重复的,而$f_0=0$对求和没有贡献)开始的互不相同的非相继斐波那契数之和。这是由泽肯多夫(Eduourd Zeckendorf)于1939年首次发现的,但他直到1972年才发表[19]。1952年,首次发表这一结果的是莱克尔克尔克(C. G. Lekkerkerker)[12]。因此,以这种形式表示自然数被称为其泽肯多夫表示形式,并且很容易用一个贪婪算法(greedy algorithm)找到:给定一个数字,减去小于或等于它的最大斐波那契数,然后重复这一过程,直到整个数字被减完。例如,考虑825这个数。小于825的最大斐波那契数是$f_{15}=610$,而$825-610=215$。然后继续这一过程,此时小于215的最大斐波那契数是$f_{12}=144$,而$215-144=71$。同理,$f_{10}=55$,而$71-55=16$,$f_7=13$,而$16-13=3$,最后得到$f_4=3$。因此,825这个数可写成$825=f_{15}+f_{12}+f_{10}+f_7+f_4$,又可表示为$(10010100100100)_Z$,其中的下标$Z$表示泽肯多夫表示形式,而从右到左的各位数字表明$f_2$、$f_3$等是否包括在表示这个数的和式之中。

在自然数的泽肯多夫表示形式中的斐波那契数不相继,这意味着可以使用一对1来分隔一个列表中的数。这意味着一个列表中的不同数可以用不同的数字个数来表示,称为可变长度编码(variable-length encoding)。传统上,使用(给定基数的)固定数字个数来表示一个列表中的每个数,这就可能会浪费空间。我们比较了使用泽肯多夫形式与使用固定数字个数的传统二进制来表示数字的效率,并说明什么时候使用泽肯多夫形式更可取。我们还会看到使用泽肯多夫形式的变化形式时会发生什么。

我们不仅可以把自然数表示为斐波那契数之和,还可以直接用它们的泽肯多夫形式进行算术运算。本文概述了过往用泽肯多夫表示形式进行算术运算的处理方法,也介绍了一些改进方法。

1. 泽肯多夫的证明

证明泽肯多夫表示形式存在,并且对于每一个自然数都是唯一的,这很简单,因此可以在此给出。存在性是通过归纳法来证明的,从 $1=f_2$,$2=f_3$,$3=f_4$开始。如果我们假设直到 n 的每个自然数都有一个泽肯多夫表示形式,那么请考虑 $n+1$。如果它是一个斐波那契数,那么证明就完毕了。否则,存在着某个 j,使得$f_j<n+1<f_{j+1}$。由于 $n+1-f_j<n$,因此它有一个泽肯多夫表示形式。此外,由于 $n+1-f_j<f_{j+1}-f_j=f_{j-1}$,所以它就不同时包含$f_j$和$f_{j-1}$。因此,$n+1$ 的泽肯多夫表示形式就是包含了f_j的 $n+1-f_j$的泽肯多夫表示形式,并且该表示形式中的每个斐波那契数最多出现一次,而且不是相继的。通过归纳法,我们证明完毕。

在证明唯一性之前,我们需要有以下结果:任意互不相同的、非相继的斐波那契数,其中最大的是f_n,它们的和严格小于f_{n+1}。我们仍然可以使用归纳法。因为$f_2=1<f_3=2$,$f_3=2<f_4=3$,$f_2+f_4=4<f_5=5$,所以一开始是正确的。现在假设任意互不相同的、非相继的斐波那契数,其中最大的是f_n,它们的和严格小于f_{n+1}。那么一个最大数为f_{n+1}的和可分解为f_{n+1}与最大斐波那契数不超过f_{n-1}的一个和。根据假设,这个和严格小于f_n。因此,这个组合严格小于$f_n+f_{n+1}=f_{n+2}$。证明完毕。

现在来证明唯一性。假设有两个互不相同的、非相继的斐波那契数集合 A 和 B,它们具有相同的和。如果存在任何一些斐波那契数是两个集合共有的,那就通过差集操作把它们从两个集合里都删除,并设 C 和 D 是它们的差:$C=A-B$,$D=B-A$。因为同样的斐波那契数从 A 和 B 都删除了,因此这两个较小集合 C 和 D 中的斐波那契数仍然有相同的和,并且没有共有的数。设f_c和f_d分别为 C 和 D 中的最大元素，由于不存在共有的数，因此$f_c \neq f_d$。此外，在不失一般性的前提下，假设$f_c > f_d$。但是根据我们之前的结果，D 的和严格小于f_{d+1}，因此也必定严格小于f_c。但是 C 的和不小于f_c。唯一可能的情况是 C 和 D 实际上是和为 0 的空集。这就意味着集合 A 和 B 必定是相同的，因此我们确实有一个唯一的表示。

2. 数字表示法的效率

数的泽肯多夫表示形式是由 0 和 1 组成的一个字符串，看起来很像以 2 为基数的表示法。然而，它们是完全不同的。例如，825（ $=512+256+32+16+8+1$）以 2 为基数的表示形式为$(1100111001)_2$。这比它的泽肯多夫表示形式需要的位数要少，因此在所需位数方面效率更高。事实上，一个自然数以 2 为基数的表示形式总是比它的泽肯多夫表示形式要短，因为基数越大，所需位数就越少。泽肯多夫形式并没有正规的基数，但由于 $\phi \approx 1.618$ 和 $1-\phi \approx -0.618$，因此f_k是最接近$\frac{\phi_k}{\sqrt{5}}$的自然数，于是斐波那契数之间的比值接近 ϕ。由此可知，泽肯多夫表示形式的基数约是 $\phi \approx 1.618 < 2$，因此比二进制的效率要低。

2.1 自然数列表

尽管泽肯多夫表示形式的效率（就所需位数而言）不如二进制，但它的一大优点是不会包含一对相继的 1。因此，不必使用固定位数来表示列表中的各个自然数，而是可以为每个数使用必要多的位数，而用一对 1 来分隔相继的数。如果我们逆转各位数字的顺序，将最低有效位到最高有效位从左到右排列，那么我们甚至可以做得更好。通过逆转我们书写数字的标准方式，在一个数的泽肯多夫表示形式中，最右边的数字总是 1。所以当用一对 1 来分隔数字时，第一个 1 是第一个数的组成部分，只有第二个 1 是数之间的分隔符。例如，数字串“1001010111000101101l”可以分为“10010101”“1000101”和“01”，或者写成$f_2+f_5+f_7+f_9$、$f_2+f_6+f_8$和f_3，又或者写成 53、30 和 2。

这种逆向表示一个列表中的数的方法,有时被称为斐波那契编码(Fibonacci coding),在预先不知道列表中的数的范围时尤其适用。在这种情况下,使用以 2 为基数的固定位数的二进制数字(比特)表示是有问题的。我们可能会高估了数的大小,浪费了以 2 为基数的空间,或者低估了数的大小,于是会出现一些无法表示的数。

即使我们确切知道列表中预期的数的范围,斐波那契编码也会在一些情况下优于传统的以 2 为基数的编码。例如,考虑一些数的一个列表,已知它们的范围是从 1 到 1×10^6,其中每个数是等可能的$\left(出现概率都是\frac{9999}{100000}\right)$。在此范围内,如果用以 2 为基数的数的表示法,那么每个数至少需要 20 比特。如果使用斐波那契编码,那么在相同的数分布下,平均每个数需要 27.8 比特,占用更多的空间,因此效率更低。但如果从 1 到 10 的数是等可能的,而 1×10^6 出现的概率只有万分之一,那么以 2 为基数的列表仍然是每个数需要 20 比特,但斐波那契编码减少到平均每个数只需要 4.6 比特。虽然这可能是一个极端情况,但节约是可观的,尤其是当较小的数出现可能性较高的时候。作为另外一个例子,请考虑用泊松分布$\left[P(X=k)=\frac{\lambda^k e^{-\lambda}}{k!},其中\ \lambda=4\right]$选择的非负整数。实际上,输出的是从 1 到 31 的整数。采用斐波那契编码,每个数需要 4.6 比特。采用二进制,每个数会需要 5 比特。在后两种情况下,用斐波那契编码来写出这些数的列表的效率更高。

2.2 任意实数和连分数

有一个以前没有应用过斐波那契编码而又特别适合应用它的领域——将任意实数表示为连分数。实数的连分数表示本质上就是自然数的一个列表。该列表的上界是预先不知道的,而且较小的自然数比较大的自然数出现的频率更高。

在此提醒一下读者,连分数与用整数除法求两个自然数的最大公约数的算法密切相关。例如,给定 236 和 24,我们可以依次求出 236 = 9 ×

$24+20$，$24=1\times20+4$ 及 $20=5\times4+0$，而这说明 $\gcd(236,24)=4$。但是我们也可以利用这些步骤写出

$$\frac{236}{24}=9+\frac{20}{24}=9+\frac{1}{\frac{24}{20}}=9+\frac{1}{1+\frac{4}{20}}=9+\frac{1}{1+\frac{1}{\frac{20}{4}}}=9+\frac{1}{1+\frac{1}{5}}。$$

任何分数都可以改写成这种分数里套分数的形式（因此称为"连分数"），所有分数的分子都是1。一种常见的、更为紧凑的表示法是将其改写为 $\frac{236}{24}=[9;1,5]$。一般来说，一个（正）分式的简单连分数是

$$\frac{p}{q}=b_0+\cfrac{1}{b_1+\cfrac{1}{b_2+\cfrac{\vdots}{b_{i-1}+\cfrac{1}{b_i}}}}\equiv[b_0;b_1,b_2,\cdots,b_i],$$

其中 b_0 是一个整数，而当 $i>0$ 时，b_i 都是自然数。当连分数表示的项数变得多时，右边的紧凑表示法要方便得多。b_i 等传统上被称为"部分商"。让我们用符号 $\lfloor x\rfloor$ 来表示小于或等于 x 的最大整数，称为"x 向下取整"。于是求部分商的算法（改编自整数除法）是：给定某个实数 x，令 $x_0=x$，$b_0=\lfloor x_0\rfloor$，那么对于 $i=1,2,\cdots$，有

$$x_i=\frac{1}{x_{i-1}-b_{i-1}}\text{和 } b_i=\lfloor x_i\rfloor。$$

如果 x 是有理数，最终就会有某个 x_i 是整数，于是连分数终止。如果 x 是无理数，那么这个部分商数列就会无穷无尽地继续下去。对于 $x=\frac{236}{24}$ 这个例子，其结果是

$$x_0=\frac{236}{24},\qquad b_0=\left\lfloor\frac{236}{24}\right\rfloor=9,$$

$$x_1=\frac{1}{\frac{236}{24}-9}=\frac{1}{\frac{5}{6}}=\frac{6}{5},\quad b_1=\left\lfloor\frac{6}{5}\right\rfloor=1,$$

$$x_2=\frac{1}{\frac{6}{5}-1}=\frac{1}{\frac{1}{5}}=5,\qquad b_2=\lfloor 5\rfloor=5,$$

于是证明完毕。

连分数有许多优雅的特征,奥尔兹给出了一个简单的介绍[15]。许多关于数论的入门文献[其中包括哈迪(Hardy)和赖特(Wright)]的经典著作[10]中都有一章介绍连分数,但与本文相关的是高斯-库兹明定理(Gauss-Kuzmin theorem)。这条定理告诉我们,对于几乎所有在 0 到 1 之间的无理数,当 $n\to\infty$ 时,第 n 个部分商是 k 的概率为

$$\lim_{n\to\infty}P(k_n=k)=-\log_2\left(1-\frac{1}{(k+1)^2}\right)。$$

欣钦(A. Ya. Khinchin)对这个结果给出了一个特别清晰的推导[11]。从我们的角度来看,它的重要性在于在连分数表示中,可能出现任意大的部分商,但这种可能性越来越小。表 17.1 给出了在任意无理数的连分数表示中,前几个自然数以任意给定的部分商形式出现的概率,以及较大部分商可能出现的概率。由此可见,斐波那契编码是表示任意无理数的连分数部分商的理想选择。

表 17.1　在随机连分数中各不同部分商出现的概率

k	概率	k	概率
1	0.415 037	10	0.011 973
2	0.169 925	100	$1.414\,34\times10^{-4}$
3	0.093 109	1000	$1.439\,81\times10^{-6}$
4	0.058 894	10 000	$1.442\,41\times10^{-8}$
5	0.040 642		
6	0.029 747	(10,100)	$1.255\,31\times10^{-1}$
7	0.022 720	(100,1000)	$1.421\,39\times10^{-2}$
8	0.017 922	(1000,10 000)	$1.440\,53\times10^{-3}$
9	0.014 500	>10 000	$1.442\,48\times10^{-4}$

例如,考虑 ln2,它的前 2 万个部分商总结在表 17.2 中。由于只有 2 万个部分商可用,因此有些概率并不恰好等于理论分布中的那些概率,但它们极为接近。最大的部分商恰好是 963 664。如果我们事先知道这一

点，就可以用二进制来编码这个连分数，每个数需要 20 比特。这些部分商的斐波那契编码平均每个数只需要惊人的 3.74 比特。我们不仅不需要事先知道该数列中最大的数，而且有一种非常紧凑的表示该数列的方法。为了便于比较，洛希定理（Lochs' theorem）的一种形式[14,18]指出，如果 m 是一个数的连分数展开的项数，而 p 是将一个数的连分数转换为二进制表示时该连分数中正确位数的个数，那么下式几乎总是成立：

$$\lim_{n\to\infty}\frac{m}{n}=\frac{6(\ln 2)^2}{\pi^2}\approx 0.292。$$

假设有一个足够长的连分数，这就告诉我们，一个有 m 个部分商的数，以 2 为基数时的精度约为 $3.42m$ 个比特。由于 $3.74>3.42$，因此 ln2 的二进制表示比其连分数的斐波那契编码效率稍高些，约高 68 000 位二进制数或约 20 000 位十进制数。但是我们失去了由连分数部分商给出的所有额外信息。

表 17.2　ln2 中出现的前 2 万个部分商的概率

k	概率	k	概率
1	0.4152	10	0.012 85
2	0.1668	100	2.5×10^{-4}
3	0.094 05	1000	0
4	0.0577	10 000	0
5	0.0397		
6	0.030 65	(10,100)	1.284×10^{-1}
7	0.0222	(100,1000)	1.45×10^{-2}
8	0.0179	(1000,10 000)	1.65×10^{-3}
9	0.0145	>10 000	1.5×10^{-4}

作为另一个例子，请考虑 π 的前 2 万个部分商。在这种情况下，最大的部分商是 74 174，而斐波那契编码每个数需要有 3.71 比特。π 的情况比 ln2 的情况略好，但仍然比纯二进制表示略差。

总之，对于较小的数比较大的数出现的频率更高的自然数列表，使用斐波那契编码比传统的二进制表示更为紧凑。在表示任意无理数的部分商列表时，如果除了数的大小不同以外，还没有规定的上限，那么这一点就更为突出。遗憾的是，如果您感兴趣的只是一种高精度表示，那么二进制表示仍然比斐波那契编码的连分数表示稍微高效一些。

3. 推广的斐波那契编码

我们已经看到泽肯多夫表示形式的实际基数是 $\phi \approx 1.617 < 2$，因此比传统的二进制需要更多位数。不过，我们没有理由局限于传统的斐波那契数。《斐波那契季刊》中充满了斐波那契数列的许多变化形式。3 阶那契数列定义为 $t_n = t_{n-1} + t_{n-2} + t_{n-3}$，其中 $t_{-1} = t_0 = 0, t_1 = 1$，而接下去是 1,2,4,7,13,24,44,…。4 阶那契数列定义为 $u_n = u_{n-1} + u_{n-2} + u_{n-3} + u_{n-4}$，其中 $u_{-2} = u_{-1} = u_0 = 0, u_1 = 1$，而接下去是 1,2,4,8,15,29,56,…。对这些数列最早的描述可以追溯到1963 年的范伯格(Feinberg)[5]。与斐波那契数一样，每个数都可以被唯一地表示为 3 阶那契数之和或 4 阶那契数之和。在一个 3 阶那契表示中不可能出现三个相继的 1，而在一个 4 阶那契表示中不可能出现四个相继的 1。这些是可以用来表示任意整数的数列的一些特例，如弗伦克尔(Fraenkel)所述[7]。我们对这些表示的兴趣在于，3 阶那契数的增长方式如同 x^n，其中 x 是 $x^3 - x^2 - x - 1 = 0$ 的最大根，或者说大约是 1.8393；而 4 阶那契数的增长方式也如同 x^n，但其中 x 是 $x^4 - x^3 - x^2 - x - 1 = 0$ 的最大根，或者说大约是 1.927 6。这些根比黄金分割比(golden ratio)更接近于 2，因此使用这些数列表示自然数所需的位数将更接近于使用二进制数来表示所需的位数，从而保持了可变长度编码的优势。缺点是分隔数字所需的那些重复出现的 1 的数量增加了。

我们没有理由到了 4 阶那契数就停下来，尽管此时命名约定变得很累赘。将一个 k 阶那契数列定义为

$$u_n = \sum_{i=1}^{n} u_{n-i}，其中 u_1 = 1, i < 0 时 u_i = 0。$$

那么斐波那契数、3 阶那契数和 4 阶那契数就分别是 $k = 2$、$k = 3$ 和 $k = 4$

的情况。5 阶那契数、6 阶那契数和 7 阶那契数的增长形式分别如同 1.9659^n、1.9836^n 和 1.9920^n，并且它们的实际基数正在接近 2。由于有 $k-1$ 位用于在可变长度编码中分隔不同的数字，因此会有一些最佳的 k 阶那契数列来最小化一个数列的编码长度，这取决于其中数的分布。

让我们回来讨论将斐波那契编码与二进制进行比较的那些例子。表 17.3 列出了各种不同的例子，对于 k 的不同值，k 阶那契编码平均需要多少个比特。对于均匀分布的数，4 阶那契数是最好的数列，但我们碰巧知道当 100 万为上界时，它仍然不如二进制。在其他所有情况下，斐波那契编码都更优越。糟糕的是，增大实际基数缩短了所需数列的长度，但由此获得的收益已被分隔各数所需的额外位数抵消了。

表 17.3　k 阶那契表示所需的比特数

k	(a)	(b)	(c)	(d)	(e)
2	27.82	4.60	4.57	3.74	3.71
3	23.34	5.00	4.96	4.35	4.33
4	22.86	5.90	5.85	5.28	5.27
5	23.40	6.90	6.85	6.26	6.25

注：上表所示为 k 阶那契表示的平均比特数：(a) 等间距，1 到 1 百万；(b) 不均匀分布，1 到 10 和 100 万；(c) $\lambda=4$ 的泊松分布；(d) ln 2 的部分商；(e) π 的部分商。

4. 算法

自然数不仅可以表示为斐波那契数之和，而且可以很容易地用这种形式对它们进行算术运算。这里我们回到泽肯多夫形式，其最高有效数位在左边。在将斐波那契数组合起来之后，结果得到的这些数字之和通常不会以泽肯多夫形式出现，因为它会包含一对相继的 1 或大于 1 的数。幸运的是，通过将下面两条规则组合起来应用，斐波那契数之和就可以轻松地回归泽肯多夫形式，这两条规则是：

- 消对规则：由于我们有 $f_n=f_{n-1}+f_{n-2}$ 或 $f_n-f_{n-1}-f_{n-2}=0$，因此从相继的各位数字中减去 1，就是直接在它们的左边一位数字上加

1，这可以表示为变换$(\cdots(+1)(-1)(-1)\cdots)_Z$。

- 去二规则：从$f_n=f_{n-1}+f_{n-2}$中减去$f_{n+1}=f_n+f_{n-1}$，得到$f_{n+1}+f_{n-2}-2f_n=0$。从一位数字中减去2，就是在它左边一位数字上加1（就像普通二进制进位一样），还要在向右的第二位数字上加1。这可以表示为变换$(\cdots(+1)(-2)(0)(+1)\cdots)$，其中(0)表示这一位数字没有变化。正是这种非标准进位使得用泽肯多夫表示形式进行算术运算更加有趣。

用去二规则进行非标准进位，就意味着我们在接近该数的右边缘时需要更加小心。由于$2f_1=f_2$，$2f_2=f_3+f_1$，因此去二规则在右边缘的特别情况下应为$(\cdots(+1)(-2))_Z$和$(\cdots(+1)(-2)(+1))_Z$。

4.1 加法

要将泽肯多夫形式的数相加，我们只需要将各位数相加，然后根据需要应用消对规则和去二规则将其和写回泽肯多夫形式。例如，

$$(101001001)_F+(100101001)_F=(201102002)_F$$

其中的下标F表示斐波那契表示形式。回到泽肯多夫形式的过程用棋盘格表示最容易实现可视化，其中的各个框表示相继的斐波那契数，而一个框中的筹码数量则表示需要多少个该斐波那契数。消对规则和去二规则控制筹码的移动方式。图17.1显示了将$(201102002)_F$回归泽肯多夫形式的一种方法。最上面一行表示$(201102002)_F$。随后，图中相继的每一行显示了应用消对规则（三次）、去二规则（一次）和消对规则（一次）如何使筹码以泽肯多夫形式分布。得到结果为$(10000010101)_Z$。

在本例中，我们在返回泽肯多夫形式的过程中没有应用一种系统化的方法。弗赖塔格（Freitag）和菲利普斯（Phillips）[8]在1998年和芬威克（Fenwick）[6]在2003年对加法的早期讨论中，并没有提出一种系统化的方法。2002年，蒂（Tee）[16]提出了一种递归的方法，它具有相当悲观的下限$O(n^3)$，即回到泽肯多夫形式需要应用消对规则或去二规则的次数与位数n的立方成正比。2013年，阿尔巴赫（Ahlbach）等人表明，应用消对规则或去二规则恰好$3n$次，就可以使一个和回归泽肯多夫形式[1]。他

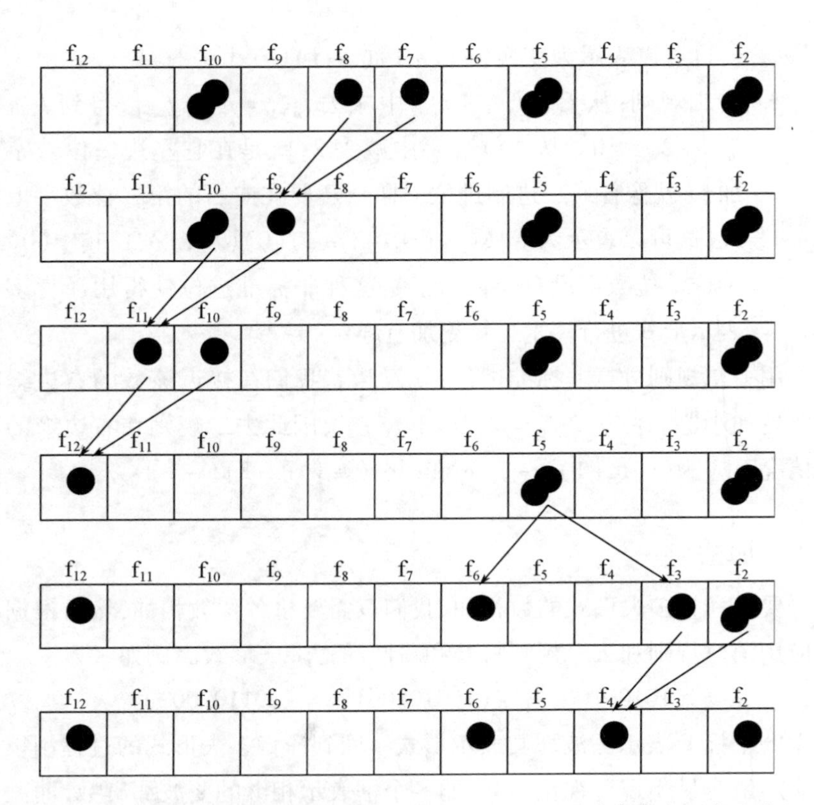

图 17.1 使用棋盘格可视化地表示使$(201102002)_F$回到泽肯多夫形式的过程。

们的算法是三次遍历各位数字,查看由四个相继数字构成的组。具体地说,第一次遍历从左到右执行替换(x 是任意数字)$020x \to 100(x+1)$、$030x \to 110(x+1)$、$021x \to 110x$ 和 $012x \to 101x$。他们证明,这次遍历结合最后的清理操作,会消除表示中所有的 2。从右到左的第二次遍历执行替换 $011 \to 100$,这将消除表示中的 1011 模式,而从左到右的第三次遍历重复第二次遍历,消除任何剩余的相继的 1,而不增加额外的相继的 1。

在这里,我介绍一种方法,它是对阿尔巴赫等人方法的改进,将流程简化为两次遍历[1]。开始是同样的第一次遍历,去除所有的 2。然后插入一个前导 0,再从左到右的第二次遍历执行替换 $(01)^k 1 \to 1(0)^{2k}$,其中符号 $(01)^k$ 表示 0 和 1 这对数字出现 k 次。这次遍历处理 1 的长序列的任何可能的进位。使用一对指针单单进行一次传递就可以实现,其中一根指针位于第一个01对处,第二根指针向右移动。如果找到一对相继的0,则可以移动左边的指针,使其与右指针匹配,然后继续遍历这个数。我们无法进一步提高效率,因为由去二规则得出的进位是双向进行的。

例如,让我们重新考虑$(201102002)_F$。应用第一次从左到右的遍历(带有插入的前导0),可以得到序列

$(0201102002)_F \to (1002102002)_F \to (1011002002)_F \to (1011010012)_F \to (1011010101)_F$.

第二次遍历得到序列$(01011010101)_F \to (10000010101)_F$,这就得出了与前文相同的结果。

4.2 减法

和加法一样,减法也可以用多种方法来做。最简单的是一种重新分配的形式,这就是目前大多数美国小学所教的方法。对于各位数字逐位进行,我们有$0-0=0$,$1-0=1$,和$1-1=0$。在$0-1$的情况下,我们到第一个数的各位数字的左边找到第一个1。逆向应用消对规则,然后用011替换三位数字100。对新的这些1的最右边一位重复这个步骤,直到第一个数中有一个可以删去的1。最右边一位数是一个特殊情况,在必要的情况下,我们要在做减法之前用$(02)_Z$来替换$(10)_Z$。

使用这一技巧之后,得出的这个数可能不具有泽肯多夫形式,但肯定不会包含任何2。因此,用上面描述的用于加法的新方法进行单单一次遍历,就可以将其化简到泽肯多夫形式。因此,在最差的情况下,减法本质上可以通过三次遍历做成。在最差的情况下,重新分配步骤需要在整个第一个数的上下移动(最坏情况下需要两次遍历),然后通过一次遍历消除成对的1。例如,考虑$(101000010)_Z-(010000101)_Z$。通过重新分配协调数字需要三次应用消对规则,于是将问题更换成$(011101102)_Z-(010000101)_Z=(1101001)_Z$。再消除成对的1得到$(10001001)_Z$,即最终答案。

值得一提的是,苏威克[6]最初推荐了这种重新分配方法,随后又推荐了一种复杂得多的补数方法。蒂也提出一个缓慢的$O(n^3)$算法。阿尔巴

赫等人只是将各位数相减,并额外增加一次的遍历来消除负的数位,然后使用他们的加法算法,结果是总共四次遍历。本文的方法是效率最高的。

4.3 乘法

文献记载了四种不同的乘法运算方法。弗赖塔格和菲利普斯采用与传统逐位乘法相同的方法,将数相乘就是将出现在这些数的泽肯多夫表示形式中的斐波那契数的乘积相加。他们证明了下列奇数和偶数的规则:

$$f_m f_{2i} = \sum_{j=0}^{i-1} f_{m+2i-2-4j}, f_m f_{2i+1} = f_{m-2i} + \sum_{j=0}^{i-1} f_{m+2i-1-4j},$$

它们分别在 $m > 2i$ 和 $m > 2i+1$ 时成立。他们建议在每次相加后都转换回泽肯多夫形式,以避免各位数变得任意大。

蒂建议使用俄罗斯农民(Russian Peasant)乘法,其代数形式可以写成:如果 y 是偶数,那么 $xy = (2x)\left(\frac{y}{2}\right)$,否则 $xy = x + x(y-1) = x + (2x)\left(\frac{y-1}{2}\right)$。将用泽肯多夫形式表示的一个数加倍很简单:只需将每个1替换为2,然后再回到泽肯多夫形式。这需要用这种新技巧遍历三次。使用逆向消对规则(…(-1)(+1)(+1)…),减半运算也同样简单。从左到右,将逆向消对规则应用于任何1或3(各个3可能由多次加法的累积而产生)。一开始忽略各个2,而在这一次遍历之后,各位数字都将是0或2,只有最后一对可能除外。若要减半,则用1替换2,最后一对数字标识该数最初是否为奇数。最后两位数字减半的特例如下,其中T表示奇数,F表示不是奇数,我们有

$$(00)\to(00)_F, (01)\to(00)_T, (10)\to(01)_F,$$
$$(11)\to(01)_T, (12)\to(10)_F, (20)\to(10)_F,$$
$$(21)\to(10)_T, (22)\to(11)_F, (31)\to(11)_T。$$

需要再遍历一次才能消除一对对的1。例如,对于45,我们有 $(10010100)_F \to (01110100)_F \to (00220100)_F \to (00220011)_F$。将其减半并对(11)应用最后一次消对规则,我们得到 $(110001)_T$,下标"T"表示奇

数。最后一次遍历将其替换为$(1000001)_F=22$,这是45的一半,而45是一个奇数。

芬威克提出了埃及乘法的一种变化形式。这种形式不加倍,而是将前两个数相加。遗憾的是,这种技术的效率不如俄罗斯农民乘法,因为加法比加倍多。

纳皮尔(John Napier)使用棋盘格进行二进制形式的加法和乘法(如加德纳所述[9]),这种方法激发了最后一种乘法技巧。首先,用斐波那契数的泽肯多夫形式来标记各行各列。于是,由于每个数都可表示为一组斐波那契数之和,因此根据分配律,它们的乘积可以作为筹码来布局,其中每一列与第一个数相关联,每一行与第二个数相关联。例如,考虑25×18或$(1000101)_Z\times(101000)_Z$。图17.2显示了初始布局。我已经圈出了用于表示第一个和第二个数的相关斐波那契数。

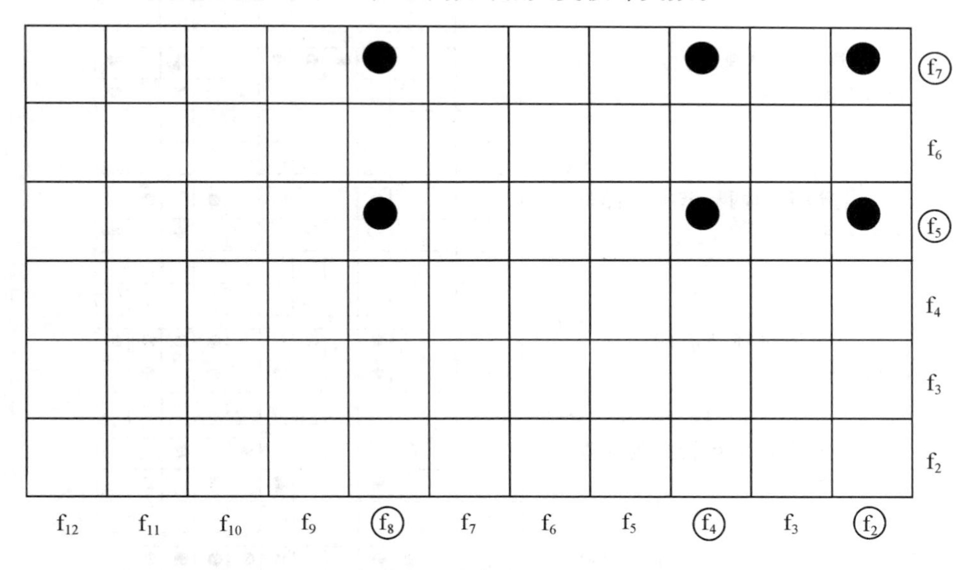

图17.2 使用棋盘格的泽肯多夫形式乘法的初始布局。

我们现在想使这个数回归泽肯多夫形式,用这种形式既可以处理纵向的列,也可以处理横向的行。一种系统的方法是,在竖直方向逆向使用消对规则除去第一行中的每个筹码,然后使用相加的方法将已改变的各行返回到泽肯多夫形式。我们重复这个过程,直到只剩下最下面的一行。

与加法一样，在最后一步中需要略加注意。图 17.3 显示了 25 × 18 的中间步骤。虽然它看起来可能不像一个十分明显的图形，但是在棋盘上实地四处移动筹码并应用消对规则和去二规则是一个很容易遵循的过程。利用二维数组也很容易用计算机实现。这里的方法与弗赖塔格和菲利普斯的方法有相似之处，但二维数组能否减少工作量，还不是很明显。

(i) 逆向消对规则应用于初始的最上面一行

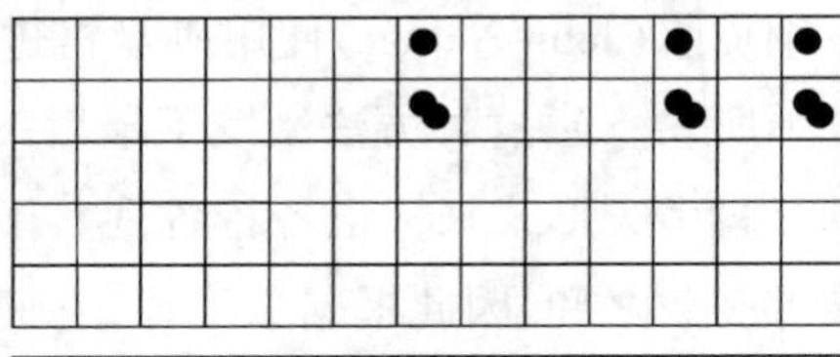

(ii) 将最上面两行转换为泽肯多夫形式

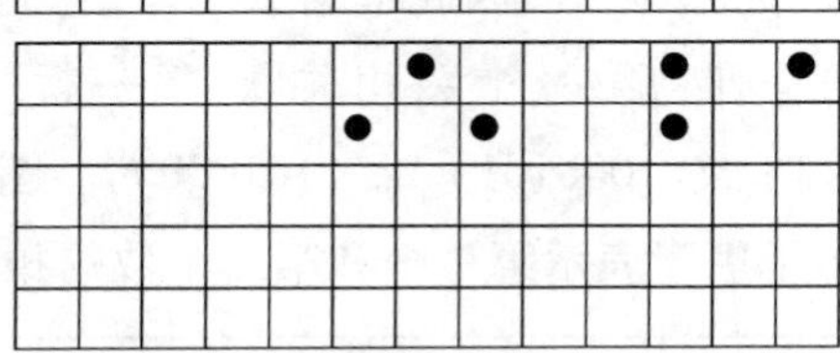

(iii) 逆向消对规则应用于(ii)的最上面一行

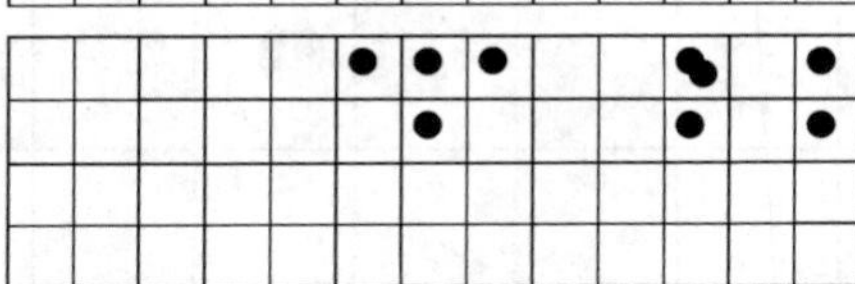

(iv) 将最上面两行转换为泽肯多夫形式

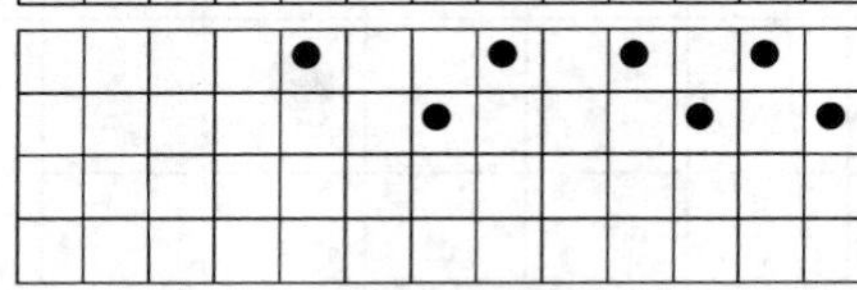

(v) 逆向消对规则应用于(iv)的最上面一行

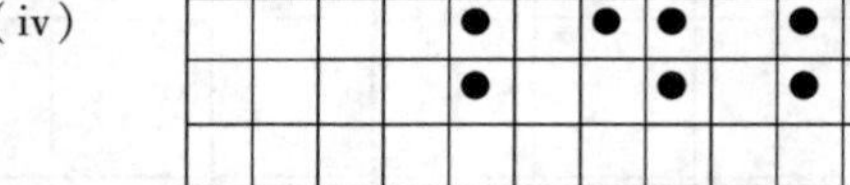

(vi) 将最上面两行转换为泽肯多夫形式

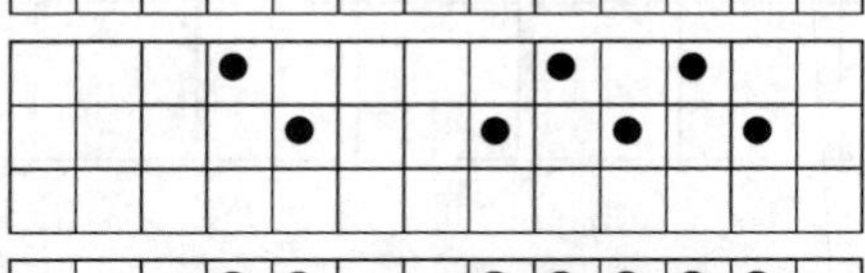

(vii) 逆向消对规则应用于(vi)的最上面一行

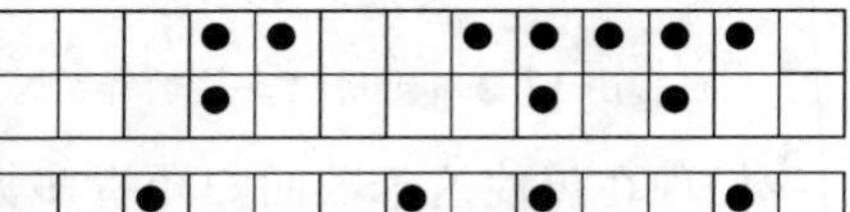

(viii) 将最上面两行转换为泽肯多夫形式

(ix) 逆向消对规则应用于(viii)的最上面一行

(x) 转换为泽肯多夫形式

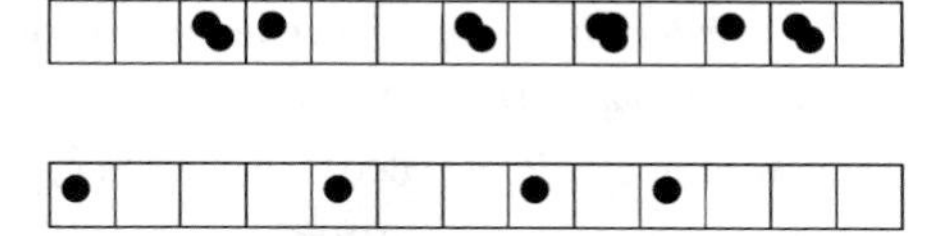

图 17.3　用泽肯多夫形式在棋盘格上进行乘法的中间步骤。

请注意,阿尔巴赫等人避免了乘法,他们的方法是转换为二进制,用二进制形式相乘,然后再转换回泽肯多夫形式。

5. 结论

我们已经看到,泽肯多夫表示法是表示一连串自然数的一种极好的方法,特别是当事先不知道这串数的最大值时,或者较小的数比较大的数出现的可能性更高时。这种技巧在表示构成任意无理数的连分数表示形式的部分商序列时特别有用。虽然可以推广到每个数都等于前面两个以上数之和的那些数列,但结果证明这样的做法效用有限。

我们还看到,为什么用泽肯多夫形式做数的加法和减法是一项非常简单的任务,并展示了一种更加高效的新方法,用于使一个数列回归泽肯多夫形式。我们还看到了四种不同的相乘方法,以及使用棋盘格作为计算工具具有某种优雅性。

有许多未来的方向需要考虑。这些相乘的算法中,哪种效率最高?这取决于乘数的大小吗?在我们引用过的作者中,有一些已经提出了整数相除(商和余数)算法。它们相比之下表现如何?特别是与这里介绍的这种新的、高效的相加算法相比之下表现如何?此外,邦德(Bunder)展示了如何用负系数的斐波那契数来表示所有整数[3]。安德森(Anderson)和比克内尔 - 约翰逊(Bicknell-Johnson)[2]展示了如何用基于 k 阶那契数列的向量来表示$\mathbb{Z}^{k-1}$中的点。我们能用同样的方法对它们进行算术运算吗?

参考文献

[1] C. Ahlbach, J. Usatine, C. Frougny, and N. Pippenger. Efficient algorithms for Zeckendorf arithmetic. *Fibonacci Quart.* **51** No. 3 (2013) 249 – 255.

[2] P. G. Anderson and M. Bicknell-Johnson. Multidimensional Zeckendorf representations. *Fibonacci Quart.* **49** No. 1 (2011) 4 – 9.

[3] M. W. Bunder. Zeckendorf representations using negative Fibonacci numbers. *Fibonacci Quart.* **30** No. 2 (1992) 111 – 115.

[4] R. A. Dunlap, *The Golden Ratio and Fibonacci Numbers.* World Scientific, Singapore, 1998.

[5] M. Feinberg. Fibonacci-tribonacci. *Fibonacci Quart.* **1** No. 3 (1963) 71 – 74.

[6] P. Fenwick. Zeckendorf integer arithmetic. *Fibonacci Quart.* **41** No. 5 (2003) 405 – 413.

[7] A. S. Fraenkel, Systems of numeration. *Am. Math. Monthly* **92** No. 2 (1985) 105 – 114.

[8] H. T. Freitag and G. M. Phillips. Elements of Zeckendorf arithmetic, in G. E. Bergum, A. N. Philippou and A. F. Horadam, editors, *Applications of Fibonacci Numbers*, Volume 7, p. 129. Kluwer, Dordrecht, 1998.

[9] M. Gardner. *Knotted Doughnuts and Other Mathematical Entertainments.* W. H. Freeman and Company, New York, 1986.

[10] G. H. Hardy and E. M. Wright. *An Introduction to the Theory of Numbers*, fifth edition. Oxford University Press, London, 1979.

[11] A. Ya. Khinchin. *Continued Fractions.* Dover, Mineola, NY, 1997 (originally published by University of Chicago Press, 1964).

[12] C. G. Lekkerkerker. Voorstelling van natuurlijke getallen door een som van getallen van Fibonacci. *Simon Stevin* **29** (1952) 190 – 195.

[13] M. Livio. *The Golden Ratio: The Story of ϕ, the World's Most Astonishing Number.* Broadway Books, New York, 2003.

[14] G. Lochs. Vergleich der Genauigkeit von Dezimalbruch und Kettenbruch. *Abh. Hamburg Univ. Math. Sem.* **27** (1964) 142 – 144.

[15] C. D. Olds. *Continued Fractions.* Random House, New York, 1963.

[16] G. J. Tee. Russian peasant multiplication and Egyptian division in Zeckendorf arithmetic. *Austral. Math. Soc. Gaz.* **30** No. 5 (2003) 267 – 276.

[17] S. Vajda. *Fibonacci and Lucas Numbers, and the Golden Section: Theory and Applications.* Dover, Mineola, NY, 2007.

[18] E. W. Weisstein. Lochs' theorem. MathWorld—A Wolfram Web Resource. http://mathworld.wolfram.com/LochsTheorem.html (accessed April 2015)

[19] E. Zeckendorf. Représentation des nombres naturels par une somme de nombres de Fibonacci ou de nombres de Lucas. *Bull. Soc. Roy. Sci. Liége* 41 (1972) 179 – 182.

关于编者

拜内克是马萨诸塞州斯普林菲尔德市西新英格兰大学的数学教授。她在印第安纳州西拉法耶特的普渡大学获得数学和法语学士学位,并于1997年在加州大学洛杉矶分校获得博士学位。她在康涅狄格州哈特福德的三一学院担任访问学者,并在那里获得了阿瑟·H.休斯杰出教学成就奖。最近她在解析数论领域的研究重点是黎曼 ζ 函数的矩。她喜欢与别人分享她对数学的热爱,尤其是对数论和趣味数学的热爱。她经常和丈夫、父母及三个孩子中的一位或几位一起参加数学会议。

罗森豪斯是弗吉尼亚州哈里森堡詹姆斯麦迪逊大学的数学教授,专攻代数图论。2000年,他在新罕布什尔州汉诺威的达特茅斯学院获得博士学位,此前曾在曼哈顿的堪萨斯州立大学任教。他著有《蒙提·霍尔问题:数学中最有争议的脑筋急转弯的非凡故事》(*The Monty Hall Problem: the Remarkable Story of Math's Most Brainteaser*)和《跻身神创论者:来自反进化论前线的快讯》(*Among the Creationists: Dispatches from the Anti-Evolutionist Front Line*)。他与塔尔曼(Laura Taalman)合著了《认真对待数独:世界上最受欢迎的铅笔益智题背后的数学》(*Taking Sudoku Seriously: The Math Behind the World's Most Popular Pencil Puzzle*)。这三本书都是由牛津大学出版社出版的。他还是多佛出版社出版的《四种生活:雷蒙德·斯穆里安的庆典》(*Four Lives: A Celebration of Raymond Smullyan*)一书的编辑。不研究数学的时候,他喜欢下棋、烹饪和阅读密室神秘故事。

关于供稿者

阿列克谢耶夫是华盛顿特区乔治华盛顿大学计算生物学研究所和数学系的副教授。他于 1999 年获得俄罗斯下诺夫哥罗德的洛巴切夫斯基国立大学的数学硕士学位,2007 年获得加州大学圣地亚哥分校的计算机科学博士学位。他的研究兴趣包括计算分子生物学、图论、组合学和离散算法。他在 2013 年获美国国家科学基金会青年学者奖。他是《生物信息学和计算生物学前沿》(*Frontiers in Bioinformatics and Computational Biology*)杂志的副主编,也是在线整数数列百科全书(Online Encyclopedia of Integer Sequences)® 的主编。

贝耶尔研究过表示论,后来转向研究代数组合论,后来又转向研究翻折形。她在图论和数学教育方面也有自己的独到之处。她努力成为一名真正的通才教师,与学生一起深入探讨各种各样的问题,如社会正义、沉思教育和政治哲学。她在印第安纳州里士满的厄尔汉姆学院工作。

拜内克是印第安纳大学—普渡大学韦恩堡分校的施莱(Schrey)数学教授。自从 1965 年在密歇根大学安娜堡分校获得博士学位以来,他一直在那里工作。他在图论方面的兴趣包括拓扑图论、线型图、锦标赛理论和分解。他发表过一百多篇论文,并担任过《大学数学杂志》(*College Mathematics Journal*)的编辑。他与威尔逊(*Robin Wilson*)主编了 9 本关于图论的书籍,最近出版的是《色图论专题》(*Topics in Chromatic Graph Theory*)。

获得的荣誉包括进入普渡大学的《优秀教师名册》(*Book of Great Teachers*)和美国数学协会(Mathematical Association of America,缩写为MAA)颁发的立功证书(Certificate of Meritorious Service)。他喜欢和作为数学家、合作者的女儿,以及作为统计学家的儿子分享数学(以及参加孙辈们的活动)。

伯杰是夏洛茨维尔弗吉尼亚大学电气和计算机工程系的教授。自20世纪90年代末以来,他的主要研究兴趣一直是信息论在神经科学中的应用。他曾获得古根海姆研究员职位、美国工程教育协会特曼奖、美国电气与电子工程师学会(Institute of Electrical and Electronics Engineers,缩写为IEEE)的香农奖、克什梅尔奖(Kirchmayer Award)、怀纳奖(Wyner Award)和汉明奖章(Hamming Medal)。他是IEEE的终身会员、美国国家工程学院(National Academy of Engineering)成员,也是一名狂热的业余蓝调口琴演奏者。

博施是俄亥俄州奥伯林学院的数学教授,也是一位获奖作家和艺术家。他专攻最优化理论,这是有关最优性能的一个数学分支。自2001年以来,博施一直致力于设计和改进利用优化来创造视觉艺术品的方法。他曾受科罗拉多学院、西华盛顿大学、西方学院、斯佩尔曼学院(Spelman College)和几次学术会议组委会的委托创作作品。他运作着一个网站,人们可以从上面免费下载他的多个多米诺拼图设计。他正在努力写一本关于优化和视觉艺术的书。

布拉斯韦尔毕业于新罕布什尔州埃克塞特的菲利普斯埃克塞特学院,现在是剑桥市麻省理工学院的大一新生。她对组合学和数学益智题特别感兴趣,也喜欢电脑编程和跳舞。

卡尔金曾就读于剑桥大学三一学院和安大略滑铁卢大学,自从他的朋友马尔卡希第一次戏弄了他之后,他就一直试图用魔术来激励学生。他的埃尔德什数是1,并有望受到邀请出现在一部有贝肯(Kevin Bacon)出演的电影里,这些都令他深感自豪。他现在是南卡罗来纳州克莱姆森大学的数学教授。

卡罗尔是NExT项目的研究员,也是数学史及其在教学中的应用研究所的参与者。这两个项目都是由 MAA 赞助的。2013 年,她获得了 MAA 东宾夕法尼亚和特拉华州分部的詹姆斯·P. 克劳福德杰出学院或大学教学奖(James P. Crawford Award for Distinguished College or University Teaching)。她和合著者多尔蒂在研究生院的第一周相遇。2005 年,他们因为发表在《数学杂志》上的文章《有限平面上的井字游戏》(*Tic-tac-toe on a Finite Plane*)而获得 MAA 的哈斯奖(Hasse Prize)。

沙尔捷在北卡罗来纳州戴维森学院教授数学和计算机科学。他是《数学字节:谷歌炸弹、巧克力包裹的 π 和计算中的其他酷比特》(*Math Bytes: Google Bombs, Chocolate-Covered Pi, and Other Cool Bits in Computing*)一书的作者。沙尔捷是美国国家数学博物馆顾问委员会成员和前任主席,并被任命为 MAA 的第一位数学大使。他获得了美国国家教学奖和阿尔弗雷德·P. 斯隆研究职位(Alfred P. Sloan Research Fellowship)。他为美国娱乐体育节目电视网(ESPN)的《体育科学》(*Sport Science*)节目巧妙地解答数学问题,并为哥伦比亚广播公司(CBS)晚间新闻、美国国家公共广播电台(National Public Radio)、《纽约时报》(*The New York Times*)和其他主要新闻机构出谋划策。

多尔蒂在宾夕法尼亚州伯利恒的利哈伊大学获得博士学位。他与 42 位不同的合作者撰写了超过 71 篇编码理论、数论、组合学和代数方面的论文,并在 12 个国家作过演讲。他目前是宾夕法尼亚州斯克兰顿大学的数学教授,与他的合著者卡罗尔一起任教。

戈登是宾夕法尼亚州的伊斯顿拉斐特学院的数学教授。他的兴趣是拟阵、组合学和有限几何,并与麦克纳尔蒂(Jennifer McNulty)合著了《拟阵:几何学导论》(*Matroids: A Geometry Introduction*)一书。他从 2000 年到 2010 年主持拉斐特学院的本科生研究项目,并与本科生们一起就广泛的论题发表论文。他目前是《数学视野》(*Math Horizons*)杂志问题部分的编辑。他曾获得拉斐特学院的教学和研究奖,并以担任团队导师而感到自豪。他在家里是玩 SET® 最慢的。

科凡诺娃是马萨诸塞州剑桥市麻省理工学院的讲师,也是一位自由职业数学家。1988 年,她在莫斯科国立大学获得数学博士学位。当时,她的研究兴趣是表示论、可积系统、超弦理论和量子群。她在工业界工作了一段时间，使她的研究有所中断，她在那段时间开始对算法、复杂性理论、密码学和网络感兴趣。她目前的兴趣是趣味数学，包括益智题、魔术、组合学、数论、几何和概率论。

兰菲尔是西肯塔基大学鲍灵格林分校的副教授。他在密歇根大学安娜堡分校获得学士学位，在明尼苏达大学明尼阿波利斯分校获得博士学位。他曾在斯蒂尔沃特的俄克拉荷马州立大学和曼哈顿的堪萨斯州立大学担任博士后。他的研究兴趣是数论（自同构形式和L函数）和离散数学。

列维京毕业于莫斯科国立大学，获得数学硕士学位。他拥有耶路撒冷希伯来大学的数学博士学位和列克星敦的肯塔基大学的计算机科学硕士学位。他目前是宾夕法尼亚州维拉诺瓦大学计算机科学教授。从1990年到1995年，他还在美国电话电报公司的贝尔实验室担任顾问。他发表过几十篇论文，此外还写了两本书：《算法设计与分析基础》（*Introduction to the Design and Analysis of Algorithms*），已被翻译成五种语言出版，以及与玛丽亚·列维京（Maria Levitin）合著的《算法谜题》（*Algorithmic Puzzles*），已被翻译成中文和日文。

卢卡斯于1989年在新南威尔士的伍伦贡大学获得数学学士学位，1994年在悉尼大学获得博士学位。2002年，他获得了澳大利亚的澳大利亚和新西兰工业和应用数学杰出新研究人员米歇尔奖章（Michell Medal for Outstanding New Researchers from Australian and New Zealand Industrial and Applied Mathematics, Australia）。他目前是詹姆斯·麦迪逊大学的教授，此前曾在哈佛大学做博士后，并在南澳大利亚大学担任过教职。他的研究兴趣广泛，涉及应用数学和纯数学的许多不同主题，通常倾向于数值方面。他在研究数字表示形式的历史时"陷入了斐波那契"。

麦克马洪是宾夕法尼亚州伊斯顿拉斐特学院的数学教授。她研究过几个数学领域，最近的研究方向是纸牌游戏SET® 的仿射几何。她经常与戈登合作，还和她的两个女儿一起为《数学本科学习中的问题、资源和争论点》（*Problems, Resources, and Issues in Mathematics Undergraduate Studies*,

缩写为 PRIMUS)撰写过一篇关于 SET® 的文章。她的全家正在写一本关于这种游戏的书,将由普林斯顿大学出版社出版。她致力于提高在数学领域未被充分代表的那些群体的成功,并在拉斐特学院获得了数个教学奖项,以及 MAA 东宾夕法尼亚和特拉华州分部的詹姆斯·P. 克劳福德杰出数学教学奖。

麦克斯威尼是印第安纳州泰瑞豪特市的罗斯-胡尔曼理工学院的数学助理教授。他在加拿大蒙特利尔长大,毕业于麦吉尔大学,随后在俄亥俄州立大学哥伦布分校攻读概率论博士学位。由于他的父母都是英语教师,因此他一直喜欢文字和语言,并一直在寻求把他对数学的热爱应用到现实环境中。他所写的关于纵横字谜数学的那篇文章是这些兴趣的完美结合,尽管这项工作的灵感来自于他在访问北卡罗来纳州研究三角园的统计与应用数学科学研究所时对流行病传播的更"严肃"的研究。

莫尔纳于 2010 年在曼斯菲尔德的康涅狄格大学获得博士学位。他的数学兴趣包括数论、动力系统、图论,显然还有各种游戏。他牢记自己的本科经历,其中包括在布达佩斯学习数学的一个学期,因此努力拓宽学生对数学构成的认识。他做到这一点的途径之一是通过竞争:自 2009 年以来,他一直参与新泽西州大学生数学竞赛。他目前是新泽西州的罗格斯大学新不伦瑞克分校的讲师。

马尔卡希在 MAA 的网站上完成了为期十年的"纸牌科尔姆"(Card Colms)专栏。这个专栏每两个月一期,探讨玩牌的数学魔法。这在很大程度上是受到加德纳精神的启发。他最近出版了《数学纸牌魔术:五十二种新效果》(*Mathematical Card Magic: Fifty-Two New Effects*)一书,其中大部分是原创的原理和创作。他现在是佐治亚州的亚特兰大市斯佩尔曼学院的数学教授。

罗恩是剑桥市哈佛大学的一名博士生,研究高能物理。作为哈佛暑期学校的一名助教,他获得了向高中生和大学生教授物理的机会。他本科在俄亥俄州的奥伯林学院学习物理和数学。他所从事的研究项目旨在通过高精度测量来理解原子的结构,此外还有与迷宫设计和分形艺术相关的一些数学艺术项目。他在业余时间里喜欢弹钢琴和探索波士顿地区。

史密斯是宾夕法尼亚州伊斯顿的拉斐特学院的数学副教授。他与康威合著了《论四元数和八元数:它们的几何、算术和对称性》(*On Quaternions and Octonions: Their Geometry, Arithmetic, and Symmetry*),还曾是《数学视野》(*Math Horizons*)杂志的问题部分"游戏场"(The Playground)的编辑。

塔尔曼是詹姆斯·麦迪逊大学数学与统计学系的教授。她在芝加哥大学完成本科学业,在杜克大学完成研究生学业后任职于该校。今年,她在 MoMath 担任驻馆数学家。她的数学研究兴趣包括奇异代数几何、纽结理论,以及数学游戏和益智题。她还与科恩(Peter Kohn)合著了教科书《微积分》(*Calculus*)和七本有关数独和数学的书。2013 年,她获得了弗吉尼亚州高等教育委员颁发的杰出教师奖(Outstanding Faculty Award)。

瓦林于 1991 年在北卡罗来纳州立大学罗利分校获得数学博士学位。他发表的专业论文不仅涵盖他初始的研究领域——经典实分析,还涵盖拓扑和分形几何。此外,在教学和解释性出版物上也能看到他的名字。他总是有兴趣把新颖的想法带到课堂上,他对趣味数学的兴趣也得到了扩展。他在这方面的尝试包括纸牌魔术和聪明方格(KenKen)。他还指导了戏法、纸牌魔术和游戏方面的本科研究。他目前在得克萨斯州博蒙特的拉马尔大学工作。

温克勒是新罕布什尔州汉诺威的达特茅斯学院的数学和计算机科学教授。他发表过大约 150 篇研究论文,在计算、密码学、全息术、光学网络和航海方面拥有十多项专利。他的研究主要集中在组合学、概率论和计算理论,并涉足统计物理学。他还写了两本数学益智题集、一本关于桥牌游戏中的密码学的书,以及一组拉格泰姆(ragtime)钢琴曲。他还是 MoMath 的铁杆粉丝!

雅克尔研究过交换代数,后来转向研究数学纤维艺术,后来又转向研究趣味数学。她也参与数学教育研究。从她的所有这些研究方向中,我们可以看出为什么她对翻折形如此着迷。她是一位富有创新精神的教育家,极为善于引导学生去发现数学。她现在在佐治亚州梅肯市的莫瑟尔大学工作。

The Mathematics of Various Entertaining Subjects:
Research in Recreational Math, Volume 1

Edited by

Jennifer Beineke and Jason Rosenhouse